水文水资源与节水高效智能管理关键技术

张智海 周 亮 王庆伟 ◎ 主编

黑龙江朝鲜民族出版社

图书在版编目(CIP)数据

水文水资源与节水高效智能管理关键技术 / 张智海，周亮，王庆伟主编. -- 哈尔滨：黑龙江朝鲜民族出版社，2024. -- ISBN 978-7-5389-2895-2

Ⅰ.P33;TV213.4

中国国家版本馆CIP数据核字第202530BV00号

SHUIWEN SHUIZIYUAN YU JIESHUI
GAOXIAO ZHINENG GUANLI GUANJIAN JISHU

书　　名	水文水资源与节水高效智能管理关键技术
主　　编	张智海　周　亮　王庆伟
责任编辑	李光吉
责任校对	姜哲勇
装帧设计	韩元琛
出版发行	黑龙江朝鲜民族出版社
发行电话	0451-57364224
电子信箱	hcxmz@126.com
印　　刷	黑龙江天宇印务有限公司
开　　本	787mm×1092mm　1/16
印　　张	16
字　　数	300千字
版　　次	2024年12月第1版
印　　次	2025年4月第1次印刷
书　　号	ISBN 978-7-5389-2895-2
定　　价	80.00元

编 委 会

主　编

张智海　临沂市水文中心（山东临沂）

周　亮　临沂市水文中心（山东临沂）

王庆伟　临沂市水文中心（山东临沂）

副主编

李怀兵　兰陵县会宝岭水库管理中心（山东临沂）

付信志　兰陵县会宝岭水库管理中心（山东临沂）

李　蔚　临沂市水文中心（山东临沂）

编　委

李　佩　临沂市水文中心（山东临沂）

张凯旋　兰陵县会宝岭水库管理中心（山东临沂）

前　言

水，是生命之源，是人类赖以生存和发展的不可或缺的一种宝贵资源，是自然环境的重要组成部分，是社会可持续发展的基础条件。我国水资源非常丰富，有着复杂的水系，要想治理好水环境，则需要在水资源合理利用上下功夫。随着社会发展节奏逐渐加快，水文水资源方面的相关工作在社会发展中占据了越来越重要的地位，因其能够为我国的可持续发展战略提供大量的水环境、水文水资源以及防洪抗旱方面的数据，同时还能够有效地促进各项社会资源的可持续发展。

本书主要研究水文水资源与节水高效智能管理关键技术。本书首先从水资源与水循环、生态水文基础理论入手，针对水灾害及其防治、水资源保护与管理进行了分析研究。其次对节水理论与技术做了一定的介绍。再次随着计算机智能技术的发展，农业水资源高效智能管理技术必将成为农业节水、水资源高效利用的必要手段，因此本书还对节水高效智能管理技术进行了分析研究，包括田间节水灌溉智能管理技术、灌区节水智能管理技术、节水渔业管理的关键技术等。本书可供农业水土工程、水文水资源等专业的研究生、科研人员及大中专院校师生读者作为参考用书使用。

在本书的策划和写作过程中，参阅了大量的国内外相关文献和资料，从中得到启示，同时在此书的编写过程中也得到了领导、同事、朋友及学生的大力支持与帮助，在此致以衷心的感谢。本书的选材和写作还有一些不尽如人意的地方，加上编者学识水平和时间所限，书中难免存在缺点，敬请同行专家及读者指正，以便进一步完善提高。

目 录

第一章 水资源与水循环 1
  第一节 水资源概述 1
  第二节 水资源的形成 8
  第三节 水循环 23

第二章 生态水文 27
  第一节 森林水文与湿地水文 27
  第二节 荒漠水文与农田水文 33
  第三节 草地水文与城市水文 48

第三章 水灾害及其防治 62
  第一节 水灾害基础认知 62
  第二节 水灾害防治措施 74

第四章 水资源保护与管理 83
  第一节 水资源保护基础 83
  第二节 水环境保护新技术 90
  第三节 水资源管理 104

第五章 节水理论与技术 121
  第一节 节水与生活节水 121
  第二节 工业节水与农业节水 126
  第三节 海水淡化与雨水利用 145
  第四节 城市污水回用与取水工程 152

第六章 田间节水灌溉智能管理技术 168
  第一节 田间智能灌溉系统无线自组网技术 168

第二节　单片机节水控制技术……………………………………… 183
　　第三节　PLC 节水灌溉智能控制技术……………………………… 189
　　第四节　智能灌溉决策……………………………………………… 194

第七章　灌区节水智能管理技术……………………………………… 202
　　第一节　灌区生态节水减污技术…………………………………… 202
　　第二节　灌区信息化管理系统……………………………………… 209

第八章　节水渔业管理的关键技术…………………………………… 226
　　第一节　节水渔业概述……………………………………………… 226
　　第二节　工厂化循环水养殖技术…………………………………… 233
　　第三节　池塘循环流水养殖技术…………………………………… 237
　　第四节　水产物联网水质监控系统………………………………… 243

参考文献………………………………………………………………… 247

第一章 水资源与水循环

第一节 水资源概述

一、水资源总量及分布

(一)水资源概念

水(化学式为 H_2O)是由氢、氧两种元素组成的无机物,在常温常压下为无色无味的透明液体。水,包括天然水(河流、湖泊、大气水、海水、地下水等)和人工制水(通过化学反应使氢氧原子结合得到水)。

地球上的水覆盖了地球 71% 以上的表面,地球上这么多的水是从哪儿来的?地球上本来就有水吗?关于地球上水的起源在学术界上存在很大的分歧,目前有几十种不同的水形成学说。有的观点认为在地球形成初期,原始大气中的氢、氧会合成水,水蒸气逐步凝结下来并形成海洋;有的观点认为,形成地球的星云物质中原先就存在水的成分;有的观点认为,原始地壳中硅酸盐等物质受火山影响而发生反应、析出水分;有的观点认为,被地球吸引的彗星和陨石是地球上水的主要来源,甚至地球上的水还在不停增加。

直到 19 世纪末期,人们虽然知道水,但并没有"水资源"的概念,而且水资源概念的内涵也在不断地丰富和发展,再加上研究领域不同或思考角度不同,国内外专家学者对水资源概念的理解和定义存在明显差异,目前关于"水资源"的定义有联合国教科文组织和世界气象组织共同制定的《水资源评价活动——国家评价手册》:可以利用或有可能被利用的水源,具有足够的数量和可用的质量,并能在某一地点为满足某种用途而可被利用;《中华人民共和国水法》:该法所称水资源,包括地表水和地下水;《中国大百科全书》:在不同的卷册对水资源也给予了不同的解释,如在"大气科学、海洋科学、水文科学卷"中,水资源被定义为:地球表层可供人类利用的水,包括水量(水质)、水域和水能资源,一般每年可更新的水量资源；在"水利卷"中，水资源被定义为：自然界各种形态（气态、固态或液态）的天然水，并将可供人类利用的水资源作为供评价的水资源；美国地质调查局：陆面地表水和地下水；《不列颠百科全书》：全部自然界任何形态的水，包括气态水、液态水或固态水的总量；英国《水资源法》：地球上具有足够数量的可用水；其他概念：降水量中可以被利用的那一部分；与人类生产和生活有关的天然水源；可供国民经济利用的淡水资源，其数量为扣除降水期蒸发的总降水量；与人类社会用水密切相关而又能不断更新的淡水，包括地表水、地下水和土壤水。

综上所述，国内外学者对水资源的概念有不尽一致的认识与理解，水资源的概念有广义和狭义之分。广义上的水资源，是指能够直接或间接使用的各种水和水中物质，对人类活动具有使用价值和经济价值的水均可称为水资源。狭义上的水资源，是指在一定经济技术条件下，人类可以直接利用的淡水。水资源是维持人类社会存在并发展的重要自然资源之一，它应当具有如下特性：能够被利用；能够不断更新；具有足够的水量；水质能够满足用水要求。

水资源作为自然资源的一种，具有许多自然资源的特性，同时具有许多独特的特性。为合理有效地利用水资源，充分发挥水资源的环境效益、经济效益和社会效益，需充分认识水资源的基本特点。

1. 循环性

地球上的水体受太阳能的作用，不断地进行相互转换和周期性的循环过程，而且循环过程是永无止境的、无限的，水资源在水循环过程中能够不断恢复、更新和再生，并在一定时空范围内保持动态平衡，循环过程的无限性使得水资源在一定开发利用状况下是取之不尽、用之不竭的。

2. 有限性

在一定区域和一定时段内，水资源的总量是有限的，更新和恢复的水资源量也是有限的，水资源的消耗量不应该超过水资源的补给量。以前，人们认为地球上的水是无限的，从而导致人类不合理开发利用水资源，引起水资源短缺、水环境破坏和地面沉降等一系列不良后果。

3. 不均匀性

水资源的不均匀性包括水资源在时间和空间两个方面上的不均匀性。由于受气候和地理条件的影响，不同地区水资源的分布有很大差别。例如我国总的来讲，东南多，西北少；沿海多，内陆少；山区多，平原少。水资源在时间上的不均匀性，主要表现在水资源的年际和年内变化幅度大。例如我国降水的年内分配和年际分配都极不均匀，汛期 4 个月的降水量占全年降水量的比率，南方约为 60%，北方则为 80%；最大年降雨量与最小年降雨量的比，南方为 2～4 倍，北方为 3～8 倍。水资源在时空分布上的不均匀性，给水资源的合理开发利用带来很大困难。

4. 多用途性

水资源作为一种重要的资源，在国民经济各部门中的用途是相当广泛的，不仅能够用于农业灌溉、工业用水和生活供水，还可以用于水力发电、航运、水产养殖、旅游娱乐和环境改造等。随着人们生活水平的提高和社会国民经济的发展，对水资源的需求量不断增加，很多地区出现了水资源短缺的现象，水资源在各个方面的竞争日趋激烈。如何解决水资源短缺问题，满足水资源在各方面的需求是急需解决的问题之一。

5. 不可代替性

水是生命的摇篮，是一切生物的命脉。对于人来说，水是仅次于氧气的重要物质。成人体内，60% 的重量是水，儿童体内水的比重更大，可达 80%。水在维持人类生存、社会发展和生态环境等方面是其他资源无法代替的，水资源的短缺会严重制约社会经济的发展和人民生活的改善。

6. 两重性

水资源是一种宝贵的自然资源，水资源可被用于农业灌溉、工业供水、生活供水、水力发电、水产养殖等各个方面，推动社会经济的发展，提高人民的生活水平，改善人类生存环境，这是水资源有利的一面；同时，水量过多，容易造成洪水泛滥等自然灾害，水量过少，容易造成干旱等自然灾害，影响人类社会的发展，这是水资源有害的一面。

7. 公共性

水资源的用途十分广泛，各行各业都离不开水，这就使得水资源具有了公共性。水资源属于国家所有，水资源的所有权由国务院代表国家行使，国务院水行政主管部门负责全国水资源的统一管理和监督工作；任何单位和个人引水、截（蓄）水、排水，不得损害公共利益和他人的合法权益。

（二）世界水资源

水是一切生物赖以生存的必不可少的重要物质，是工农业生产、经济发展和环境改善不可替代的极为宝贵的自然资源。地球在地壳表层、表面和围绕地球的大气层中存在着各种形态（包括液态、气态和固态）的水，形成地球的水圈，从表面上看，地球上的水量是非常丰富的。

地球上各种类型的水储量分布：水圈内海洋水、冰川与永久积雪地下水、永冻层中冰、湖泊水、土壤水、大气水、沼泽水、河流水和生物水等全部水体的总储存量为 13.86 亿 km³，其中海洋水量 13.38 亿 km³，占地球总储存水量的 96.5%，这部分巨大的水体属于高盐量的咸水，除极少量水体被利用（作为冷却水、海水淡化）外绝大多数是不能被直接利用的。陆地上的水量仅有 0.48 亿 km³，占地球总储存水量的 3.5%，就是在陆面这样有限的水体也并不全是淡水，淡水量仅有 0.35 亿 km³，占陆地水储存量的 73%，其中 0.24 亿 km³ 的淡水量，分布于两极、冰川积雪和多年冻土中，以人类现有的技术条件很难利用。便于人类利用的水只有 0.1065 亿 km³，占淡水总量的 30.4%，仅占地球总储存水量的 0.77%。因此，地球上的水量虽然非常丰富，然而可被人类利用的淡水资源量是很有限的。

地球上人类可以利用的淡水资源主要是指降水、地表水和地下水，其中降水资源量、地表水资源量和地下水资源量主要是指年平均降水量、多年平均年河川径流量和平均年地下水更新量（或可恢复量）。

二、水资源的重要性与用途

（一）水资源的重要性

水资源的重要性主要体现在以下几个方面：

1. 生命之源

水是生命的摇篮，最原始的生命是在水中诞生的，水是生命存在不可缺少的物质。不同生物体内都拥有大量的水分，一般情况下，植物植株的含水率为 60%~80%，哺乳类体内约有 65%，鱼类 75%，藻类 95%，成年人体内的水占体重的 65%~70%。此外，生物体的新陈代谢、光合作用等都离不开水，每人每日大约需要 2L~3L 的水才能维持正常生存。

2. 文明的摇篮

没有水就没有生命，没有水更不会有人类的文明和进步，文明往往发源于大河流域。世界四大文明古国——古代中国、古代印度、古代埃及和古代巴比伦，最初都是以大河为基础发展起来的，长江与黄河是华夏民族的摇篮，恒河带来了古印度的繁荣，尼罗河孕育了古埃及的文明，底格里斯河与幼发拉底河流域促进了古巴比伦王国的兴盛。古往今来，人口稠密、经济繁荣的地区总是位于河流湖泊沿岸。沙漠缺水地带，人烟往往比较稀少，经济也比较萧条。

3. 社会发展的重要支撑

水资源是社会经济发展过程中不可缺少的一种重要的自然资源，与人类社会的进步与发展紧密相连，是人类社会和经济发展的基础与支撑。在农业用水方面，水资源是一切农作物生长所依赖的基础物质，水对农作物的重要作用表现在它几乎参与了农作物生长的每一个过程，农作物的发芽、生长、发育和结实都需要有足够的水分，当提供的水分不能满足农作物生长的需求时，农作物极可能减产甚至死亡。在工业用水方面，水是工业的血液，工业生产过程中的每一个生产环节（如加工、冷却、净化、洗涤等）几乎都需要水的参与，每个工厂都要利用水的各种作用来维持正常生产，没有足够的水量，工业生产就无法正常进行，水资源保证程度对工业发展规模起着非常重要的作用。在生活用水方面，随着经济发展水平的不断提高，人们对生活质量的要求也不断提高，从而使得人们对水资源的需求量越来越大，若生活需水量不能得到满足，必然会成为制约社会进步与发展的一个瓶颈。

4. 生态环境基本要素

生态环境是指影响人类生存与发展的水资源、土地资源、生物资源以及气候资源数量与质量的总称，是关系到社会和经济持续发展的复合生态系统。水资源是生态环境的基本要素，是良好的生态环境系统结构与功能的组成部分。水资源充沛，有利于营造良好的生态环境；水资源匮乏，则不利于营造良好的生态环境，如我国水资源比较缺乏的华北和西北干旱、半干旱区，大多是生态系统比较脆弱的地带。水资源比较缺乏的地区，随着人口的增长和经济的发展，会使得本已比较缺乏的水资源进一步短缺，从而更容易产生一系列生态环境问题，如草原退化、沙漠面积扩大、水体面积缩小、生物种类和种群减少等。

（二）水资源的用途

水资源是人类社会进步和经济发展的基本物质保证，人类的生产活动和生活活动都离不开水资源的支撑。水资源在许多方面都具有使用价值，水资源的用途主要有农业用水、工业用水、生活用水、生态环境用水、发电用水、航运用水、旅游用水、养殖用水等。

1. 农业用水

农业用水包括农田灌溉和林牧渔畜用水。农业用水是我国用水大户，农业用水量占总用水量的比例最大。在农业用水中，农田灌溉用水是农业用水的主要用水和耗水对象，采取有效节水措施，提高农田水资源利用效率，是缓解水资源供求矛盾的一个主要措施。

2. 工业用水

工业用水是指，工、矿企业的各部门在工业生产过程中（或期间），制造、加工、冷却、空调、洗涤、锅炉等以及厂内职工生活用水的总称。工业用水是水资源利用的一个重要组成部分，由于工业用水组成十分复杂，工业用水的多少受工业类别、生产方式、用水工艺和水平以及工业化水平等因素的影响。

3. 生活用水

生活用水包括城市生活用水和农村生活用水两个方面，其中城市生活用水包括城市居民住宅用水、市政用水、公共建筑用水、消防用水、供热用水、环境景观用水和娱乐用水等；农村生活用水包括农村日常生活用水和家养禽畜用水等。

4. 生态环境用水

生态环境用水是指为达到某种生态水平，并维持这种生态平衡所需要的用水量。生态环境用水有一个阈值范围，用于生态环境用水的水量超过这个阈值范围，就会导致生态环境的破坏。许多水资源短缺的地区，在开发利用水资源时，往往不考虑生态环境用水，产生许多生态环境问题。因此，进行水资源规划时，充分考虑生态环境用水，是这些地区修复生态环境问题的前提。

5. 水力发电

地球表面各种水体（河川、湖泊、海洋）中蕴藏的能量，称为水能资源或水力资源。水力发电是利用水能资源生产电能。

6. 其他用途

水资源除了在上述的农业、工业、生活、生态环境和水力发电方面具有重要使用价值，而得到广泛应用外，水资源还可用于发展航运事业、渔业养殖和旅游事业等。在上述水资源的用途中，农业用水、工业水和生活用水的比例称为用水结构，用水结构能够反映出一个国家的工农发展水平和城市建设发展水平。

在我国，农业用水量最大，其次为工业用水量，最后为生活用水量。

水资源的使用用途不同时，对水资源本身产生的影响就不同，对水资源的要求也不尽相同，如水资源用于农业用水、生活用水和工业用水等部门时，这些用水部门会把水资源当作物质加以消耗。此外，这些用水部门对水资源的水质要求也不相同，当水资源用于水力发电、航运和旅游等部门时，被利用的水资源一般不会发生明显的变化。水资源具有多种用途，开发利用水资源时要考虑水资源的综合利用，不同用水部门对水资源的要求不同，这为水资源的综合利用提供了可能，但同时也要妥善解决不同用水部门对水资源要求不同而产生的矛盾。

三、水资源保护与管理的意义

水资源是基础自然资源，水资源为人类社会的进步和社会经济的发展提供了基本的物质保障。由于水资源的固有属性（如有限性和分布不均匀性等）、气候条件的变化和人类的不合理开发利用，在水资源的开发利用过程中，产生了许多水问题，如水资源短缺、水污染严重、洪涝灾害频繁、地下水过度开发、水资源开发管理不善、水资源浪费严重和水资源开发利用不够合理等。这些问题限制了水资源的可持续发展，也阻碍了社会经济的可持续发展和人民生活水平的不断提高。因此，进行水资源的保护与管理是人类社会可持续发展的重要保障。

（一）缓解和解决各类水问题

进行水资源保护与管理，有助于缓解或解决水资源开发利用过程中出现的各类水问题。比如通过采取高效节水灌溉技术，减少农田灌溉用水的浪费，提高灌溉水利用率；通过提高工业生产用水的重复利用率，减少工业用水的浪费；通过建立合理的水费体制减少生活用水的浪费；通过采取引水等措施，缓解一些地区的水资源短缺问题；通过对污染物进行达标排放与总量控制，以及提高水体环境容量等措施，改善水体水质，减少和杜绝水污染现象的发生；通过合理调配农业用水、工业用水、生活用水和生态环境用水之间的比例，改善生态环境，防止生态环境问题的发生；通过对供水、灌溉、水力发电、航运、渔业、旅游等用水部门进行水资源的优化调配，解决各用水部门之间的矛盾，减少不应有的损失；通过进一步加强地下水开发利用的监督与管理工作，完善地下水和地质环境监测系统，有效控制地下水的过度开发；通过采取工程措施和非工程措施改变水资源在空间分布和时间分布上的不均匀性，减轻洪涝灾害的影响。

（二）提高人们的水资源管理和保护意识

水资源开发利用过程中产生的许多水问题，都是由于人类不合理利用以及缺乏保护意识造成的。通过让更多的人参与水资源的保护与管理，加强水资源保护与管理教育，以及普及水资源知识，进而增强人们水资源观念，提高人们的水资源管理和保护意识，自觉地珍惜水，合理地用水，从而为水资源的保护与管理创造一个良好的社会环境与氛围。

（三）保证人类社会的可持续发展

水是生命之源，是社会发展的基础，进行水资源保护与管理研究，建立科学合理的水资源保护与管理模式，实现水资源的可持续开发利用，能够确保人类生存、生活和生产，以及生态环境等用水的长期需求，从而为人类社会的可持续发展提供坚实的基础。

第二节　水资源的形成

水循环是地球上最重要、最活跃的物质循环之一，它实现了地球系统水量、能量和地球生物化学物质的迁移与转换，构成了全球性的连续有序的动态大系统。水循环把海陆有机地连接起来，塑造着地表形态，制约着生态环境的平衡与协调，不断提供再生的淡水资源。因此，水循环对于地球表层结构的演化和人类可持续发展都具有重大意义。

由于在水循环过程中，海陆之间的水汽交换以及大气水、地表水、地下水之间的相互转换，形成了陆地上的地表径流和地下径流。由于地表径流和地下径流的特殊运动，塑造了陆地的一种特殊形态——河流与流域。一个流域或特定区域的地表径流和地下径流的时空分布既与降水的时空分布有关，亦与流域的形态特征、自然地理特征有关。因此，不同流域或区域的地表水资源和地下水资源具有不同的形成过程及时空分布特性。

一、地表水资源的形成与特点

地表水分为广义地表水和狭义地表水。前者指以液态或固态形式覆盖在地球表面并暴露在大气中的自然水体，包括河流、湖泊、水库、沼泽、海洋、冰川和永久积雪等。后者则是陆地上各种液态、固态水体的总称，包括静态水和动态水，主要有河流、湖泊、水库、沼泽、冰川和永久积雪等。其中，动态水指河流径流量和冰川径流量，静态水指各种水体的储水量。地表水资源是指在人们生产生活中具有实用价值和经济价值的地表水，包括冰雪水、河川水和湖沼水等，一般用河川径流量表示。

在多年平均情况下，水资源量的收支项主要为降水、蒸发和径流，水量平衡时，收支在数量上是相等的。降水作为水资源的收入项，决定着地表水资源的数量、时空分布和可开发利用程度。由于地表水资源所能利用的是河流径流量，所以在讨论地表水资源的形成与分布时，重点讨论构成地表水资源的河流资源的形成与分布问题。

降水、蒸发和径流是决定区域水资源状态的三要素，三者数量及其可利用量之间的变化关系决定着区域水资源的数量和可利用量。

（一）降水

降水是指液态或固态的水汽凝结物从云中落到地表的现象，如雨、雪、雾、雹、露、霜等，其中以雨、雪为主。我国大部分地区，一年内降水以雨水为主，雪仅占少部分。所以，通常说的降水主要指降雨。

1. 降雨的形成

当水平方向温度、湿度比较均匀的大块空气（即气团）受到某种外力的作用向上升时，气压降低，空气膨胀，为克服分子间引力需消耗自身的能量，在上升过程中发生动力冷却，使气团降温。当温度下降致使未饱和空气到过饱和状态时，大量多余的水汽便凝结成云。云中水滴不断增大，直到不能被上气流所托时，便在重力作用下形成降雨。因此空气的垂直上升运动和空气中水汽含量超过饱和水汽含量是产生降雨的基本条件。

2. 降雨的分类

按空气上升的原因，降雨可分为锋面雨、地形雨、对流雨和气旋雨。

（1）锋面雨

冷暖气团相遇，其交界面叫锋面，锋面与地面的相交地带叫锋线，锋面随冷暖气团的移动而移动。锋面上的暖气团被抬升到冷气团上面去，在抬升的过程中，空气中的水汽冷却凝结，形成的降水叫锋面雨。

根据冷、暖气团运动情况，锋面雨又可分为冷锋雨和暖锋雨。当冷气团向暖气团推进时，因冷空气较重，冷气团楔进暖气团下方，把暖气团挤向上方，发生动力冷却而致雨，称为冷锋雨。当暖气团向冷气团移动时，由于地面的摩擦作用，上层移动较快，底层较慢，使锋面坡度较小，暖空气沿着这个平缓的坡面在冷气团上爬升，在锋面上形成了一系列云系并冷却致雨，称为暖锋雨。我国大部分地区在温带，属南北气流交汇区域，因此锋面雨的影响很大，常造成河流的洪水，我国夏季受季风影响，东南地区多暖锋雨，如长江中下游的梅雨，北方地区多冷锋雨。

（2）地形雨

暖湿气流在运移过程中，遇到丘陵、高原、山脉等阻挡而沿坡面上升冷却致降雨，称为地形雨。地形雨大部分降落在山地的迎风坡。在背风坡，气流下降增温，且大部分水汽已在迎风坡降落，故降雨稀少。

（3）对流雨

当暖湿空气笼罩一个地区时，因下垫面局部受热增温，与上层温度较低的空气产生强烈对流作用，使暖空气上升冷却致雨，称为对流雨。对流雨一般强度大，但雨区小，历时也较短，并常伴有雷电，又称雷阵雨。

（4）气旋雨

气旋是中心气压低于四周的大气涡旋。涡旋运动引起暖湿气团大规模的上升运动，水汽因动力冷却而致雨，称为气旋雨。按热力学性质分类，气旋可分为温带气旋和热带气旋，我国气象部门把中心地区附近地面最大风速达到12级的热带气旋称为台风。

3. 降雨的特征

降雨特征常用降水量、降水历时、降水强度、降水面积及暴雨中心等基本因素表示。降水量是指在一定时段内降落在某一点或某一面积上的总水量，用深度表示，以mm计。降水量一般分为7级。降水的持续时间称为降水历时，以min、h、d计。降水笼罩的平面面积称为降水面积，以km^2计。暴雨集中的较小局部地区，称为暴雨中心。降水历时和降水强度反映了降水的时程分配，降水面积和暴雨中心反映了降水的空间分配。

（二）径流

径流是指由降水所形成的，沿着流域地表和地下向河川、湖泊、水库、洼地等流动的水流。其中，沿着地面流动的水流称为地表径流；沿着土壤岩石孔隙流动的水流称为地下径流；汇集到河流后，在重力作用下沿河床流动的水流称为河川径流。径流因降水形式和补给来源的不同，可分为降雨径流和融雪径流，我国大部分以降雨径流为主。

径流过程是地球上水循环中重要的一环。在水循环过程中，陆地上的降水有34%转化为地表径流和地下径流汇入海洋。径流过程又是一个复杂多变的过程，与水资源的开发利用、水环境保护、人类同洪旱灾害的斗争等生产经济活动密切相关。

1. 径流形成过程及影响因素

由降水到达地面时起，到水流流经出口断面的整个过程，称为径流形成过程。降水的形式不同，径流的形成过程也各不相同。大气降水的多变性和流域自然地理条件的复杂性决定了径流形成过程是一个错综复杂的物理过程。降水落到流域面上后，首先向土壤内下渗，一部分水以壤中流形式汇入沟渠，形成上层壤中流；

一部分水继续下渗，补给地下水；还有一部分以土壤水形式保持在土壤内，其中一部分蒸发。当土壤含水量达到饱和或降水强度大于入渗强度时，降水扣除入渗后还有剩余，余水开始流动充填坑洼，继而形成坡面流汇入河槽和壤中流一起形成出口流量过程。故整个径流形成过程往往涉及大气降水、土壤下渗、壤中流、地下水、蒸发、填洼、坡面流和河槽汇流，是气象因素和流域自然地理条件综合作用的过程，难以用数学模型描述。为便于分析，一般把它概化为产流阶段和汇流阶段。产流是降水扣除损失后的净雨产生径流的过程。汇流，指净雨沿坡面从地面和地下汇入河网，然后再沿着河网汇集到流域出口断面的过程。前者称为坡地汇流，后者称为河网汇流，两部分过程合称为流域汇流过程。

影响径流形成的因素有气候因素、地理因素和人类活动因素。

（1）气候因素

气候因素主要是降水和蒸发。降水是径流形成的必要条件，是决定区域地表水资源丰富程度、时空间分布及可利用程度与数量的最重要的因素。其他条件相同时，降雨强度大、历时长、降雨笼罩面积大，则产生的径流也大。同一流域，雨型不同，形成的径流过程也不同。蒸发量直接影响径流量的大小。蒸发量大，降水损失量就大，形成的径流量就小。对于一次暴雨形成的径流来说，虽然在径流形成的过程中蒸发量的数值相对不大，甚至可忽略不计，但流域在降雨开始时土壤含水量直接影响着本次降雨的损失量，即影响着径流量，而土壤含水量与流域蒸发有密切关系。

（2）地理因素

地理因素包括流域地形、流域的大小和形状、河道特性、土壤、岩石和地质构造、植被、湖泊和沼泽等。

流域地形特征包括地面高程、坡面倾斜方向及流域坡度等。流域地形通过影响气候因素间接影响径流的特性，如山地迎风坡降雨量较大，背风坡降雨量小；地面高程较高时，气温低，蒸发量小，降雨损失量小。流域地形还直接影响汇流条件，从而影响径流过程，如地形陡峭，河道比降大，则水流速度快，河槽汇流时间较短，洪水陡涨陡落，流量过程线多呈尖瘦形；反之，则较平缓。

流域大小不同，对调节径流的作用也不同。流域面积越大，地表与地下蓄水容积越大调节能力也越强。流域面积较大的河流，河槽下切较深，得到的地下水补给就较多。流域面积小的河流，河槽下切往往较浅，因此，地下水补给也较少。

流域长度决定了径流到达出口断面所需要的汇流时间。汇流时间越长，流量过程线越平缓。流域形状与河系排列有密切关系。扇形排列的河系，各支流洪水较集中地汇入干流，流量过程线往往较陡峻；羽形排列的河系各支流洪水可顺序而下，遭遇的机会少，流量过程线较矮平；平行状排列的河系，其流量过程线与扇形排列的河系类似。

河道特性包括：河道长度、坡度和糙率。河道短、坡度大、糙率小，则水流流速大，河道输送水流能力大，流量过程线尖瘦；反之，则较平缓。

流域土壤、岩石性质和地质构造与下渗量的大小有直接关系，从而影响产流量和径流过程特性，以及地表径流和地下径流的产流比例关系。

植被能阻滞地表水流，增加下渗。森林地区表层土壤容易透水，有利于雨水渗入地下从而增大地下径流，减少地表径流，使径流趋于均匀。对于融雪补给的河流，由于森林内温度较低，能延长融雪时间，使春汛径流历时增长。

湖泊（包括水库和沼泽）对径流有一定的调节作用，能拦蓄洪水，削减洪峰，使径流过程变得平缓。因水面蒸发较陆面蒸发大，湖泊、沼泽增加了蒸发量，使径流量减少。

（3）人类活动因素

影响径流的人类活动是指人们为了开发利用和保护水资源，达到除害兴利的目的而修建的水利工程及采用农林措施等。这些工程和措施改变了流域的自然面貌，从而也就改变了径流的形成和变化条件，影响了蒸发量、径流量及其时空分布、地表和地下径流的比例、水体水质等。例如，蓄、引水工程改变了径流时空分布；水土保持措施能增加下渗水量，改变地表和地下水的比例及径流时程分布，影响蒸发；水库和灌溉设施增加了蒸发，减少了径流。

2.河流径流补给

河流径流补给又称河流水源补给。河流补给的类型及其变化决定着河流的水文特性。我国大多数河流的补给主要是流域上的降水。根据降水形式及其向河流运动的路径，河流的补给可分为雨水补给、地下水补给、冰雪融水补给以及湖泊、沼泽补给等。

（1）雨水补给

雨水是我国河流补给的最主要水源。当降雨强度大于土壤水入渗强度后产生地表径流，雨水汇入溪流和江河之中从而使河水径流得以补充。以雨水补给为主的河流的水情特点是水位与流量变化快，在时程上与降雨有较好的对应关系，河流径流的年内分配不均匀，年际变化大，丰、枯悬殊。

（2）地下水补给

地下水补给是我国河流补给的一种普遍形式。特别是在冬季和少雨、无雨季节，大部分河流水量基本上来自地下水。地下水是雨水和冰雪融水渗入地下转化而成的，它的基本来源仍然是降水，因其经地下"水库"的调节，对河流径流量及其在时间上的变化产生影响。以地下水补给为主的河流，其年内分配和年际变化都较均匀。

（3）冰雪融水补给

冬季在流域表面的积雪、冰川，至次年春季随着气候的变暖而融化成液态的水，补给河流而形成春汛。此种补给类型在全国河流中所占比例不大、水量有限但冰雪融水补给主要发生在春季，这时正是我国农业生产上需水的季节，因此对于我国北方地区春季农业用水有着重要的意义。冰雪融水补给具有明显的日变化和年变化，补给水量的年际变化幅度要小于雨水补给。这是因为融水量主要与太阳辐射、气温变化一致，而气温的年际变化比降雨量年际变化小。

（4）湖泊、沼泽水补给

流域内山地的湖泊常成为河流的源头。位于河流中下游地区的湖泊，接纳湖区河流来水，又转而补给干流水量。这类湖泊由于湖面广阔，深度较大，对河流径流有调节作用。河流流量较大时，部分洪水流进大湖内，削减了洪峰流量；河流流量较小时，湖水流入下流，补充径流量，使河流水量年内变化趋于均匀。沼泽水补给量小，对河流径流调节作用不明显。

我国河流主要靠降雨补给。华北、西北及东北的河流虽也有冰雪融水补给，但仍以降雨补给为主，为混合补给。只有新疆、青海等地的部分河流是靠冰川、积雪融水补给，该地区的其他河流仍然是混合补给。由于各地气候条件的差异，上述四种补给在不同地区的河流中所占比例差别较大。

3. 径流时空分布

（1）径流的区域分布

受降水量影响，以及地形地质条件的综合影响，年径流区域分布既有地域性的变化，又有局部的变化，我国年径流深度分布的总体趋势与降水量分布一样由东南向西北递减。

（2）径流的年际变化

径流的年际变化包括径流的年际变化幅度和径流的多年变化过程，年际变化幅度常用年径流量变差系数和年径流极值比表示。

年径流变差系数大，年径流的年际变化就大，不利于水资源的开发利用，也容易发生洪涝灾害；反之，年径流的年际变化小，有利于水资源的开发利用。

影响年径流变差系数的主要因素是年降水量、径流补给类型和流域面积。降水量丰富地区，其降水量的年际变化小，植被茂盛，蒸发稳定，地表径流较丰沛，因此年径流变差系数小；反之，则年径流变差系数大。相比较而言，降水补给的年径流变差系数大于冰川、积雪融水和降水混合补给的年径流变差系数，而后者又大于地下水补给的年径流变差系数。流域面积越大，径流成分越复杂，各支流、干流之间的径流丰枯变化可以互相调节；另外，面积越大，因河川切割很深，地下水的补给丰富而稳定。因此，流域面积越大，其年径流变差系数越小。

年径流的极值比是指最大径流量与最小径流量的比值。极值比越大，径流的年际变化越大；反之，年际变化越小。极值比的大小变化规律与变差系数同步。我国河流年际极值比最大的是淮河蚌埠站，为23.7；最小的是怒江道街坝站，为1.4。

径流的年际变化过程是指径流具有丰枯交替、出现连续丰水和连续枯水的周期变化，但周期的长度和变幅存在随机性。

（3）径流的季节变化

河流径流一年内有规律的变化，叫作径流的季节变化，取决于河流径流补给来源的类型及变化规律。以雨水补给为主的河流，主要随降雨量的季节变化而变化。以冰雪融水补给为主的河流，则随气温的变化而变化。径流季节变化大的河流，容易发生干旱和洪涝灾害。

我国绝大部分地区为季风区，雨量主要集中在夏季，径流也是如此。而西部内陆河流主要靠冰雪融水补给，夏季气温高，径流集中在夏季，形成我国绝大部分地区夏季径流占优势的基本布局。

（三）蒸发

蒸发是地表或地下的水由液态或固态转化为水汽，并进入大气的物理过程，是水文循环中的基本环节之一，也是重要的水量平衡要素，对径流有直接影响。蒸发主要取决于暴露表面的水的面积与状况，与温度、阳光辐射、风、大气压力和水中的杂质质量有关，其大小可用蒸发量或蒸发率表示。蒸发量是指某一时段（如日、月、年）内总蒸发掉的水层深度，以 mm 计；蒸发率是指单位时间内的蒸发量，以 mm/min 或 mm/h 计。流域或区域上的蒸发包括水面蒸发和陆面蒸发，后者包括土壤蒸发和植物蒸腾。

1. 水面蒸发

水面蒸发是指江、河、湖泊、水库和沼泽等地表水体水面上的蒸发现象。水面蒸发是最简单的蒸发方式，属饱和蒸发。影响水面蒸发的主要因素是温度、湿度、辐射、风速和气压等气象条件。因此，在地域分布上，冷湿地区水面蒸发量小，干燥、气温高的地区水面蒸发量大；高山地区水面蒸发量小，平原地区水面蒸发量大。

水面蒸发的地区分布呈现出如下特点：一是低温湿润地区水面蒸发量小，高温干燥地区水面蒸发量大；二是蒸发低值区一般多在山区，而高值区多在平原区和高原区，平原区的水面蒸发大于山区；三是水面蒸发的年内分配与气温、降水有关，年际变化不大。

我国多年平均水面蒸发量最低值为400mm，最高可达2600mm。

2. 陆面蒸发

（1）土壤蒸发

土壤蒸发是指水分从土壤中以水汽形式逸出地面的现象。它比水面蒸发要复杂得多，除了受上述气象条件的影响外，还与土壤性质、土壤结构、土壤含水量、地下水位的高低、地势和植被状况等因素密切相关。

对于完全饱和、无后继水量加入的土壤其蒸发过程大体上可分为三个阶段：第一阶段，土壤完全饱和，供水充分，蒸发在表层土壤进行，此时的蒸发率等于或接近于土壤蒸发能力，蒸发量大而稳定；第二阶段，由于水分逐渐蒸发消耗，土壤含水量转化为非饱和状态，局部表土开始干化，土壤蒸发一部分仍在地表进行，另一部分发生在土壤内部。此阶段中，随着土壤含水量的减少，供水条件越来越差，故其蒸发率随时间逐渐减小；第三阶段表层土壤干涸，向土壤深层扩展，土壤水分蒸发主要发生在土壤内部。蒸发形成的水汽由分子扩散作用通过表面干涸层逸入大气，其速度极为缓慢，蒸发量小而稳定，直至基本终止。由此可见，土壤蒸发会影响土壤含水量的变化，是土壤失水的干化过程，是水文循环的重要环节。

（2）植物蒸腾

土壤中水分经植物根系吸收，输送到叶面，散发到大气中去，称为植物蒸腾或植物散发。由于植物本身参与了这个过程，并能利用叶面气孔进行调节，故是一种生物物理过程，比水面蒸发和土壤蒸发更为复杂，它与土壤环境、植物的生理结构以及大气状况有密切的关系。由于植物生长于土壤中，故植物蒸腾与植物覆盖下土壤的蒸发实际上是并存的。因此，研究植物蒸腾往往和土壤蒸发合并进行。

目前陆面蒸发量一般采用水量平衡法估算，多年平均陆面蒸发会由流域内年降水量减去年径流量而得，陆面蒸发等值线即以此方法绘制而得；除此，陆面蒸发量还可以利用经验公式来估算。

我国根据蒸发量为300mm的等值线自东北向西南将中国陆地蒸发量分布划分为两个区。一个区域是陆面蒸发量低值区（300mm等值线以西），一般属于干旱半干旱地区，雨量少、温度低，如塔里木盆地、柴达木盆地其多年平均陆面蒸发量小于25mm。另一个区域是陆面蒸发量高值区（300mm等值线以东）：一般属于湿润与半湿润地区，我国广大的南方湿润地区雨量大，蒸发能力可以充分发挥。海南省东部多年平均陆面蒸发量可达1000mm。

说明陆面蒸发量的大小不仅取决于热能条件，还取决于陆面蒸发能力和陆面供水条件。陆面蒸发能力可近似的由实测水面蒸发量综合反映，而陆面供水条件则与降水量大小及其分配是否均匀有关。我国蒸发量的地区分布与降水、径流的地区分布有着密切关系，由东南向西北有明显递减趋势，供水条件是陆面蒸发的主要制约因素。

一般来说，降水量年内分配比较均匀的湿润地区，陆面蒸发量与陆面蒸发能力相差不大。如长江中下游地区，供水条件充分，陆面蒸发量的地区变化和年际变化都不是很大，年陆面蒸发量仅在550mm~750mm间变化，陆面蒸发量主要由热能条件控制。但在干旱地区陆面蒸发量则远小于陆面蒸发能力，其陆面蒸发量的大小主要取决于供水条件。

3. 流域总蒸发

流域总蒸发是流域内所有的水面蒸发、土壤蒸发和植物蒸腾的总和。因为流域内气象条件和下垫面条件复杂，要直接测出流域的总蒸发几乎不可能，实用的方法是先对流域进行综合研究，再用水量平衡法或模型计算方法求出流域的总蒸发。

二、地下水资源的形成与特点

地下水是指存在于地表以下岩石和土壤的孔隙、裂隙、溶洞中的各种状态的水体，由渗透和凝结作用形成，主要来源为大气水。广义的地下水是指赋存于地面以下岩土孔隙中的水，包括包气带及饱水带中的孔隙水。狭义的地下水则指赋存于饱水带岩土孔隙中的水。地下水资源是指能被人类利用、逐年可以恢复更新的各种状态的地下水。地下水由于水量稳定，水质较好，是工农业生产和人们生活的重要水源。

（一）岩石孔隙中水的存在形式

岩石孔隙中水的存在形式主要为气态水、结合水、重力水、毛细水和固态水。

1. 气态水

以水蒸气状态储存和运动于未饱和的岩石孔隙之中，来源于地表大气中的水汽移入或岩石中其他水分蒸发，气态水可以随空气的流动而运动。空气不运动时，气态水也可以由绝对湿度大的地方向绝对湿度小的地方运动。当岩石孔隙中水汽增多达到饱和或是当周围温度降低至露点时，气态水开始凝结成液态水而补给地下水。由于气态水的凝结不一定在蒸发地区进行，因此会影响地下水的重新分布。气态水本身不能直接开采利用，也不能被植物吸收。

2. 结合水

松散岩石颗粒表面和坚硬岩石孔隙壁面，因分子引力和静电引力作用使水分子被牢固地吸附在岩石颗粒表面，并在颗粒周围形成很薄的第一层水膜，称为吸着水。吸着水被牢牢地吸附在颗粒表面，其吸附力达1000atm(标准大气压)，不能在重力作用下运动，故又称为强结合水。其特征为：不能流动，但可转化为气态水而移动；冰点降低至-78℃以下；不能溶解盐类，无导电性；具有极大的黏滞性和弹性；平均密度为2g/m³。

吸着水的外层，还有许多水分子亦受到岩石颗粒引力的影响，吸附着第二层水膜，称为薄膜水。薄膜水的水分子距颗粒表面较远，吸引力较弱，故又称为弱结合水。薄膜水的特点是：因引力不等，两个质点的薄膜水可以相互移动，由薄膜厚的地方向薄处转移；薄膜水的密度虽与普通水差不多，但黏滞性仍然较大；有较低的溶解盐的能力。吸着水与薄膜水统称为结合水，都是受颗粒表面的静电引力作用而被吸附在颗粒表面。它们的含水量主要取决于岩石颗粒的表面积大小，与表面积大小成正比。在包气带中，因结合水的分布是不连续的，所以不能传递静水压力；而处在地下水面以下的饱水带时，当外力大于结合水的抗剪强度时，则结合水便能传递静水压力。

3. 重力水

岩石颗粒表面的水分子增厚到一定程度，水分子的重力大于颗粒表面，会产生向下的自由运动，在孔隙中形成重力水。重力水具有液态水的一般特性，能传递静水压力，有冲刷、侵蚀和溶解能力。从井中吸出或从泉中流出的水都是重力水。重力才是研究的主要对象。

4. 毛细水

地下水面以上岩石细小孔隙中具有毛细管现象，形成一定上升高度的毛细水带。毛细水不受固体表面静电引力的作用，而受表面张力和重力的作用，称为半自由水，当两力作用达到平衡时，便保持一定高度滞留在毛细管孔隙或小裂隙中，在地下水面以上形成毛细水带。由地下水面支撑的毛细水带，称为支持毛细水。其毛细管水面可以随着地下水位的升降和补给、蒸发作用而发生变化，但其毛细管上升高度保持不变，它只能进行垂直运动，可以传递静水压力。

5. 固态水

以固态形式存在于岩石孔隙中的水称为固态水，在多年冻结区或季节性冻结区可以见到这种水。

（二）地下水形成的条件

1. 岩层中有地下水的储存空间

岩层的空隙性是构成具有储水与给水功能的含水层的先决条件。岩层要构成含水层，首先要有能储存地下水的孔隙、裂隙或溶隙等空间，使外部的水能进入岩层形成含水层。然而，有空隙存在不一定就能构成含水层，如黏土层的孔隙度可达50%以上，但其空隙几乎全被结合水或毛细水所占据，重力水很少，所以它是隔水层。透水性好的砾石层、砂石层的孔隙度较大，孔隙也大，水在重力作用下可以自由出入，所以往往形成储存重力水的含水层。坚硬的岩石只有发育出未被填充的张性裂隙、张扭性裂隙和溶隙时，才可能构成含水层。

空隙的多少、大小、形状、连通情况与分布规律，对地下水的分布与运动有着重要影响。按空隙特性可将其分类为：松散岩石中的孔隙、坚硬岩石中的裂隙和可溶岩石中的溶隙，分别用孔隙度、裂隙度和溶隙度表示空隙的大小，依次定义为岩石孔隙体积与岩石体体积之比、岩石裂隙体积与岩石总体积之比、可溶岩石孔隙体积与可溶岩石总体积之比。

2. 岩层中有储存、聚集地下水的地质条件

含水层的构成还必须具有一定的地质条件，才能使具有空隙的岩层含水，并把地下水储存起来。有利于储存和聚集地下水的地质条件虽有各种形式，但概括起来不外乎是：空隙岩层下有隔水层，使水不能向下渗漏；水平方向有隔水层阻挡，以免水全部流空。只有这样的地质条件才能使运动在岩层空隙中的地下水长期储存下来，并充满岩层空隙，从而形成含水层。如果岩层只具有空隙而无有利于储存地下水的构造条件，这样的岩层就只能作为过水通道而构成透水层。

3. 有足够的补给来源

当岩层空隙性好，并具有储存、聚集地下水的地质条件时，还必须有充足的补给来源才能使岩层充满重力水而构成含水层。

地下水补给量的变化，能使含水层与透水层之间相互转化。在补给来源不足、消耗量大的枯水季节里，地下水在含水层中可能被疏干，这样含水层就变成了透水层；而在补给充足的丰水季节，岩层的空隙又被地下水充满，重新构成含水层。由此可见，补给来源不仅是形成含水层的一个重要条件，而且是决定水层水量多少和保证程度的一个主要因素。

综上所述，只有当岩层具有地下水自由出入的空间，适当的地质构造条件和充足的补给来源时，才能构成含水层。这三个条件缺一不可，但有利于储水的地质构造条件是主要的。

因为岩层空隙存在于该地质构造中，岩空隙的发生、发展及分布都脱离不开这样的地质环境，特别是坚硬岩层的空隙，受构造控制更为明显；岩层空隙的储水和补给过程也取决于地质构造条件。

（三）地下水的类型

按埋藏条件，地下水可划分为四个基本类型：土壤水（包气带水）、上层滞水、潜水和承压水。

土壤水是指吸附于土壤颗粒表面和存在于土壤空隙中的水。

上层滞水是指包气带中局部隔水层或弱透水层上积聚的具有自由水面的重力水，是在大气降水或地表水下渗时，受包气带中局部隔水层的阻托滞留聚集而成。上层滞水埋藏的共同特点是：在透水性较好的岩层中央有不透水岩层。上层滞水因完全靠大气降水或地表水体直接入渗补给，水量受季节控制特别显著，一些范围较小的上层滞水旱季往往干枯无水，当隔水层分布较广时可作为小型生活水源和季节性水源。上层滞水的矿化度一般较低，因接近地表，水质易受到污染。

潜水是指饱水带中第一个具有自由表面含水层的水。潜水的埋藏条件决定了潜水具有以下特征：一是具有自由表面。由于潜水的上部没有连续完整的隔水顶板，因此具有自由水面，称为潜水面。有时潜水面上有局部的隔水层，且潜水位于两隔水层之间，在此范围内的潜水将承受静水压力，呈现局部承压现象；二是潜水通过包气带与地表相连通，大气降水、凝结水、地表水通过包气带的空隙通道直接渗入补给潜水，所以在一般情况下，潜水的分布区与补给区是一致的；三是潜水在重力作用下，由潜水位较高处向较低处流动，其流速取决于含水层的渗透性能和水力坡度。潜水向排泄处流动时，其水位逐渐下降，形成曲线形表面；四是潜水的水量、水位和化学成分随时间的变化而变化，受气候影响大，具有明显的季节性变化特征；五是潜水较易受到污染。潜水水质变化较大，在气候湿润、补给量充足及地下水流畅通地区，往往形成矿化度低的淡水；在气候干旱与地形低洼地带或补给量贫乏及地下水径流缓慢的地区，往往形成矿化度很高的咸水。

潜水分布范围大，埋藏较浅，易被人工开采。当潜水补给充足，特别是河谷地带和山间盆地中的潜水，水量比较丰富，可作为工业、农业生产和生活用水的良好水源。

承压水是指充满于上下两个稳定隔水层之间的含水层中的重力水。承压水的主要特点是有稳定的隔水顶板存在，没有自由水面，水体承受静水压力，与有压管道中的水流相似。承压水的上部隔水层称为隔水顶板，下部隔水层称为隔水底板；两隔水层之间的含水层称为承压含水层；隔水顶板到底板的垂直距离称为含水层厚度。

承压水由于有稳定的隔水顶板和底板，因而与外界联系较差，与地表的直接联系大部分被隔绝，所以其埋藏区与补给区不一致。承压含水层在出露地表部分可以接受大气降水及地表水补给，上部潜水也可越流补给承压含水层。承压水的排泄方式多种多样，可以通过标高较低的含水层出露区或断裂带排泄到地表水、潜水含水层或另外的承压含水层，也可直接排泄到地表成为上升泉。承压含水层的埋藏度一般都较潜水大，在水位、水量、水温、水质等方面受水文气象因素、人为因素及季节变化的影响较小，因此富水性较好的承压含水层是理想的供水水源。虽然承压含水层的埋藏深度较大，但其稳定水位常常接近或高于地表，这为开采利用提供了有利条件。

（四）地下水循环

地下水循环是指地下水的补给、径流和排泄过程，是自然界水循环的重要组成部分。不论是全球的大循环还是陆地的小循环，地下水的补给、径流、排泄都是其中的一部分。大气降水或地表水渗入地下补给地下水，地下水在地下形成径流，又通过潜水蒸发、流入地表水体及泉水涌出等形式排泄。这种补给、径流、排泄无限往复的过程即为地下水的循环。

1. 地下水补给

含水层自外界获得水量的过程称为补给。地下水的补给来源主要有大气降水、地表水、凝结水、其他含水层的补给及人工补给等。

（1）大气降水入渗补给

当大气降水降落到地表后，一部分蒸发重新回到大气，一部分变为地表径流，剩余一部分达到地面以后，向岩石、土壤的空隙渗入，如果降雨以前土层湿度不大，则入渗的降水首先形成薄膜水。达到最大薄膜水量之后，继续入渗的水则充填颗粒之间的毛细孔隙，形成毛细水。当包气层的毛细孔隙完全被水充满时，形成重力水的连续下渗从而不断地补给地下水。

在很多情况下，大气降水是地下水的主要补给方式。大气降水补给地下水的水量受到很多因素的影响，与降水强度、降水形式、植被、包气带岩性、地下水埋深等有关。一般当降水量大、降水过程长、地形平坦、植被茂盛、上部岩层透水性好、地下水埋藏深度不大时，大气降水才能大量入渗补给地下水。

（2）地表水入渗补给

地表水和大气降水一样，也是地下水的主要补给来源，但时空分布特点不同。在空间分布上，大气降水入渗补给地下水呈面状补给，范围广且较均匀；而地表入渗补给一般为线状补给或呈点状补给，补给范围仅限地表水体周边。在时间分布上，大气降水补给的时间有限，具有随机性，而地表水补给的持续时间一般较长，甚至是经常性的。

地表水对地下水的补给强度主要受岩层透水性的影响，还与地表水水位与地下水水位的高差、洪水延续时间、河水流量、河水含沙量、地表水体与地下水联系范围的大小等因素有关。

（3）凝结水入渗补给

凝结水的补给是指大气中过饱和水分凝结成液态水渗入地下补给地下水。沙漠地区和干旱地区昼夜温差大，白天气温较高，空气中含水量一般不足，但夜间温度下降，空气中的水蒸气含量过于饱和，便会凝结于地表，然后入渗补给地下水。在沙漠地区及干旱地区，大气降水和地表水很少，补给地下水的部分微乎其微，因此凝结水的补给就成为这些地区地下水的主要补给来源。

（4）含水层之间的补给

两个含水层之间具有联系通道、存在水头差并有水力联系时，水头较高的含水层将水补给水头较低的含水层。其补给途径可以通过含水层之间的"天窗"发生水力联系，也可以通过含水层之间的越流方式补给。

（5）人工补给

地下水的人工补给是借助某些工程措施，人为地使地表水自流或用压力将其引入含水层，以增加地下水的渗入量。人工补给地下水具有占地少、造价低、管理易、蒸发少等优点，不仅可以增加地下水资源，还可以改善地下水水质，调节地下水温度，阻拦海水入侵，减小地面沉降。

2. 地下水径流

地下水在岩石空隙中流动的过程称为地下水径流。地下水径流过程是整个地球水循环的一部分。大气降水或地表水通过包气带向下渗漏，补给含水层成为地下水，地下水又在重力作用下，由水位高处向水位低处流动，最后在地形低洼处以泉的形式排出地表或直接排入地表水体，如此反复循环过程就是地下水的径流过程。天然状态（除了某些盆地外）和开采状态下的地下水都是流动的。

影响地下水径流的方向、速度、类型、径流量的主要因素有：含水层的空隙特性；地下水的埋藏条件、补给量、地形状况；地下水的化学成分，人类活动等。

3. 地下水排泄

含水层失去水量的作用过程称为地下的排泄。在排泄过程中，地下水水量、水质及水位都会随之发生变化。

地下水通过泉（点状排泄）、向河流泄流（线状排泄）及蒸发（面状排泄）等形式向外界排泄。此外，一个含水层中的水可向另一个含水层排泄，也可以由人工进行排泄，如用井开采地下水，或用钻孔、渠道排泄地下水等。人工开采是地下水排泄的最主要途径之一。当过量开采地下水，使地下水排泄量远大于补给量时，地下水的均衡就遭到破坏，造成地下水水位长期下降。只有合理开采地下水，即开采量小于或等于地下水总补给量与总排泄量之差时，才能保证地下水的动态平衡，使地下水一直处于良性循环状态。

在地下水的排泄方式中，蒸发排泄仅耗失水量，盐分仍留在地下水中。其他类型的排泄属于径流排泄，盐分随水分同时排走。

地下水的循环可以促使地下水与地表水的相互转化。天然状态下的河流在枯水期的水位低于地下水位，河道成为地下水排泄通道，地下水转化成地表水；在洪水期的水位高于地下水位，河道中的地表水渗入地下补给地下水。平原区浅层地下水通过蒸发并入大气，再降水形成地表水，并渗入地下形成地下水。在人类活动影响下，这种转化往往会更加频繁和深入。从多年平均来看，地下水循环具有较强调节能力，存在着"一排一补"的周期变化。只要不超量开采地下水，在枯水年允许地下水有较大幅度的下降，待到丰水年地下水可得到补充，恢复到原来的平衡状态，这体现了地下水资源的可恢复性。

第三节 水循环

一、水循环的概念

水循环是指各种水体受太阳能的作用，不断进行相互转换和周期性的循环过程。水循环一般包括降水、径流、蒸发三个阶段。降水包括雨、雪、雾、雹等形式；径流是指沿地面和地下流动着的水流，包括地面径流和地下径流；蒸发包括水面蒸发、植物蒸腾、土壤蒸发等。

自然界水循环的发生和形成应具备三个方面的主要因素：一是水的相变特性和气液相的流动性决定了水分空间循环的可能性；二是地球引力和太阳辐射对水的重力和热力效应是水循环发生的原动力；三是大气流动方式、方向和强度，如水汽流的传输、降水的分布及其特征、地表水流的下渗及地表和地下水径流的特征等。这些因素的综合作用，形成了自然界错综复杂、气象万千的水文现象和水循环过程。

在各种自然因素的作用下，自然界的水循环主要通过以下几种方式进行：

（一）蒸发作用

在太阳热力的作用下，各种自然水体及土壤和生物体中的水分产生汽化进入大气层中的过程统称为蒸发作用，它是海陆循环和陆地淡水形成的主要途径。海洋水的蒸发作用为陆地降水的源泉。

（二）水汽流动

太阳热力作用的变化产生大区域的空气动风，风的作用和大气层中水汽压力的差异，是水汽流动的两个主要动力。湿润的海风将海水蒸发形成的水分源源不断地运往大陆，是自然水分大循环的关键环节。

（三）凝结与降水过程

大气中的水汽在水分增加或温度降低时将逐步达到饱和，之后便以大气中的各种颗粒物质或尘粒为凝结核而产生凝结作用，以雹、雾、霜、雪、雨、露等各种形式的水团降落地表从而形成降水。

（四）地表径流、水的下渗及地下径流

降水过程中，除了降水的蒸散作用外，降水的一部分渗入岩土层中形成各种类型的地下水，参与地下径流过程，另一部分来不及入渗，从而形成地表径流。

陆地径流在重力作用下不断向低处汇流，最终复归大海完成水的一个大循环过程。在自然界复杂多变的气候、地形、水文、地质、生物及人类活动等因素的综合影响下，水分的循环与转化过程是极其复杂的。

二、地球上的水循环

地球上的水储量只是在某一瞬间储存在地球上不同空间位置上水的体积，以此来衡量不同类型水体之间量的多少。在自然界中，水体并非静止不动，而是处在不断的运动过程中，不断地循环、交替与更新。因此，在衡量地球上水储量时，要注意其时空性和变动性。地球上水的循环体现为在太阳辐射能的作用下，从海洋及陆地的江、河、湖和土壤表面及植物叶面蒸发成水蒸气上升到空中，并随大气运行至各处，在水蒸气上升和运移过程中遇冷凝结而以降水的形式又回到陆地或水体。降到地面的水，除植物吸收和蒸发外，一部分渗入地表以下成为地下径流，另一部分沿地表流动成为地面径流，并通过江河流回大海。然后又继续蒸发、运移、凝结形成降水。这种水的蒸发——降水——径流的过程周而复始、不停地进行着。通常把自然界的这种运动称为自然界的水文循环。

自然界的水文循环，根据其循环途径分为大循环和小循环。

大循环是指水在大气圈、水圈、岩石圈之间的循环过程。具体表现为：海洋中的水蒸发到大气中以后，一部分飘移到大陆上空形成积云，然后以降水的形式降落到地面。降落到地面的水，其中一部分形成地表径流，通过江河汇入海洋；另一部分则渗入地下形成地下水，又以地下径流或泉流的形式慢慢地注入江河或海洋。

小循环是指陆地或者海洋本身的水单独进行循环的过程。陆地上的水通过蒸发作用（包括江、河、湖、水库等水面蒸发、潜水蒸发、陆面蒸发及植物蒸腾等）上升到大气中形成积云，然后以降水的形式降落到陆地表面形成径流。海洋本身的水循环主要是海水通过蒸发形成水蒸气而上升，然后再以降水的方式降落到海洋中。

水循环是地球上最主要的物质循环之一。通过形态的变化，水在地球上起到输送热量和调节气候的作用，对于地球环境的形成、演化和人类生存有着重大的作用和影响。水的不断循环和更新为淡水资源的不断再生提供条件，为人类和生物的生存提供基本的物质基础。

参与循环的水，无论从地球表面到大气、从海洋到陆地或从陆地到海洋，都

第二章 生态水文

第一节 森林水文与湿地水文

一、森林水文

森林和水是人类生存与发展的重要物质基础，也是森林生态系统的重要组成部分。前者是陆地生态系统的主体，后者是生态系统物质循环和能量流动的主要载体，二者之间的关系是当今林学和生态学领域研究的核心问题。森林水文学就是研究森林与水之间关系的科学。

古代因掠夺森林而产生的环境灾害已使人们注意到森林与水的关系，并获得了"治水必治山"等实践经验，但这仅是对森林与水的关系的感性认识。把森林水文作为一门科学进行实际观测和分析研究，始于19世纪末20世纪初欧美国家的"森林的影响"研究。目前森林水文学还没有统一公认的定义。

森林水文学是陆地水文学与森林生态学交融形成的一门新型交叉学科。它研究森林植被结构和格局对水文生态功能和过程的影响，包括森林植被对水分循环和环境的影响，以及对土壤侵蚀、水的质量和小气候的影响。自20世纪80年代以来，森林水文学进入一个新的研究阶段，森林水文作用被划分为三个相互联系的领域：森林对水文循环量、质的影响；森林对水文循环机制的影响；建立基于森林水文物理过程的分布式参数模型，为资源管理和工程建设服务。

（一）森林水文过程

森林水文过程是指在森林生态系统中水分受森林的影响而表现出的水分分配和运动过程，包括降水、降水截留、树干茎流、蒸散和地表径流等。由于森林植被的存在，森林生态系统的外貌与结构发生了很大的变化，使得森林生态系统内的水文过程发生了变化，因此森林生态系统表现出不同于其他生态系统的水文过程特征和水文效应。

1. 森林对降水的影响

森林对降水的影响，是森林水文学领域争论的焦点问题之一。争论的原因可归结为两个方面：一是森林对大气温度、湿度、风向和风速的影响，是否有促进水蒸气凝结作用，也就是森林是否有增雨作用；二是由森林截留而蒸发以及森林抑制地面温度而削弱对流，是否有减雨作用。从世界各国研究结果来看，虽然森林对水平降水有明显的影响，但其所占比例小，一般认为森林对降水量的影响程度有限。

森林把降水分为林冠截留量、穿透降水量和树干茎流量三部分。林冠截留和截留雨量的蒸发在森林生态系统水文循环和水量平衡中占有重要地位。林冠截留是森林对降水的第一次阻截，也是对降水的第一次分配。一般来说，林冠截留损失比灌木和草本植物截留损失大。一是因为林冠具有较大的截留容量；二是因为林冠具有较大的空气动力学阻力，从而增加截留雨量的蒸发。林冠截留降水的能力因不同树种、不同器官有很大差异，主要与林冠层枝叶生物量及其枝叶持水特性有关。一般来说，森林的郁闭度大、叶面积指数高，林分结构好，雨前树冠较干，则截留量大。同时，雨量大、雨强小、历时长的降雨类型有利于树冠截留。对于降水，林冠截留量随着降水量增加而增加，但两者不是直线关系。穿透降水量：与林分密度成反比，随着林冠截留地增加而减少，随着离树干距离增大而增加，数值上等于降水量减去林冠截留量与树干茎流量之和。而树干茎流量仅占0.3%~3.8%，在水量平衡中可以忽略不计。

2. 林下植被层对降水的截留

降水通过林冠层到达林下植被层时再次被截留，从而使雨滴击溅土壤的动能大大减弱，但因林下植被截留难于准确测定且截留量少，常在计算截留时忽略不计。目前国内外还没有一种理想的直接测定林下植被截留的方法，都是用间接方法估算林下植被截留量。林下植被的种类和数量受林分结构的影响，不同林分林下植被层的持水性能存在差异。一般以林下植被层的最大持水量表示林下植被持水功能的大小。林下植被层持水量是林下灌木层持水量和草本层持水量之和。不同森林类型林下植被层持水量变化较大。通常情况下，天然林林下植被层的持水量较大。这是因为天然林受人为干扰较少，易形成复层林，林冠层疏开，郁闭度降低，林下的光照条件好、林下植被繁茂，林下植被层生物量一般较高。

3. 森林枯落物层与林地土壤对水分的储蓄

森林枯落物层的截留第三次改变了到达土壤表面的自然降水过程和降水量，枯落物层对森林涵养水源具有重要作用。一方面，枯落物层具有保护土壤免受雨滴冲击和增加土壤腐殖质和有机质的作用,并参与土壤团粒结构的形成,有效地增加了土壤孔隙度,减缓了表径流速度,为林地土壤层蓄水、滞洪提供了物质基础;另一方面,枯落物层具有较大的水分截留能力,影响穿透降水对土壤水分的补充和植物的水分供应。此外,枯落物层具有比土壤更多更大的孔隙,水分更易蒸发。森林枯落物层截留呈现三条规律:其截留量与枯落物的种类、厚度、干重、湿度及分解程度有密切关系;随着降水强度增加,其截留量的百分比相应减少;其截留量有一定的限度。枯落物层持水量的动态变化对林冠下大气和土壤之间的水分和能量传输有重要影响。一般其吸持水量可达自身干重的2~4倍,各种森林枯落物最大持水率平均为309.54%。枯落物层吸持水能力的大小与森林流域产流机制密切相关,并受枯落物组成、林分类型、林龄、枯落物分解状况、积累状况、林地水分状况和降水特点的影响。由于枯落物层的氮化和矿化速率随着含水量的增加而提高,同时枯落物层含水量具有明显的时空变异性,因此研究的难度较大。枯落物层截留量的现场测定也非常困难,通常是选取样本由室内实验测定。

土壤是森林生态系统水分的主要蓄库,系统中的水文过程大多以土壤作为媒介而发生,土壤水分与地下水相互联系,加大了森林生态系统中土壤水分蓄库的调蓄能力。经过截留到达地面的净降水通过表层土壤的孔隙进入土壤中,再沿土壤孔隙向深层渗透和扩散。森林中透过林冠层的降水量有70%~80%进入土壤,进行再次分配。林地土壤水分对植物—大气、大气—土壤和土壤—植物三界面的物质和能量的交换过程有重要的控制作用,影响气孔开合、渗透、蒸发、蒸腾和径流的产生。一般来说,森林庞大的根系通过改善土壤结构,增加重力水入渗和土壤水向根系的运动,因而森林土壤的入渗率比其他土地类型高,森林土壤的稳定入渗率高达8.0cm/h以上。森林土壤贮水量常因森林类型和土壤类型不同而异,最大贮水量与土壤结构、土壤孔隙度密切相关。

森林土壤层非毛管贮水量表征了土壤在短时间里贮存水分能力的大小,也是降水进入土壤层的主要表征指标之一。非毛管孔隙是降水进入土壤的主要通道,表层土壤的非毛管贮水量对森林土壤层蓄水功能的充分发挥起到了至关重要的作用。表层土壤的非毛管贮水量如果不能得到充分利用,就会导致土壤下层巨大的贮水空间在降水时不能得到充分利用。

森林对地下水的直接影响并不明显,它是通过对土壤结构和土壤水分的作用间接地影响地下水文过程。

4. 林地蒸发散

林地蒸发散是森林生态系统的水分循环中最主要的输出项,由于在蒸发过程中要消耗大量热能,它又是森林生态系统热量平衡中最主要的过程,这也是森林能调节局域温度和湿度的机理所在。林地蒸发散包括森林群落中全部物理蒸发和生理蒸腾,由林地蒸发、林冠截留水分蒸发和森林植物蒸腾三部分组成。一般认为,森林具有比其他植被更大的蒸腾量。森林冠层和枯落物层截留损失也是影响森林水文效应的主要因素,因此,准确测定或计算林地蒸发散的时空变化,对于评价森林水文循环影响机理以及制定合理的森林经营方案具有十分重要的意义。但是,由于影响森林生态系统蒸发散的因素众多,而且具有极大的时间变异性和空间异质性,用小尺度的田间试验结果外推到大尺度的流域范围会影响其准确性。

林地蒸发散受树种、林龄、海拔、降水量及其他气象因子的影响,随着纬度降低和降水量增加,林地蒸发散略呈增加趋势,相对蒸发散则减少。

(二)森林对径流的影响

早期森林与水关系的科学研究内容主要是森林变化对河川径流量的影响。森林与径流的关系一直是国内外学术界长期争论的一个问题,争论焦点是森林植被的存在能否提高流域的径流量。一种观点认为,森林可以增加降水和河水流量;另一种观点则认为,森林不具备增加降水的作用,森林采伐后,河水的流量不是增加而是减少。

迄今为止,森林拦蓄洪水的作用在定性上是明确的,但对森林削减洪水灾害作用的定量分析方面尚有不同的观点。世界各国的研究结论表明,森林对削减洪峰和延长洪峰历时具有一定的调节作用,对洪水灾害的减弱程度则与暴雨输入大小和特性有关。就小暴雨或短历时暴雨而言,森林具有较大的调节作用;但对特大暴雨或长历时的连续多峰暴雨来说,森林的调蓄能力是有限的,因为森林的拦蓄容量已为前一次暴雨占去大部分,再次发生暴雨时森林的拦蓄作用会大大降低。森林蓄水容量与森林类型、特征、土壤层厚度及地质、地貌等条件有关。因此,不同自然地理区及不同水文区中森林与洪水的关系不能一概而论。

(三)森林对径流泥沙和水质的影响

防治土壤侵蚀和减少径流泥沙是森林重要的水文生态功能之一。在森林生态系统中,由于林冠层及地表物的存在减少了落到地面雨滴的动能,同时减缓了地表径流的形成,并降低了地表径流的侵蚀力,因此能够有效地防止土壤侵蚀,减少径流中的泥沙含量。同时,森林对防止水库和湖泊淤积,延长水库使用年限都有良好的作用。黄土高原森林覆盖率达30%的流域较无林地流域输沙量减少

60%；岷江上游原始森林的采伐导致河流年平均含沙量增加 1～3 倍；海南岛尖峰岭热带季雨林地的耕地径流含沙量较有林地高 3 倍。

森林能改变水质，维持生态系统中养分循环。降水在经过森林生态系统时，与生态系统发生化学元素的交换。如由于土壤、岩石风化物和各种有机物质等的淋溶作用，水中各种化学成分增加。同时，降水在通过森林生态系统时，其中的元素也可能被植被吸收、土壤吸附或通过离子交换而除去。国内外采伐破坏了森林生态系统的养分循环，尤其破坏了树木生长对氮的吸收，使河水中的氮含量显著增加，同时对其他化学组分产生一定影响。

二、湿地水文

湿地是指陆地上常年或季节性积水或过湿的土地与生长栖息于其上的生物种群构成的生态系统。湿地生态系统具有独特的水文特征，既不同于排水良好的陆地生态系统，也不同于开放式的水生生态系统。湿地与人类的生存、繁衍和发展息息相关，是自然界最富生物多样性的生态系统和人类最重要的生存环境之一。它不仅为人类的生产和生活提供多种资源，而且具有巨大的生态环境功能和效益，在抵御洪水、调节径流、蓄洪防旱、降解污染、调节气候、控制土壤侵蚀、促淤造陆和美化环境等方面具有其他系统不可替代的作用，被誉为"地球之肾"。

湿地水文研究大气降水、蒸发、蒸腾、地表水流与地下水流时空变化及其与其他生境（包括生物与非生物）因素的相互作用。湿地发育于水、陆环境的过渡地带，水文过程在湿地的形成、发育、演替直至消亡的全过程中都起着直接而重要的作用。水文过程通过调节湿地植被、营养动力学和碳通量之间的相互作用，影响湿地地形的发育和演化，改变并决定湿地下垫面性质及特定的生态系统响应。同时，湿地的植被群落特征、地貌、下垫面性质和地质背景影响着湿地的水文过程。如在能量低的地方，沉积物和有机质的沉积会影响水文。黏土颗粒沉积于湿地的底层，会使湿地的下垫面渗透性变差。同样，有机质的积累也会改变湿地的储水能力。湿地的植被通过拦蓄沉积物、给地表水遮阴和蒸腾作用调节湿地的水文过程功能。另外，气候变化和人类活动等都以不同方式影响湿地的水文系统和生态功能。研究湿地水文在流域水资源管理、生物多样性保护以及全球气候变化等方面具有极其重要的意义。

（一）湿地——大气界面水文过程

植被对降水的再分配和蒸发散作用是湿地水分和能量在土壤—植被—大气界

面交换的主要途径。土壤—植被—大气界面水文过程直接制约着与湿地的生态系统结构密切相关的地表水深度和量，是影响湿地水量平衡的一个重要环节。

1. 湿地降水的再分配——净降水、降水截留和茎流

湿地植被类型和分布影响湿地的降水形式和时空分配特征，调控湿地的水分和营养平衡。湿地上空的降水在植被影响下分成净降水、茎流和植被截留三部分。植被冠层截留量一般占总降水量的10%～35%，是湿地水分损失的一个重要途径。植被对降水的截留损失受植被的类型、结构特征、密度、枯落物层及降水形式和时空分布等多方面的影响。

茎流是降水通过植被枝干或茎部进入地表的部分，它以点滴形式补给土壤部分水分和养分以供植物生长需要，是测定湿地水平衡和养分平衡的一个重要参数。茎流沿树干到达地面后，以树干为中心迅速扩散入渗，补给植被茎干周围的土壤，造成降水在湿地内部空间的高度不均匀分布。

2. 湿地蒸发散作用

蒸发散作用是湿地水分和热量输出的一个重要途径，尤其在干旱地区，蒸发散作用是湿地水分消耗的主要方式。理论上，蒸发散量不应超过潜在的开阔水体的蒸发量，但是许多研究结果表明，常年积水湿地中水生植物的蒸发散量大于开阔水体的蒸发量。

（二）湿地地表径流、地下径流及其相互作用

1. 湿地明渠流和湿地片流

明渠流和流过浓密植被的片流是湿地主要的地表径流形式。沟渠植被相对较少，水流方向循着主要的泥沼河道方向，而且明渠流的速度比片流的速度快。而片流的方向和速度由多个因素控制，包括地形坡度、水深、植被类型、植被密度、土壤基底的厚度、与沟渠的距离、降水和蒸发散作用等，因此片流水文过程的模拟和计算相对复杂。

2. 湿地地下水与地表水之间的水文联系

季节性积水的湿地或多或少都依赖于地下水，地下水和地表水存在明显的相互补给关系，尤其是地下水对湿地具有重要的顶托作用，因此地下水位的变化明显影响这一类湿地的生态系统。但是，对于泥炭沼泽湿地来说，由于有机质的高阳离子交换能力、强烈的生物作用和土壤结构特征，地下水的水文过程就变得复杂得多。

（三）湿地水文过程对湿地生态系统的影响

水是湿地生态系统中最重要的物质迁移媒介，水文过程如降水、地表径流、地下水、潮汐及河道的溢流水将能量和养分传输至湿地或由湿地带走。水深、流况（流量和流速）、延时及洪水频率等湿地水文条件是水文过程的结果表征，能够决定湿地土壤、水分和沉积物的物理与化学性质，进而影响物种的组成和丰富度、初级生产力、有机物质的积累、生物分解和营养物循环及使用，进一步影响湿地生态系统的结构和功能。

1. 对湿地生态系统组分的影响

湿地生态系统的组成要素包括生物要素和非生物要素两大部分。生物要素主要指湿生、中生和水生植物，动物和微生物；非生物要素包括水、大气和土壤等。湿地水文对湿地生态系统的影响主要表现在对其组分、结构和功能的控制作用上，与湿地生态系统其他组分相互作用。

2. 对湿地生态系统功能的影响

湿地水文过程可直接改变湿地环境的理化性质，特别是氧的可获得性和相关化学性质，如营养盐的可获得性、pH值和硫化氢等物质的产生；同时，水文过程也包括向湿地输入和从湿地输出各种物质，包括沉积物、营养物质以及有毒物质等，影响湿地的理化环境和湿地功能。

第二节　荒漠水文与农田水文

一、荒漠水文

荒漠一般是指绿洲与沙漠之间的过渡带。最早关于荒漠的定义出现在20世纪60年代末70年代初，非洲西部撒哈拉地区连年严重干旱，造成空前灾难，使国际社会密切关注全球干旱地区的土地退化问题。此次将荒漠定义为由于气候变化和人类不合理的经济活动等因素，使干旱、半干旱和具有干旱灾害的半湿润地区的土地发生了退化。"荒漠化"名词于是开始流传开来。荒漠化不再是一个单纯的生态环境问题，而是已经演变为经济问题和社会问题，造成贫困和社会不稳定。在地理学上，荒漠是"降水稀少，植物很稀疏，因此限制了人类活动的干旱区"。生态学上将荒漠定义为"由旱生、强旱生低矮木本植物，包括半乔木、灌木、半灌木和小半灌木为主组成的稀疏的群落"。在人类当今诸多的环境问题中，荒漠化是最为严重的灾难之一。对于受荒漠化威胁的人们来说，关键是解决荒漠地区供水不足与植被对水分消耗的矛盾，恢复植被，保护脆弱的荒漠生态环境。

水文学就是研究水分供需平衡的科学，广义水文学就是研究地球水的科学。根据服务的对象不同，将水文学分为城市水文学、草地水文学、农业水文学和荒漠水文学等，荒漠水文学作为水文学的一个分支，其形成的水文系统不仅具有水文学的典型特征，而且具有独特之处，其最大的特点是由生态环境的严酷性决定的水文系统脆弱性和不稳定性。

荒漠水文学是一门荒漠学、生态学、环境学和水文学等相互交叉的学科。它主要以研究保护荒漠区生态环境为出发点，以天然荒漠植被耗水机理和湖泊耗水及河道生态径流研究为中心，揭示地表水、地下水、大气降水和凝结水等水资源的有效利用形式，并从宏观角度研究荒漠生态环境保护与绿洲经济发展的科学。荒漠水文学是研究荒漠地区水的形成、运动、数量和质量以及水在时间和空间上分布变化、循环等变化规律，并运用这些规律为荒漠生态系统服务的一门学科。荒漠水文学研究的对象主要为大气、植被、地表、河流、湖泊、土壤及含水层中的水分运移和相互间的水分转化。荒漠水文是从荒漠水循环、水物理和水化学角度论证其理论基础；从地表水、土壤水、地下水运动与转化动态角度来研究其运移机制与规律；从荒漠区各种耗水条件、干旱分析和水盐动态等角度论证水量分配问题。因此，荒漠水文学主要是研究绿洲内部的水资源转化、水量平衡、水盐动态等水的运移与转化。荒漠水文学从水量水质运移规律角度研究地表水、地下水、土壤水和大气水等"四水转化"规律；从供水和需水对于水资源分配影响的角度研究分析地表水平衡、地下水平衡、耗水平衡和供需平衡等"四水平衡"；从荒漠安全体系与协调发展的角度研究水土、水盐、供与需、耕地与生态面积等"四个平衡点"。

荒漠区降水、地下水和土壤水通过相互转化对生态系统的生物分布和格局产生影响。荒漠地区降水稀少且变异大。中国的大部分荒漠区降水量接近于零，由于受东南季风和蒙古冷高压的控制，干燥少雨，日照强烈，温差大，风沙多，而且西部干旱。荒漠地区的降水量一般在30mm～150mm，其中吐鲁番盆地的托克逊常年平均降水量仅3.9mm；在年内分配上，降水分布不均衡，夏季降水量多集中在每年的7～9月，占全年的60%～80%，冬季大部分地区的降水量不足10%。当降水量不足400mm时，乔木就不能生长，120mm等雨线是草原荒漠植被的界限，70mm等雨线是盖度不足10%稀疏矮小灌木在低洼集水地段生长的集聚植被的分界线。

　　荒漠地区是绿洲与沙漠之间的过渡带，是生态环境保护的主要区域。该地区气候干燥，降水极少，蒸发强烈，植被缺乏，物理风化强烈，风力作用强劲，是蒸发量超过降水量数倍乃至数十倍的流沙、泥滩和戈壁分布地区。荒漠区水量主要来自经绿洲引用后的河道下泄水量、地下水侧向排泄量和降水量。该地区内陆河流域水循环中径流最终都要通过蒸发散佚到空中。从耗散地域来看，径流消耗于绿洲内或荒漠区；从消耗目的来看，径流满足于生产需水或生态需水，两者必须平衡。在经济发展的大背景下，人们更多地注重经济效益，为满足经济用水而忽略了生态需水要求，造成绿洲截流比例过大，经济用水挤占荒漠生态用水，生态用水受到损害。因此，许多河流下游生态环境发生了巨大变化，如河道断流、湖泊干涸、荒漠植被衰退严重、在荒漠生态环境被逐渐破坏的压力下，荒漠生态水文学逐渐受到人们的重视。当前荒漠水文学的研究热点主要集中在水文和生态综合监测网的建立、生态耗水机理的定量研究与实践两个方面。荒漠水文学主要研究降水、径流和蒸散等水分运动规律，这个过程不仅涉及水动力过程，还涉及各类物理、化学物质在区域或水体中的运动转化。荒漠生态过程的水文机制研究涉及许多物理、化学和生物过程，而且荒漠生态系统复杂多样，生态环境脆弱，其生态水文过程具有明显的区域性，影响因子多样，相互作用机理复杂。荒漠生态水文学是一门新兴交叉学科，很多科学问题还有待进一步探讨和研究。如开展荒漠水文过程机理研究，测定和评估荒漠生态环境需水量，研究荒漠干旱周期和供需矛盾等，这对于认识荒漠生态演变过程，指导荒漠生态保护、恢复和管理具有重要意义。

（一）荒漠地区的水文过程

　　荒漠生态系统水热平衡问题是研究荒漠水文生态形成及其变化机制的重要问题，也是维持现有生态水文系统平衡稳定以及退化生态系统恢复的关键，而且对荒漠化防治起着重要作用。在荒漠生态水文中，水分与系统大多数性质和过程都有直接或间接的关系，它不仅是该系统植被生长发育的主要限制因子、植物种群组成与分布，甚至动物种群及其生活习性在时间和空间上的差异也都与其密切相关。充分、合理地利用该系统有限的水资源，对提高系统生物多样性、荒漠化防治以及合理开发和利用荒漠化土地具有重要意义，而研究掌握该系统水资源状况、水循环特点以及水量平衡规律与水分传输等一系列问题是关键。

1. 水分的循环

荒漠地区的水分运动是一个永不停息的动态系统。在太阳辐射和地球引力的推动下，水在水圈内各组成部分之间不停运动，构成系统范围的水分循环（小循环），并把各种水体连接起来，使得各种水体能够长期存在。在太阳能的作用下，荒漠生态系统植被、土壤、湖泊或流域表面的水蒸发到大气中形成水汽，水汽随大气环流运动，一部分进入陆地上空，在一定条件下形成雨雪等降水；大气降水到达地面后转化为地下水、土壤水和地表径流，地下径流和地表径流最终又回到地表，由此形成淡水的动态循环。

荒漠生态系统蒸发是水循环最重要的环节之一。由蒸发产生的水汽进入大气并随大气活动而运动。大气中的水汽主要来自荒漠植被、土壤，一部分还来自湖泊或流域的蒸散发。大气层中水汽的循环是蒸发——凝结——降水——蒸发的周而复始的过程。荒漠湖泊或流域上空的水汽可被输送到裸地上空凝结降水，称为降水。在水循环中，水汽输送是最活跃的环节之一。径流是一个荒漠地区（流域）的降水量与蒸发量的差值。荒漠地区年径流量较小，年平均荒漠水量平衡方程为：降水量 = 径流量 + 蒸发量。在范围较大的荒漠地区，降水量和蒸发量的地理分布不均匀，这是因为不同地域的小气候差异较大。地下水的运动是多维的，主要与分子力、热力、重力及空隙性质有关。地下水通过土壤和植被的蒸发、蒸腾向上运动可成为大气水分；通过入渗向下运动可补给地下水；通过水平方向运动又可成为河湖水的一部分。地下水储量虽然很大，却是经过长年累月甚至上千年蓄积而成的，水量交换周期很长，循环极其缓慢。地下水和地表水的相互转换是水量关系研究的主要内容之一，也是现代水资源计算的重要问题。

水循环使荒漠地上各种形式的水以不同周期或速度更新。水的这种循环复原特性，可以用水的交替周期表示。由于各种形式水的贮蓄形式不一致，各种水的交换周期也不一致。水的交换周期也称为水文周期。荒漠水文周期是指荒漠地表和土壤水位升降变化的时间模式，任何一个荒漠地都有水文周期，周期的长短取决于该荒漠地水分进入和输出的综合时间，同时其变化受到荒漠地本身特征和外界环境因子的影响。荒漠地水文周期是荒漠地水文的时间格局，它综合了湿地水量平衡的所有方面。不同荒漠地具有特定的水文周期，这是由于不同荒漠类型或干旱条件存在较大差异造成的。荒漠水文周期的长短可以通过荒漠地区气候条件和水分运动规律来确定。

2. 水量的平衡

水量平衡是指在一个足够长的时期里，全球范围的总蒸发量等于总降水量。荒漠水量平衡是指在一定的时空内，水分的运动保持质量守恒，或输入的水量与输出的水量之间的差额等于系统内蓄水的变化量。目前的研究指出，荒漠会增加或减少水文循环的特定部分，可以说荒漠地的存在显著改变了所在流域或区域的水循环。水量平衡是荒漠水文现象和水文过程分析研究的基础，也是荒漠地水资源核算和评价的依据。

荒漠植被对降水的再分配和蒸散作用是荒漠地水分和能量在土壤——植被——大气界面交换的主要途径。土壤——植被——大气界面水文过程直接制约与湿地的生态系统结构密切相关的地表水和土壤含水量，是影响荒漠地水量平衡的一个重要环节。

在闭合荒漠生态系统内，一般把大气降水视为荒漠生态系统的水分输入量，把生态系统蒸发蒸腾及各种径流作为水分的输出量。

通过水量平衡，分析荒漠地水分变量和变化规律，以及其对荒漠化进程的影响。降水和蒸发系数具有强烈的地区分布规律，可以综合反映湿地内的干湿程度，是自然地理分布的重要指标。荒漠地水量平衡的基本原理是质量守恒定律。荒漠生态水循环把水圈中的所有水体联系在一起，它直接涉及自然界中一系列物理、化学和生物的过程。水循环对于人类社会及生产活动具有重要的意义。水循环的存在使人类赖以生存的水资源得到不断更新，成为一种再生资源，可以永久使用；使各个荒漠地区的气温和湿度等环境因素不断得到调整。此外，人类的活动也在一定的空间和尺度上影响着水循环。研究水循环与人类的相互作用和相互关系，对于合理开发水资源，管理水资源，进而改造大自然具有深远的意义。

（二）自然因子的荒漠水文效应

荒漠生态水文效应主要指荒漠地区水分运动对动植物、微生物生长和流域或湖泊分布的影响，因此，水分运动控制了许多基本生态学格局和生态过程，特别是控制了基本的植被分布格局。

荒漠植被与水关系的研究始于20世纪初，早期的荒漠植被与水关系的研究重点是荒漠的变化。荒漠植被对荒漠生态系统水分循环有着重要的调节作用。荒漠水文效应是生态系统中荒漠和水相互作用及其功能的综合体现。在不同的荒漠地区，由于气候、地质条件、土壤和地形等因素的综合影响，荒漠植被的存在和变化将呈现出不同的水文功能。荒漠植被变化对荒漠水文过程的影响将会改变水量平衡的各个环节，影响荒漠的水分状况和河川径流。大量的荒漠植被变化水文效应研究发现：荒漠植被砍伐或火灾引起的荒漠覆盖度下降，会导致林冠截留率、凋落物对降水的截留能力和蓄水能力、土壤的渗透和蓄水能力降低。不同荒漠地区荒漠植被的变化对径流的影响幅度相差较大，在有些荒漠地区砍伐会降低植被层的蒸发散，增加河川径流量；反之，会减少河川径流量。

1. 植被冠层对荒漠水文的影响

荒漠对水文的影响主要表现在通过对冠层蒸散和对大气降水的重新再分配，影响荒漠的水量平衡，从而对荒漠生态系统和流域的水分循环产生影响。荒漠植被林冠截留是荒漠的重要生态功能，是荒漠蒸发散的组成部分。林冠截留量与降水量存在正相关关系，但由于不同荒漠类型林冠结构不同，两者的相关关系也不尽相同。林冠截留降水量一般是降水量的对数函数，截留量随着降水增加而减缓。林冠截留量与降水量和季节有较大关系，难以在不同类型的荒漠间进行比较、林冠截留率能较好地表现荒漠的截留效能，它与荒漠的结构和乔木层优势树种的构型关系密切与林冠的截留量相反，林冠截留率随着雨量的增加而减少。林冠的截留率与降水量呈紧密的负相关关系，多数情况下表现为负幂函数关系。统计表明，在相似密度的荒漠覆盖度下，林冠截留率一般规律是：针叶林＞阔叶林，落叶林＞常绿林，复层异龄林＞单层林；荒漠砍伐引起的荒漠覆盖度下降会导致林冠截栈留率降低。

2. 凋落物层对荒漠水文的影响

荒漠凋落物层具有较强的截留水分和蓄水的性能，凋落物截留和蓄水量取决于凋落物的现存量及凋落物的持水能力。凋落物的现存量又取决于不同荒漠的生产力和分解能力，而凋落物的持水能力（通常用最大持水力表示）通常与物种、厚度、湿度、分解程度和成分等有密切关系。凋落物最大持水量与其现存量呈极显著的正相关关系，即荒漠生态系统中枯落物的现存量越大，截留的水量越大。寒温带区气候寒凉，凋落物不易分解，故死地被物积累量大，凋落物持水能力也较强。而热带、亚热带荒漠由于水热条件适宜，枯枝落叶分解快，林分凋落物少，林内凋落物持水能力较弱。凋落物对降水的截留能力也较高，凋落层对水分的吸收是不可低估的：荒漠凋落物最大持水量是一个理论值，实际持水量还与降水量和荒漠的盖度有很大关系。荒漠砍伐会增加林内的光照和提高凋落层的温度，使凋落层分解加速，现存量降低，从而显著降低凋落层的持水能力。

3. 生物土壤结皮对荒漠水文的影响

生物土壤结皮作为荒漠生态系统的重要组成成分，是由蓝藻、荒漠藻、地衣、苔藓和细菌等相关生物体与土壤表面颗粒胶结形成的特殊复合体。其对降水入渗的截留作用显著地改变降水入渗过程和土壤水分的再分配格局，在一定条件下可减少降水对深层土壤的有效补给。如当次降水量＜10mm时，地表发育良好的结皮可使入渗深度局限在20 cm的土层以内。固沙植被中生物土壤结皮的水文物理特性具有典型的微地域差异性，且随着土壤含水率的变化表现出非线性特征。其既具有较强的水分保持能力，同时当其非饱和水力传导度随土壤含水率降至一定值时，将出现回升并能够维持在一个较高的水平，这一点明显区别于流动沙丘。生物土壤结皮能够改善土壤水分的有效性和荒漠地区土壤微生物环境，显著地改变浅层土壤的水力特性，使土壤非饱和导水率的变化维持在相对平稳阶段，增强土壤的水分保持能力，增大土壤孔隙度，提高水分有效性，进而有利于所在生态系统的主要组分浅根系草本植物与小型土壤动物生存繁衍。随着固沙植被的演替，水分和养分的积聚行为导致了植被系统的生物地球化学循环发生浅层化。针对水循环演变过程的特点，生态修复过程中生物群落采取了以低等植物多样性恢复快于高等植物、土壤微小动物多样性高于大型土壤动物且集中在土壤浅层的恢复和适应对策。与国际相关研究相比，我国温性荒漠生物在荒漠生态水文功能方面的特点主要体现在生物土壤结皮对荒漠水文过程的影响。

结皮影响水文过程的另一重要环节，即在荒漠区对凝结水的捕获，得到了不同区域研究者的肯定。凝结水为结皮中的隐花植物和其他微小的生物体提供了珍贵的水资源，激活了生物体的活性，使其开始短时间的光合作用以及固氮过程（如蓝藻和一些地衣种）。生物土壤结皮表面凝结水形成量随着结皮的发育程度呈现增长趋势。物理结皮是生物土壤结皮形成的最初阶段，由于大气降尘对土壤细粒物质的作用，其黏粒和粉粒含量大大高于流沙，因此，在其表面形成的凝结水高于流沙。而且，由于生物土壤结皮黏附大量微生物有机组分，苔藓与藻类结皮表面凝结水流量大幅度增加，日均值高达0.15mm左右，最大值接近0.5mm。结皮对荒漠区，特别是年降水＜200mm沙区生态与水文过程的重要影响在于促使了沙地土壤有效水分含量的浅层化，这一影响深刻地改变了沙地原来的水循环，影响了沙地植被的组成和格局，较好地揭示了我国沙区人工植被演变的基本规律，即向特定生物气候区地带性植被的演替。

综上所述，生物土壤结皮的生态与水文功能在于通过改变水分在荒漠生态系统中的循环和时空分布调控资源的有效性，驱动和调控荒漠植被的格局和过程，是理论识别荒漠化发生、发展或逆转的重要指标，也是荒漠生态系统碳和氮的重要来源。

4. 植被变化对土壤水文的影响

荒漠土壤疏松，物理结构好，孔隙度高，具有较强的透水性。荒漠植被破坏后，凋落物减少，还会影响土壤微生物的活动和土壤的孔隙度等物理结构，从而影响土壤渗透性和土壤的蓄水、保水能力。

荒漠植被变化对土壤渗透的影响是荒漠水文特征的重要反映，土壤渗透能力主要取决于非毛管孔隙度，通常与非毛管孔隙度呈显著正线性相关关系。土壤渗透的发生及渗透量取决于土壤水分饱和度与补给状况，不同的土壤类型和荒漠生态系统类型决定着土壤的渗透性能。荒漠破坏会降低根系的活动，加之凋落物减少和土壤孔隙度降低，使土壤的渗水性能降低，荒漠植被砍伐后进行复垦或耕作会增加土壤的渗透率，尤其是上层土壤。这是由于表层耕垦增加了土壤孔隙度，而底土层渗透性恶化，加之垦地径流多，底土地上层补给水相应减少，深层渗透量下降。

荒漠植被变化会对土壤储水量产生影响。荒漠土壤是涵养水源的主要场所，土壤储水量与土壤的厚度和孔隙状况密切相关。其中，土壤非毛管孔隙是土壤重力水移动的主要通道，与土壤蓄水能力更为密切，不同荒漠类型土壤的蓄水能力大相径庭。荒漠植被破坏后，植物根系分布较浅，土壤孔隙特别是非毛管孔隙明显减少，持水力下降，土壤储水量减少。

（三）人为活动对荒漠水文的影响

1. 过度开采对荒漠水文的影响

荒漠植被砍伐对径流量的影响是荒漠水文学长期以来关注的问题，早在20世纪初，欧洲就有研究荒漠砍伐和未砍伐荒漠产水量的流域对比试验，后来流域自身对比法也得到广泛应用，丰富了该领域的研究资料。我国从20世纪60年代开始也进行了大量的类似研究，研究表明不同地区荒漠植被变化对径流的影响幅度相差较大。荒漠植被破坏引起荒漠覆盖度降低，一般会导致径流量增加，蒸发散降低。这主要是由于荒漠砍伐降低了植冠层的蒸腾，使收入的水分增大，增加了产流量，河川径流增加，蒸发散降低。荒漠地区气候较干旱，年降水量一般少于250mm，土壤蒸发强烈，土层深厚，土质疏松，透水性能强。有资料表明，荒漠植被恢复后会显著减少流域的降水量，这说明在黄土高原区荒漠盖度增加会降低流域的径流量。荒漠覆盖率增加引起径流量降低，可以解释为荒漠覆盖度增加引起的流域蒸发大于荒漠增加降水的效应产生的结果。然而，有些荒漠地区在土层浅薄的石质山地上，浅薄的土壤遇水容易饱和，并且在相对不透水的岩石界面上极易产生壤中径流。在这种情况下，荒漠植被覆盖率增加并不减少地表径流与壤中流，而是有利于径流的形成，使得径流量比周围非林区大。荒漠植被变化的水文效应是一个非常复杂的问题，只有在不同地区进行具体分析才能把握荒漠的水文功能，从而为荒漠生态工程的建设提供依据。

2. 人为火灾对荒漠水文的影响

荒漠火灾是荒漠中一项重要的干扰事件，可引起荒漠覆盖度大幅降低，从而导致河流径流量的变化。火灾引起的荒漠覆盖度降低可能导致河川径流量的增加，其原因是火灾发生后初期，林木蒸发散大幅降低，降水分配少了林冠截留和地被层蒸发环节，林地蒸发量增加不足以抵消径流的增加量，从而引起径流量增加。同时，在荒漠发生火灾后，而植被尚未完全恢复前，火灾迹地融雪径流增加，这也是河川径流增加的一个原因；有观测资料表明，在火灾发生当年，集水区径流明显减少，随后有逐年增加的趋势，当植被得到充分恢复后，又有下降的趋势。火灾发生后，随着植被的恢复，因植被根系分布较浅，植物蒸腾大量消耗土壤上层的水分，加上林冠逐渐郁闭，林冠蒸散增大，从而使集水区产流量逐渐减少。可见，上述现象是荒漠植被变化调节荒漠蒸发散和降水在荒漠中分配的结果。荒漠火灾使河川径流增加，这在火灾后短期内较明显，而长期的影响表现为径流量减少。

火灾和荒漠植被砍伐引起的荒漠覆盖度降低的水文效应是有区别的。火灾会大面积摧毁冠层植被，火灾迹地荒漠的更新速度快于砍伐迹地，而且根系发生是逐渐向土壤深层延伸的发育过程，植物在幼年期蒸腾较强烈，且消耗浅层（产流层）水分，到此阶段容易产生径流下降的情况。但随着荒漠演替的推进，林木根系向下层土壤延伸，深层土壤水分用于蒸腾量增大，又可以使径流量得到恢复，并逐渐恢复到火灾前的原生状态。而荒漠砍伐是对上层乔木的采伐，灌木层对深层水分的利用依然较强，浅层土壤水分利用并不强烈，这是因为灌木层对更新进程有一定的障碍作用，更新层发育较弱。因此，采伐迹地荒漠更新是一个长期过程，其径流量的变化不如火灾迹地那样强烈。

二、农田水文

目前全球水资源的大部分用于农业生产。一方面，未来随着工业和城市化发展，农业可供水量逐渐减少；另一方面，人口的增加需要更多的粮食。如何解决水资源不足和食品生产的矛盾，成为世界关注的焦点。让每一滴水都生产出更多的粮食，也就是提高农业水资源利用效率，解决全球缺水问题，在各国科学家中达成共识。农业用水量最终消耗在田间,通过各种农艺节水措施提高田间水分利用效率是节水农业的重要内容,国内外已经开展了大量研究工作并取得显著效果,但对农田水文的多方位的掌握仍然任重道远。

(一)农田水文特性

农田又称为农耕地,在地理学上是指可以用来种植农作物的土地,农田水文可以理解为认识水分利用并将水运用到农田的一门科学。

1. 农田分类

根据地貌,中国的农田可分为以下类型:

(1)梯田

梯田是在丘陵山地为保持水土、发展农业生产,将坡地沿等高线辟成阶梯状田面的农田,大多分布在西北黄土高原及南方丘陵山区。修筑梯田是治理坡农耕地水土流失的有效措施,蓄水、保土和增产作用十分显著。梯田的通风透光条件较好,有利于作物生长和营养物质的积累。按田面坡度不同可以分为水平梯田、坡式梯田和复式梯田等。梯田的宽度根据地面坡度大小、土层厚薄、耕作方式、劳力多少和经济条件而定,与灌排系统和交通道路一起统一规划。修筑梯田时宜保留表土,梯田修成后,配合深翻、增施有机肥料、种植适当的先锋作物等农业耕作措施,加速土壤熟化,提高土壤肥力。

(2)坝地

坝地是在水土流失地区的沟道里,采用筑坝修堰等方法拦截泥沙淤出的农田。

(3)平坝田

平坝田是位于山间盆地中部、开阔河谷的河漫滩与阶地,或湖滨冲积平原上的农田。平坝田一般地势平坦,田块完整,灌溉条件较好,土质肥沃,是中国南方稻田集中地区。

(4)冲田

冲田是位于丘陵或山间较狭窄的谷地上的农田,一般由沟谷头顺天然地势向开阔平坝河谷呈扇形展开,是南方丘陵山区的重要农田。

(5)坪田

坪田是在江湖冲积平原的低洼易涝地区,筑堤围垦成的农田,旱时可开闸引水灌溉,涝时关闸提水抽排。

(6)条田

条田是利于耕作、田间管理和轮作换茬以提高土壤肥力，在农田内部划分成的若干长方形田块。条田一般指由末级固定田间工程设施所围成的田块，它是农业生产中人畜及机械作业的基本单位，也是农田基本建设的最小单元。因此，在规划条田时，需根据地形、土壤、灌溉、排水、机耕、防风、作物种类及经营管理水平等条件，统筹兼顾，综合考虑。

（7）水田

水田是筑有田坡，可以经常蓄水，用以种植水生作物的农田。因天旱暂时改种旱作物或实行水旱轮作的农田，仍视作水田。

（8）水浇地

水浇地是有水源及灌溉设施，能进行灌溉的农田。在农业生产上积极开发利用地表水、地下水资源，改旱地为水浇地，是合理利用土地、提高单位面积产量的有效措施。

（9）旱地

旱地是无灌溉设施，靠天然降水栽培作物的农田。

（10）台地

台地是高出地面、四周有沟、形如台状的田块。修筑台地是一种除涝、治碱的土地改良工程。在地势低洼、排水不畅的易涝易碱地区，在田间挖沟，利用挖沟的土垫高田面，并可降低地下水位。

2.农田水分来源

农田水分存在三种基本形式，即地面水、土壤水和地下水，而土壤水是与作物生长关系最密切的水分存在形式。土壤水按其形态不同可分为气态水、吸着水、毛管水和重力水等。

（1）气态水

气态水是存在于土壤空隙中的水汽，有利于微生物的活动，对植物根系有利。由于数量很少，在计算时常略而不计。

（2）吸着水

吸着水包括吸湿水和薄膜水两种形式。吸湿水被紧缚于土粒表面，不能在重力和毛管力的作用下自由移动，吸湿水达到最大时的土壤含水率称为吸湿系数。薄膜水吸附于吸湿水外部，只能沿土粒表面进行极慢的移动，薄膜水达到最大时的土壤含水率称为土壤的最大分子持水率。

（3）毛管水

毛管水是在毛管作用下土壤能保持的那部分水分，即在重力作用下不易排除的水分中超出吸着水的部分，分为上升毛管水和悬着毛管水。上升毛管水指地下水沿土壤毛细管上升的水分，悬着毛管水指不受地下水补给时，上层土壤由于毛细管作用所能保持的地面渗入的水分（来自降水或灌水）。

（4）重力水

重力水是土壤中超出毛管含水率的水分，在重力作用下很容易排出，这种水称为重力水。

（二）不同类型地区的农田水资源

1. 旱作地区农田水资源

旱作地区的各种形式的水分，并不能全部被作物直接利用。如地面水和地下水必须适时适量地转化成为作物根系吸水层（可供根系吸水的土层，略大于根系集中层）中的土壤水，才能被作物吸收利用。通常地面不允许积聚水量，以免造成淹涝，危害作物。地下水一般不允许上升至根系吸水层以内，以免造成渍害，因此，地下水只应通过毛细管作用上升至根系吸水层，供作物利用。这样，地下水必须维持在根系吸水层以下一定距离处。在不同条件下，地面水和地下水补给土壤水的过程不同。

当地下水位埋深较大和土壤上层干燥时，如果降水（或灌水），地面水逐渐向土中入渗。降水开始时，水自地面进入表层土壤，使其接近饱和，但下层土壤含水率仍未增加。降水停止后，达到土层田间持水率后的多余水量将在重力（主要的）及毛管力的作用下，逐渐向下移动，再过一定时期土层中水分向下移动趋于缓慢，上部各土层中的含水率均接近于田间持水率。在还未受到地面水补给的情况下，当有地面水补给土壤时，首先在土壤上层出现悬着毛管水。地面水补给量愈大，入渗的水量所达到的深度愈大，直至与地下水面以上的上升毛管水衔接。当地面水补给土壤的数量超过了原地下水位以上土层的田间持水能力时，即将造成地下水位的上升。在上升毛管水能够进入作物根系吸水层的情况下，地下水位的高低直接影响根系吸水层中的含水率。在地表积水较久时，入渗的水量将使地下水位升高到地表与地面水相连接。旱作物根系在土壤水中，毛管水量因容易被旱作物吸收，成为旱作物生长最有价值的水分形式。超过毛管水量大含水率的重力水，一般都下渗流失，不能被土壤保存，因此很少被旱作物利用。同时，如果重力水长期保存在土壤中，也会影响到土壤的通气状况，对旱作物生长不利。所以，旱作物根系吸水层中允许的平均最大含水率，一般不超过根系吸水层中的田间持水率。

当根系吸水层的土壤含水率下降到凋萎系数以下时，土壤水分也不能被作物利用。当植物根部从土壤中吸收的水分来不及补给叶面蒸发时，便会使植物体的含水量不断减少，特别是叶片的含水量迅速降低。这种由于根系吸水不足破坏植物体水分平衡和协调的现象，称为干旱。由于产生的原因不同，干旱可分大气干旱和土壤干旱两种情况。农田水分尚不妨碍植物根系的吸收，但由于大气的温度过高和相对湿度过低，阳光过强，或遇到干热风造成植物蒸腾耗水过大，都会使根系吸水速度不能满足蒸发需要，这种情况称为大气干旱。我国西北和华北地区均有大气干旱。大气干旱过久会造成植物生长停滞，甚至使作物因过热而死亡。若土壤含水率过低，植物根系能从土壤中吸取的水量很少，无法补偿叶面蒸发的消耗，则形成土壤干旱的情况。短期的土壤干旱会使产量显著降低，干旱时间过长，会造成植物死亡，危害性比大气干旱更严重。为了防治土壤干旱，最低的要求是使土壤水的渗透压力不小于根毛细胞液的渗透压力，凋萎系数便是这样的土壤含水率临界值—土壤含水率减小，使土壤溶液浓度增大，从而引起土壤溶液渗透压力增加。因此，土壤根系吸水层的最低含水率，还必须能使土壤溶液浓度不超过作物在各个生育期所容许的最高值，以免发生凋萎。

2. 水稻种植地区农田水资源

由于水稻的栽培技术和灌溉方法与旱作物不同，农田水分的存在形式也不相同。我国传统的水稻灌水技术采用田面建立一定水层的淹灌方法，故田面经常有水层存在，并不断向根系吸水层入渗，供给水稻根部以必要的水分。根据地下水埋藏深度、不透水层位置和地下水出流情况（有无排水沟、天然河道、人工河网）的不同，地面水、土壤水与地下水之间的关系也不同。当地下水位埋藏较浅，又无出流条件时，由于地面水不断下渗，原地下水位至地面间土层的土壤空隙达到饱和，此时地下水便上升至地面并与地面水连成一体。当地下水埋藏较深，出流条件较好时，地面水量仍不断入渗并补给地下水，但地下水位常保持在地面下一定的深度。此时，地下水位至地面间土层的土壤空隙不一定达到饱和。水稻是喜水喜湿性作物，保持适宜的淹灌水层能为稻作水分和养分的供应提供良好的条件，同时能调节和改善湿、热及气候等其他状况。但过深的水层（不合理的灌溉或降水过多造成的）对水稻生长也不利，特别是长期的深水淹灌会引起水稻减产，甚至死亡。因此，淹灌水层上下限的确定具有重要的实际意义，通常与作物品种发育阶段、自然环境及人为条件有关，应根据实践经验来确定。

3. 农田水资源的调节措施

在天然条件下，农田水分状况和作物需水要求通常是不相适应的。在某些年份或一年中某些时间，农田常会出现水分过多或水分不足的现象。农田水分过多的原因一般包括以下几个方面：降水量过大；河流洪水泛滥，湖泊漫溢，海潮侵袭和坡地水进入农田；地形低洼，地下水汇流和地下水位上升；出流不畅等。而农田水分不足的原因包括：降水量不足；降水形成的地表径流大量流失；土壤保水能力差，水分大量渗漏；蒸发量过大等。农田水分过多或不足的现象，可能是长期的也可能是短暂的，而且可能是前后交替的。同时，造成水分过多或不足的原因在不同情况下可能单独存在，也可能同时产生影响。

农田水分不足，通常称为"干旱"；农田水分过多，如果是由于降水过多，使旱田地面积水，稻田淹水过深，造成农业歉收的现象，则称为"涝"；由于地下水位过高或土壤上层滞水，因而土壤过湿，影响作物生长发育，导致农作物减产或失收现象，称为"渍"；因河、湖泛滥而形成的灾害，则称为"洪灾"。当农田水分不足时，一般应增加来水或减少去水。增加农田水分最主要的措施是灌溉，按时间不同，可分为播前灌溉、生育期灌溉和为了充分利用水资源提前在农田进行储水灌溉。此外，还有为其他目的而进行的灌溉，如培肥灌溉（借以施肥）、调温灌溉（借以调节气温、土温或水温）及冲洗灌溉（借以冲洗土壤中有害盐分）等。

减少农田去水量的措施也是十分重要的。在水稻田中，一般可采取浅灌深蓄的办法，以便充分利用降水。旱地上也可尽量利用田间工程进行蓄水或实行深翻改土、免耕、塑料膜和秸秆覆盖等措施，减少棵间蒸发，增加土壤蓄水能力。无论水田还是旱地，都应注意改进灌水技术和方法，以减少农田水分蒸发和渗漏损失。当农田水分过多时，应针对不同的原因，采取相应的调节措施。排水（排除多余的地面水和地下水）是解决农田水分过多的主要措施之一，但是在低洼易涝地区，必须与滞洪滞涝等措施统筹安排。

（三）农田生态水文过程及特点

1. 重视生态过程和水文过程的关系研究

水文学研究特别注重水文循环的物理过程，在研究一系列水文问题时，将不同生态系统内的生物用地表特征参数进行处理。如研究河流廊道中水文过程时，将河道中的植物当作粗糙系数考虑。而生态水文过程研究非常重视不同的生物（特别是植被）与水文过程之间相互影响和耦合关系的探讨，除重视物理过程外还重视水文循环过程中生物的作用。水文过程——生态系统的稳定性和水文过程——生态系统协调机制之间的关系组成了基本的生态水文关系，通过这种关系的研究可以为生态水文布局及其动态平衡的维持提供理论依据，为生态演替和水文循环变化及其相互关系提供合理的解释和有效的预测。

2. 尺度性

传统水文学中的尺度概念十分淡漠，在模拟水文过程时，一般不考虑尺度效应及不同尺度间的联系和转换。因此，生态水文学中的尺度更多是缘于生态学中尺度思想及现代水文学，才开始重视尺度研究。生态水文过程的尺度体现在时空两个方面。空间尺度可以分为小尺度（如个体和群落）、中尺度（如集水区和小流域）和大尺度（如区域和全球）；时间尺度跨越了以秒为单位到月、年以及百万年，甚至更长。空间尺度上，一般的生态水文过程研究都是在小区上进行的。时间尺度上，短时间的人类活动可能并没有立即的生态水文响应，但一定时间后就会表现出来。可以说尺度在生态水文过程研究中随处可见。

（四）农田水资源的水利建设及提高水分利用效率的措施

农业仍然是中国保持经济发展和社会稳定的基础，仍然要始终把农业放在发展国民经济的首要位置，仍然要保护和提高粮食生产能力。21世纪，保障粮食安全是中国农业现代化的首要任务。人口与农耕地和粮食的矛盾是农业资源优化配置的最大障碍，中国在相当长的时间内，粮食生产将仍然是农业的主体，如何提高粮食安全水平是农业现代化的重要组成部分，粮食安全水平也是衡量中国农业现代化的重要标志。在中国，没有国家粮食安全及其水平的提高，就不可能实现农业现代化。

1. 农田水利建设

农田水利建设就是通过兴修为农田服务的水利设施，包括灌溉、排水、除涝和防治盐渍灾害等，建设旱涝保收、高产稳产的基本农田。

农田水利建设主要内容包括整修田间灌排渠系，平整土地，扩大田块，改良低产土壤，修筑道路和植树造林等。小型农田水利建设的基本任务是通过兴修各种农田水利工程设施和采取其他措施，调节和改良农田水分状况和地区水利条件，使其满足农业生产发展的需要，促进农业的稳产高产。

农田水利建设采取蓄水、引水、跨流域调水等措施调节水资源的时空分布，为充分利用水、土资源和发展农业创造良好条件；采取灌溉、排水等措施调节农田水分状况，满足农作物需水要求，改良低产土壤，提高农业生产水平。

2. 提高干旱区水分利用效率

提高干旱区水分利用率是提高产量的有效途径。措施有以下几点：

（1）工程节水

利用管灌、滴灌、水平畦灌、隔沟灌和间歇灌溉等减少田间蒸发量。

（2）生物节水

利用抗旱作物和抗旱优良品种提高作物水分利用效率（推广抗旱作物和抗旱品种）。

（3）农艺节水

利用不同植物抗旱节水特点，进行种植布局和耕作制度的调整，提高农田水分利用效率。在农田基础设施和农作物品种既定的情况下，只能通过农艺节水来提高水分利用率。

第三节　草地水文与城市水文

一、草地水文

草地水文学，也称草地流域水管理学，是一门研究草地区域生态系统的水文原理的边缘学科，介于生态学和水文学之间。它的一个重要研究方向是在不同时空尺度上和一系列环境条件下探讨草地生态水文过程。虽然世界上天然草地分布在不同的气候带，但全世界约40%的陆地表面是天然草地，其中80%分布在干旱和半干旱地区，因此更多草地水文学家注重研究干旱和半干旱地区的草地水文学。通常这些地区与湿润地区草地丰富的地表水资源相比具有十分独特的水文循环特征，如降水稀少、蒸发量大、水资源储量低和季节性径流有许多不同的特点等。由于天然草地本身包括了非常大的流域面积，所以研究者越来越关注放牧强度对天然草地的降水、植被截流、土壤渗透、地表径流、土壤侵蚀、蒸散和草地积雪等功能的影响。草地水文学作为生态水文学的一个分支，最终目标是在保持生物多样性、保证水资源的数量和质量的前提下，提供一个环境健康、经济可行和社会可接受的草地水资源持续管理模式。

在生态环境保护成为社会关注热点的今天，人们越来越认识到与自然生态系统协调对人类可持续发展的重要性。在自然生态系统与人类的众多复杂关系中，水是最为活跃和最具决定性的因素，水资源开发利用导致的区域草地水文过程变化，将不可避免地影响区域生态环境体系。而区域生态环境恶化，尤其是草地生态系统的变化，势必对区域草地水文过程和功能产生作用，这也正是水循环生物学计划的核心所在。随着水文循环的生物圈部分和联合国教科文组织主持的国际水文计划等国际项目的实施，草地生态水文过程研究得到迅速发展和广泛重视。

（一）草地水文过程规律

草地生态水文变化的一个主要原因是放牧对草地植被覆盖和土地利用变化的驱动。从水文行为的角度来说，草地水文过程可以分为草地水文的物理过程、化学过程和生态效应三部分。草地水文物理过程主要是指草地植被覆盖和土地利用对降水、径流和蒸发等水分要素的影响；草地水文化学过程是指水质性研究；而水分生态效应主要指水分行为对草地植被生长和分布的影响。

1.草地水文物理过程

不同的景观都有一些相似的水文过程，而从独特的水文过程可以分析出景观的某些独特性质。其原因主要是景观中的植被可以在多个层次上影响降水、径流和蒸发，从而对水资源进行重新分配，并由此影响草地水文循环的全过程，而人类活动和气候变化放大了植被的生态水文效应。植被覆盖能有效地影响地表植被截流，森林林冠和草本植物截流的大部分雨量由蒸发返回大气，通过林冠和草本植物到达地表的雨量很小，时间上也滞后。

植被覆盖能够有效地减少地表径流和土壤侵蚀，在草原上，地表径流是一种最普遍的径流形式。在干旱、半干旱地区，草原由于土壤贫瘠、植被稀少，地表面只能贮存少量的降水，这时发生的径流速度很快，并且与湿润地区相比径流很少受到限制。因此，在降水停止时，径流会很快结束，这导致了径流汇集形成短暂洪水的现象。草地枯落物通过对降水的吸纳，使地表径流减少，并增加对土壤水的补给。

植被覆盖能够有效地影响地表反射率和地表温度，进而影响土壤蒸发和植物蒸腾。草地的蒸散量与降水量的比值比森林小，它是草地影响土壤水、地表水和地下水位的重要因素。在干旱、半干旱草地生态系统中，植被的蒸腾耗水也比较明显。一般天然草地的蒸散率和地下水位的深度有相关性，根系越深，水位也越深，其中生长的植物基本能保持潜在蒸散率，蒸散量也大。

总之，草地能在一定条件下通过改变水分在蒸发、渗透、径流和地下水间的分配，从而影响极端水文事件（洪水和干旱）的发生，增加区域的保水能力和对水土流失的绝对控制能力。

2.草地水文化学过程

草地水文化学过程主要是指水文行为的化学方面，即水质性研究。人类耕作

（特别是化肥和杀虫剂的使用）造成的点源、非点源污染和定居（城市污水）引起的生态水文变化已造成世界性的水污染，一个重要的体现是淡水生态系统与营养负荷。水文过程可以通过多种水文要素如水位、水力等，影响营养物质在淡水生态系统内的分布与富集，植被对流域水质的影响也是显著的。在植被遮盖的土壤表面有 Na 和其他可溶性盐积累，如在肉叶刺茎草下面。但在三齿蒿下邻近的土壤中可溶性盐是减少的，在土壤表面的盐很容易被地表径流带走。陆地治理措施对水质也有不利影响，如砍伐树木和使用限制植物生长的除草剂，增加了用水量，还导致饮用水中硝酸盐超出健康指标。

3. 草地水文的生态效应

水文过程控制许多基本生态学格局和生态过程，特别是控制基本的植被分布格局，是生态系统演替的主要驱动力之一。利用调整水文过程的方法可以很好地控制植被动态，如水文过程可以调整和配置草地景观的"流"（包括营养物、污染物、矿物质和有机质），水质的恶化和水位（特别是地下水浅水位）变化、水化学特征及其变化影响草地植物的群落结构、动态、分布和演替可以利用水的流量、流速和质量等水文要素对生境进行重塑并控制植被群落。

除了以上基础研究外，草地水文过程研究的一个重要方向是草地水文模拟。水文条件本身的复杂性以及影响水文行为的要素时空分布的不均匀性和变异性（如离散性、周期性和随机性），增加了研究的难度，使草地水文变化难以直接量化。草地水文模型的出现，为计算和模拟草地生态水文变化提供了极大的帮助。

目前，主要有以下草地水文模型：一是单元模型。如模拟土壤水分的 PHILIP 模型和 HOTTAN 模型等，模拟土地利用变化对水文过程影响的 LUCID 模型和径流模型等；二是集总模型。如用于流域生态水文模拟的斯坦福水域模型、运动阶梯式模型、RHES 模型、融雪模型和犹他州大学模型等。

（二）草地对降水的再分配

不同植被类型的组成条件不一样，结构存在差异，对降水的拦蓄能力也不同。这种差别是评价不同草地类型水源涵养功能的一个重要数量特征，也是区域内生态系统功能评价与维护的重要依据。

1. 草地对降水的截留作用

草坪是高密度低修剪的植被群落，主要作用是为草地体育活动提供良好的运动场地或美化城市景观。由于草坪具有以上特点，当次降水量较小时草坪冠层截留量相对较大。草坪冠层对水分的截留作用直接关系到草坪草对雨水和灌溉水的有效利用，影响草坪的养护和灌溉用水的合理利用。因此，研究草坪冠层截留过程中草坪草叶片对截留水分的吸收，对于深入理解植被与降水的相互作用机制和草地有效降水以及草坪水分利用效率均具有重要意义。

针对森林和乔灌木植被冠层对雨水的截留与消散的研究相对较多。而由于草本植物冠层低矮且致密，其水分截留量很难用降水量减去茎流量和穿透水量的差量法所得到，因此，应用了多种试验技术对草地降水截留进行研究。将草本层下方收集区的土壤表面去掉并在漏斗方覆盖薄膜，然后测定到达草本层下方收集区的水量。国内有相似的方法，就是将去掉土块的草皮块放置于雨量计上方的雨量筒内，喷水模拟降雨后测得集水器收集的渗透雨量。国外研究者将土壤表面用Neoprene封住后测定地表径流以确定截留的水量，这种方法的难点在于径流水分的坡面收集和避免水分向土壤下渗。由作物冠层截留研究演变的"擦拭法"也常用于草坪冠层截留水量的测定，主要利用高分子吸水棉吸收叶面截留的水分，然后称重确定水量，这种方法的优点在于吸取对象较符合冠层截留水分的定义，但其精确度有赖于擦拭技术和材料的吸水力及持水力，以及试验操作的熟练程度。

草被层的截留能力受种类组成、高度、盖度和单位盖度的密度等因素影响，这些因素与不同森林类型以及由该类型乔木层、灌木层形成的光照、湿度和养分小环境组合相关。草坪冠层水分截留量随着降水量的增大而增加，直至饱和。水分截留量又随着降水强度的增大而略有降低，因为在暴雨中叶片变得湿润而更重。由于禾本科草坪草直立生长，枝叶由叶片、叶鞘和叶舌构成，因此当雨滴截留在叶片表面时，叶片重量增加而被压弯，雨滴能够存留于叶片表面或叶片与叶鞘的缝隙中。叶倾角越大，截留的雨量越小。有研究证实，草坪类植物的水分储存能力与平均生产量和土地覆盖率成比例，降雨中实际的截留损失比植物的水分储存大。叶面积是表征截留能力的一个重要指标，常用叶面积指数（LAI）描述，冠层截留能力随着叶面积指数的增加而增强。

2. 枯枝落叶层对降水的影响

枯枝落叶层能保护土壤免受雨滴冲击，增加土壤腐殖质和有机质，并参与土壤团粒结构的形成，有效增加土壤孔隙度，减缓地表径流速度，为林地土壤层蓄水和滞洪提供物质基础。这是枯枝落叶层对草地涵养水源的重要贡献。草地枯枝落叶层具有较大的持水能力，从而影响林内降雨对土壤水分的补充和对植物的水分供应。

枯枝落叶层的截留量表征指标有最大持水量和有效拦蓄量。枯枝落叶层的截留量为最大持水量与自然含水量之差。

（三）植被动态与生态水文过程的耦合效应

植被的退化和生态水文过程是双向耦联的。对于草原区，大气圈与生物圈、岩石圈的水文循环的作用界面——地表为草原植被占据，草原植被在持续的放牧压力下出现了大范围的退化演替，使得水文过程中水分交换最活跃的界面性质发生改变。这一改变，对地表水文过程和植被的进一步演替的影响都是深刻的。不论退化演替还是恢复演替，均形成一个正反馈调节。当植被退化为裸地或恢复为顶极群落时，系统趋于稳定，反馈调节减弱或结束。

（四）当前草地水文的研究重点

草地水文过程研究是从复杂的草地生态水文结构到草地生态水文功能的机理性研究，关键任务是研究水文过程和草地生物之间的功能关系，目的是增加对草地生态水文过程和功能的充分理解并更好地评价和利用它们，预测草地水文过程变化可能带来的后果，为良性草地水文的维持和草地水文的恢复提供理论依据。在加强草地水文学基础理论研究、充分应用已经相对成熟的生态学和水文学理论的基础上，草地水文过程研究存在以下问题，这也是未来研究的热点。

1. 尺度转换中的生态学方面的研究

在某一尺度上十分重要的参数和过程，在另一尺度上往往并不重要或是可预见的。多尺度草地水文过程研究带来的一个问题是尺度转换，特别是尺度的放大问题，尺度转换往往导致时空数据信息丢失。事实上，尺度问题已成为当今国际水科学研究的前沿和热点问题，也是开展区域水土保持和水环境效应研究的难点问题，目前已被众多水文学家确定为首要的研究问题。

2. 草地水文模型的研究

虽然国外近些年对草地水文模型有一定研究，但主要在集总模型，如土壤—植被—大气连续性模型发展了地块尺度上的一维SVAT模型，对二维和三维模型的研究很少。模拟面对的另一问题是数据的缺乏性和低质性，缺乏实控方法。

3. 草地水文恢复的研究

草地水过程研究要解决的一个重要问题是草地生态水文恢复。研究水分行为对植被覆盖度的敏感性和水分行为的生态效应，目的是为利用植被进行草地生态水文恢复提供理论依据。

二、城市水文

城市水文学研究发生在大中型城市环境内部和外部、受到城市化影响的水文过程，是为城市建设和改善城市居民生活环境提供水文依据的学科，又称都市水文学，是水文学的一个分支。城市水文学涉及水文科学、水利工程科学、环境科学和城市科学，是一门综合性很强的交叉学科。

（一）城市水文学概述

1. 城市水文学内容

城市水文学的主要内容包括城市化的水文效应、城市化对水文过程的影响、城市水文气象的观测实验、城市供水与排水、城市水环境、城市的防洪除涝、城市水资源、城市水文模型和水文预测以及城市水利工程经济等。城市水文学对城市发展规划、城市建设、环境保护、市政管理以及工商企业的发展和居民生活都有重大意义。

城市水文学的主要特征是综合性和动态性。城市水文现象都是关于水的物理——化学——生物系统综合作用的结果。

2. 城市水文学的学科发展

城市是人类文明的产物，也是人类活动最频繁的地方。城市的自然过程、生态过程、经济过程和文化过程异常活跃，构成了一个综合的、特殊的地理环境。现在全世界有50%的人口集中居住在仅占大陆面积5%的城市范围内，水资源是制约城市发展的重要因素。各城市通过制定实施工程措施和管理法规，处理城市水资源的供需矛盾，提高城市的生活质量和社会福利水平。

城市化的水文研究工作最初只是针对个别问题，简单地满足城市规划、设计和管理运用的需要，进行一些分析计算。随着研究的推进，城市化的水文研究工作逐渐发展形成了水文学的一个分支——城市水文学。

（二）城市水文规律

城市化打乱了自然系统，除了不可渗透地表对径流的影响使其与自然环境有区别外，它还使水文状况复杂化。随着一个地区的城市化，规律性不强的河流渠道被重新规划路线或安装管道，还对管道进行铺筑，使排水类型发生了很大的转变。填埋的河流系统被排水沟和管道组成的巨大系统扩大化，与自然排水系统相比增强了排水的密度（排水管道和渠道的总长度除以排水面积）。人工排水系统占的土地百分比高于自然条件下的百分比，永久地改变了陆地的水文循环。

1. 城市水文循环

城市地区的水文特性取决于以下几种情况：一是城市地区的水文循环包含的水量有相当部分来自相邻流域或地下含水层，或者不经过河流而排泄。因此，不仅城市排水区参与了水文循环，其他地区的水量也参与了本市区的水蓄循环；二是城市地区流域下垫面条件发生了根本性的变化，加上修建引水、排水系统等，创造了一个新的径流形成条件，从而使天然径流流速加快；三是由于城市地貌的改变和空气的污染，造成降水和蒸发趋势的变化；四是由于不透水面积的比例较大，又开采大量地下水，从而影响了地表水和地下水的相互转化；五是非净化和部分净化的污水集中排入天然水体；六是形成了新的人工地貌，改变了天然水体。

以上所有变化都取决于城市面积、人口、工业发展水平、用水量和供水系统等条件。

2. 城市水量平衡

为了计算分析城市和近郊地区的水量平衡，估算降水的增加量很重要。然而，应当指出，城市化地区降水量的增加可能仅是局部性的，不会扩展到很大的范围。大城市对降水的影响主要是降水量的再分配，一些地区降水量出现大幅增加时，另一些地区则减少。

在城市化的条件下，蒸发的变化相当复杂。这是由于较大的受热量蒸发面积造成了蒸发能力的提高（5%~20%）。然而，由于汇流迅速，城区可供蒸发的水量减少。作为粗略的近似，可假定城市与乡村蒸散发量的差别不超过蒸散发观测误差。当然也可能有例外，如在干旱和半干旱地区，修建水库和增加植被有可能造成蒸发量的提高。

一般在年径流和水流情势主要取决于降水量的地区，城市的年径流可能是天然流域的2~2.5倍。

如果城市供水系统包括深层地下水或从外流域引进的水量，那么年径流的额外增量等于引入量减去引水和用水系统的损失量。但是，通过下水道排水可能将部分水量输送到流域以外或直接排入大海，也可能造成城市径流减少。此外，城市径流的减少还可能是由供水系统不可避免的水量蒸发，即主要由开敞水面和潮湿地表面蒸发造成的。

3. 城市水质情况

随着城市的发展，人们越来越重视环境影响，城市水质成为城市水文的另一研究项目。悬移沉积物的输送与流域侵蚀、受纳水体污染物沉积和环境美化有关。悬移沉积物对很多化学污染物，如微量金属、营养物、杀虫剂以及其他有机化合物和耗氧物质，起着传送作用。

无机化学成分包括营养物、微量金属和公路融雪用盐，可能从溶解状态随悬移物质输送。有关的微量元素在各种研究中可能是不相同的,要依据土地利用情况而定。

有机化学指标包括好氧物质和有毒物质,如杀虫剂和一些工业有机化合物等。由于清洁水条例和有毒物质控制条例的规定,在任何研究中都要对危险毒物(如杀虫剂和聚氯联苯)给予慎重考虑。

细菌指标如大肠杆菌,可以指示病原体和引起疾病的病菌是否存在。如果城市径流中发现大量此类物质,可以使用自动采样器取样。但如果数量较低,在取样过程中可能出现明显污染。

(三)城市建设中的水文效应

随着城市化的进程,城区土地利用情况的改变直接影响当地的雨洪径流条件,使水文情势发生变化。出现上述现象的原因可以归纳为以下两个方面:

一是流域部分地区被不透水面积覆盖,如屋顶、街道、人行道和停车场等。不透水区域的下渗几乎为零,洼地蓄水量大大减少。在两次暴雨之间,大气中沉降物和城市活动产生的尘土、杂质、渣滓及各类污染物积聚在不透水面上,最后在降雨期被径流冲洗掉。没有被不透水物质覆盖的城市地区,一般都经过修饰装点,如覆盖草地、植物并施用肥料和杀虫剂。这些风景修饰往往增加坡面径流,进而促进污染物的冲洗,使城市地面径流中污染物浓度增加。

二是排水管道提高了汇流的水力效率。城市中的天然河道往往被裁弯取直、疏浚和整治,并设置道路的边沟、雨水管网和排洪沟,使河槽流速增大,导致径流量和洪峰流量增加,洪峰时间提前。城市雨洪径流增加后,已有的排水明沟、阴沟及桥涵过水能力变得不足,以至引起下游泛滥和交通中断,地下通道被淹没,房屋和财产遭受破坏等。下渗量的减少使补给含水层的水量减少,使城市河道中的枯水基流有下降的趋势。

1. 城市人类活动对降水的影响

(1)城市热岛效应

城市有热岛效应,空气层结构不稳定,有利于产生热力对流。当上空水汽充足时,容易形成对流云和对流性降水。城区干、湿球温度都比郊区高,由于热力的对流作用,城市地区出现降水,而附近郊区根本无雨。

(2)城市阻碍效应

城市的粗糙度比附近郊区平原大,这不仅能引起湍流,而且对移动滞缓的降水系统(静止锋、静止切变线和缓进冷锋等)有阻碍效用,使其移动速度更缓慢,加长在城区的滞留时间,因而导致城区降水强度增大,降水时间延长,并且当有较强的城市热岛情况时,对降水地区分布有很大影响。

(3)城市凝结核效应

城市区空气中凝结核比郊区多,城市工业区特别是钢铁工业区是冰核的良好源地。这些凝结核和冰核对降水的作用有争议。

云中有大量过冷水滴,如果缺乏冰核,不易形成降水。云中产生有一定数量的冰核排放到空气中,促使过冷云滴中的水分转移凝结到冰核上,冰核逐渐增大,可以促进降水形成。在暖云中,降水的形成主要依靠大小云滴的冲碰作用,使小云滴逐渐增大,直至以降水形式降落。如果城市排放的微小凝结核很多,这些微小的凝结核吸收水汽形成大小均匀的云滴,反而不利于降水的形成。

(4)人工增雨效应

人工增雨,即在充分研究自然降水过程的基础上,人工触发自然降雨机制。只有云水资源丰富、云层较厚以及有比较丰厚的过冷水区的冷云,才有可能被用来催化致雨。人工增雨通过促使云滴或冰晶增多增大,最后降落到地面,形成降水;通过撒播催化剂影响云的微物理过程,促使自然条件下能自然降水的云受激发而产生降水;也可为能够自然降水的云提高降水效率。

(5)城市对降水影响的争议性

目前,对于城市化对降水的影响存在两种相反的观点:多数研究者认为,城市的动力、热力作用使城区和城市下游地区降水增加;少数研究者认为,城市大气污染物的微物理过程使城市下游地区的降水减少。

2. 城市人类活动对径流的影响

(1)城市对径流形成过程的影响

城市化使得大片耕地和天然植被被街道、工厂和住宅等建筑物代替,下垫面的滞水性、渗透性和热力状况均发生明显的变化,集水区内天然调蓄能力减弱,这些都促使市区及近郊的水文要素和水文过程发生变化。

在自然流域内,部分降水通过植物截流、填洼、下渗后形成地表径流和地下径流,最终通过河川径流流出。汇流时间较长,洪峰流量偏低。而对于完全城市化的流域,城市化使得流域地表汇流呈现坡面和管道相结合的汇流特点,降低了流域的阻尼作用,汇流速度将大大加快。只有部分降水量于填洼蓄存,完全以地表径流汇入河道,流量过程较尖瘦,峰高量大,汇流时间大大缩短。在城市化流域内,因填洼和下渗几乎为零,相对来说地表径流加快,使降落到城市流域的雨水很快填满洼地而形成地表径流，所以超渗水量增大了河流流量。

许多学者用试验模拟的方法，证实了不透水面积对洪水过程线的显著影响，随着透水面积的减少，涨洪段变陡，洪峰滞时缩短，退水历时也有所减少。虽然很难在自然流域上进行上述试验，但不透水面积确实影响地表径流和汇流时间，这已被许多研究证实。

（2）城市对年径流影响的分析方法

对比分析同一地区不同的城市化对径流影响的程度，目前多采用显著性统计检验法和双累积曲线法。

①显著性统计检验（F检验）

把年径流系列分成两个互不重复的子系列，如城市发展前和发展后两个不同时期，其相应系列样本容量分别为n_1（发展前）和n_2（发展后），分别计算各系列的均值和标准差。

方差分析：

设 $S_1^2 > S_2^2$

则 $F = S_1^2 / S_2^2$

作为计算F检验用统计域，并与n_1-1, n_2-1及置信水平$\alpha/2$的F表值作比较，一般取$a=5\%$。如果计算F值超过表中所列数值，则拒绝接受原假设，即说明$S_1^2 > S_2^2$，不是出自同一总体的方差。如果计算值小于表中所列数值，则接受原假设，合并系列估算方差由下式计算：

$$S^2 = \left[(n_1-1)S_1^2 + (n_2-1)S_2^2\right] / (n_1+n_2-2)$$

计算合并系列均方差做另一次显著性检验，即应用于两个子系列均值t检验；检验均值的统计量计算公式为：

$$t = |(m_1 - m_2)| / S(1/n_1 + 1/n_2)^{1/2}$$

计算结果与自由度为(n_1+n_2-2)及置信水平$\alpha/2$的值表相比较，如果计算值大于表中所列数值，则拒绝接受原假设，即拒绝m_1和m_2为出自同一总体的均值，说明城市化后改变了原系列。

②双累积曲线法

该法的依据是检验变量X与参证变量Y之间存在线性关系，即

$$Y = CX \text{ 或 } Y = aX + b$$

式中：a, b——分别为系数和指数。

双累积曲线法目前多用于检验城市地区降水量的变化，即分析双累积曲线时注意分析双累积曲线斜率的变化（转折点）。该曲线就是根据检验变量的累积量与同期参证变量的累积量点绘相关线。如果资料成比例，则点距应为一直线；若其斜率有转折，则转折点说明了变化发生的时间。

此外，还应注意水文时间序列所固有的随机波动也会使累积曲线转折，一般可忽略持续时间短于5年的小曲折。

3. 城市人类活动对水质的影响

城市化高度发展的流域，河流中悬移固体的来源，除了雨洪冲刷形成的泥沙颗粒外，还有大量工矿企业排放的废污水中夹带的固体颗粒，和城市生活污水中的固体颗粒。

（1）城市水环境污染类型

污染水环境的污染物可分为点源污染和非点源（面源）污染两大类。点源污染是指工业废水和生活污水，集中在若干地点排入受纳水体，这些污染物容易被观测和控制。非点源（面源）污染是指地表径流携带的地面污染物，不易控制。

面源污染物又可分为人为的和天然的两大类。前者指由于人类活动在地表面产生的污染物，如在农田耕作区施用的化肥和农药，在牧区、建筑工地、城市街区和露天采矿区积聚的灰尘，以及工业废物和生活垃圾等。天然污染物又称背景污染，指天然地面形成的污染物，如土壤颗粒、枯枝落叶和野生动物粪便等。

（2）城市水环境面源污染

雨洪径流中污染物的来源有三个方面：降水、地表污染物和下水道系统。

①降水

降水即降雨、降雪，对径流污染物的贡献包括降水淋洗空气污染物等。雨洪径流中有一部分污染物是由降雨带来的，尤其是工业区降雨中的硫很可能是雨洪径流的主要部分。

降水中污染物的含量由两部分组成，一部分是降水污染物背景值；另一部分为降水通过大气引起的湿沉降。其中背景值一般比较稳定。降水通过大气引起的湿沉降量也可由大气中污染物的浓度估算。

②地表污染物

地表污染物可认为是雨洪径流污染物的主要部分。地表污染物以各种形式积蓄在街道、阴沟和其他排水系统直接连接的不透水面积上，如行人抛弃的废物、建筑和拆除房屋的废土、垃圾，粪便和随风抛洒的碎屑，汽车漏油，轮胎磨损和排出的废气，从空中干沉降的污染物等。

③下水道系统

下水道系统也对雨洪径流水质有影响，主要有沉积池中的沉积物和合流制排水系统漫溢出的污水。沉积池往往是提供"首次冲洗"，即污染物的第一个主要来源。前次径流过程遗留在沉积池里的水体很容易腐败。本次降水新形成的径流将替换沉积池内积存的污水。

（四）城市水管理

城市化的发展会影响城市的防洪、水资源保障和生态环境的保护等方面。从学科发展以及应用的角度来说，当前城市水文学面对很多科学问题，需要相应的对策。

1. 亟待解决的科学问题

（1）城市雨洪灾害

城市雨洪灾害频繁，下水道漫溢，低洼地段道路积水，交通车辆拥堵经常发生。我国城市现有的防洪标准偏低，一旦遭受洪灾，损失很难估算。特别是处在江河两岸的城市，往往由于局部侵占河滩地，造成行洪障碍，甚至破坏防洪设施。

（2）超采地下水

我国许多城市特别是大城市，由于大量抽取地下水，形成大面积的地下水漏斗，并引起地面沉降。随着浅层地下水枯竭，有些城市转向开采深层地下水。超量开采地下水的严重后果已日趋明显，地下水降落的海滨地区还会造成海水入侵，出现水质恶化的局面。超采地下水引起的地面沉降危会及高层建筑物的安全，影响道路交通及上下水管路。

（3）城市供水及调度

城市中工业和居民用水量很大，对水质也有一定要求。城市供水水源存在水资源址的估算、质的评价和供需平衡分析等问题，还要考虑如何重复使用水资源和探求最优的供水方式。特别是北方一些城市，城市发展已受到水荒限制，甚至一些水源充沛的城市也因水污染相继出现水源危机。为了保证城市的生产生活，不得不采取兴建蓄水工程、引水工程和开采地下水等措施。

（4）城市污水排放

污水处理厂的出流就是点污染源的实例。非点污染源是城市污水处理中要着重研究的问题。城市污水排放会造成河流及地下水的污染，使水质恶化。有些地区人口和工业区密集，但污水处理措施跟不上，大部分废污水通过蒸发和下渗消耗在流域内，而污水中夹带的大量难降解的污水物质逐年积存，使环境日趋恶化。

2. 管理对策

（1）技术支持措施

①普遍适用的控制管理城市径流污染的方法

工程方法是依靠兴建工程措施来控制污染，如修建沉淀池、渗漏坑、多孔路面、贮水池和处理污染的建筑物等。非工程方法是用加强管理来控制污染，包括控制大气污染、绿化、种草和清扫街道等。工程治理措施又可分为污染来源的控制和污染物流出下水道前的控制，如将污水集中处理后排放。非工程措施大多用于污染来源控制和污染物流出下水道前的控制；工程方法则是集中控制。

②推行清洁节水型生产工艺

推行清洁生产工艺是防治水污染和可持续发展的最佳途径。具体措施有以下三种：一是采用先进工艺技术，如以气冷设备代替水冷设备，以逆流漂洗系统代替顺流漂洗系统，以压力淋洗系统代替重力淋洗系统；二是发展工业用水的重复使用和循环使用系统；三是改进设备，加强管理，杜绝浪费。

③城市污水资源化再利用

大力发展城市污水资源化，可能比从丰水地区远距离引水更经济。城市污水通过有效净化手段可以使其再生且回用于某些用途，如用于农业灌溉，用作工业冷却用水、洗涤用水或工艺用水，用于市政如灌溉绿地和公园、浇洒道路、洗涤车辆，用于消防，也可用来补给地下水，防止地下水位的下降或海水的入侵等。

④研发新技术

依靠科技进步，积极研究并不断开发处理功能强、出水水质好、基础投资少、能耗及运行费用低、操作维护简单、处理效果稳定的污水处理新技术和新流程，这对于水污染防治具有至关重要的作用。

（2）城市水环境政府监管

①走可持续发展之路，经济发展与资源、环境相协调

必须在全社会树立水资源与水环境的忧患意识，走可持续发展之路。使经济发展水平与资源条件和环境状况相适应。对污染严重地区，果断地关停严重污染环境的小企业，加大污染治理力度。

②健全水环境监测网络，实行动态监测、区域联防

水环境监测网络应该优先建设，先行发展。在有条件地区建设自动测报与预警系统。对跨界河流与重大污染事故实行动态监测，定期向社会公布水环境信息。

加强省际边界水体的监测,积极开展跨省域污染防治。

③建立流域与区域相结合的管理系统,实现水量水质统一管理

应加强流域水资源机构的作用,实行水利部门水量水质同步监测、统一管理、联合调度,改善流域水环境。

④实施总量控制,严格排污管理

减少污染物排放最有效的办法是根据流域水环境容量制定污染物允许排放量,控制进入江河湖库的污染物。将排污总量指标层层分解,组织制定辖区内排污总量控制计划,并将排污总量指标分解到每个排污单位,纳入目标责任制管理。同时,加强对入河排污口的监督性监测与管理,控制退水中污染物总量不超过规定指标。

⑤依法治污,完善水环境治理的法规体系

依法治污是改善我国水环境的关键所在,应在相关法律法规的指导下,健全流域治理领导机构,制定流域及区域水污染规划及各种配套法规,使水环境工作法治化、制度化。设立专门机构,实施监督、执法的权力。

⑥团结协作,科学治理

水利、环保、农业、城建等部门团结协作,是治理水污染、改善水环境的重要保证。水环境是一个复杂的大系统,涉及自然、社会、环境等诸多因素,增加治理措施的科技含量和理论依据是当务之急,应逐年安排关键问题和关键技术的科技攻关,指导治理工作。

第三章 水灾害及其防治

第一节 水灾害基础认知

灾害是能够给人类和人类赖以生存的环境造成破坏性影响的事物的总称。

自然灾害是指由于某种不可控制或未能预料的破坏性因素的作用，对人类生存发展及其所依存的环境造成严重危害的非常事件和现象。

水灾害定义是，世界上普遍和经常发生的一种自然灾害。广义地说水灾害应该指由于水的变化引起的灾害，包括水多—洪灾、水少—旱灾、水脏—水污染。

洪水灾害当洪水威胁到人类安全和影响社会经济活动并造成损失时才能成为洪水灾害。

内涝灾害是指地面积水不能及时排除而形成的灾害，简称涝灾。地下水位过高或耕作层含水过多而影响农作物生长，称渍害。

干旱是指大气运动异常造成长时期、大范围无降水或降水偏少的自然现象。旱灾是指土壤水分不足，不能满足农作物和牧草生长的需要，造成较大的减产或绝产的灾害。水灾害是我国影响最广泛的自然灾害，也是我国经济建设、社会稳定敏感度最大的自然灾害。

一、水灾害属性

灾害是一种自然与社会综合体，是自然系统与人类物质文化系统相互作用的产物，具有自然和社会的双重属性。

（一）自然属性

地球表层由各种固体、液体和气体组成，形成了岩石圈（土壤圈）、水圈、气圈和生物圈，在地球和天体的作用和影响下，时时刻刻都在不停地运动变化，发生物理、化学、生物变化，并且相互作用和影响，大部分灾害都在这些圈层的物理、化学、生物作用下形成的。水灾害是以气圈、水圈、土壤圈为主发生的灾害，如洪灾、涝灾、旱灾、泥石流等。

水灾害产生的自然因素及其作用机制很复杂，不同的灾害有不同的因素，是多种因素综合作用的产物。

水灾害是相对人类而言的，在人类生存的地区，均有可能发生水灾害，这就是灾害的普遍性。

致灾原因：自然因素占主导地位，从宇宙系统看，太阳、月亮、地球的活动与水灾害都有关，与地球相关的因素包括地形、地势、地质、地理位置、大气运动、植被分布等。

西北太平洋是全球热带气旋发生次数最多的海域，我国不仅地处西北太平洋的西北方，而且地势向海洋倾斜，没有屏障，成为世界上台风袭击次数最多的国家之一。

我国国土辽阔，降水量时空分布极不均匀，在一个地区形成洪涝灾害的同时，另一地区可能正在遭受旱灾的影响。

（二）社会属性

人类是生物圈中的主宰，不仅靠自身而且还利用整个自然界壮大自身的能量，改变自然界，创造人为世界。即便人类可以改变自然界的面貌，却无法改变自然界的运行规律。如果人类改造和干预自然界的行为存在盲目性，违反了自然规律，激发了自然界内部的矛盾和自然界同人类的矛盾，将会对人类自身产生危害。

盲目砍伐森林、不合理的筑坝拦水、跨流域调水、引水灌溉、开采地下水等都可能造成负面影响，如造成水土流失、生态环境恶化、河道淤积、地面沉降、海水入侵、河口生态环境恶化。

把国民经济增长、城市发展、人口控制与水土资源的利用协调起来，制定有利于区域水土资源可持续发展的最佳开发模式，无疑是防治水灾害的一项紧迫任务。

二、水灾害类型及其成因

（一）水灾害类型

水灾害危害最大、范围最广、持续时间较长。根据不同成因水灾害可以分为洪水、涝渍、风暴潮、灾害性海浪、泥石流、干旱、水生态环境灾害等。

1. 洪水

洪水是指暴雨、冰雪急剧融化等自然因素或水库垮坝等人为因素引起的江河湖库水量迅速增加或水位急剧上涨，对人民生命财产造成危害的现象。山洪也是洪水的一类，特指发生在山区溪沟中的快速、强大的地表径流现象，特点是流速快、历时短、暴涨暴落、冲刷力与破坏力强，往往携带大量泥沙。

2. 涝

涝是指过多雨水受地形、地貌、土壤阻滞，造成大量积水和径流，淹没低洼地造成的水灾害。城市内涝是指由于强降水或连续性降水超过城市排水能力致使城市内产生积水灾害的现象。造成内涝的客观原因是降雨强度大，范围集中。降雨特别急的地方可能形成积水，降雨强度比较大、时间比较长也有可能形成积水。

3. 渍

渍是指因地下水水位过高或连续阴雨致使土壤过湿而危害作物生长的灾害。涝渍是我国东部、南部湿润地带最常见的水灾害。涝渍分类：按涝渍灾害发生的季节可以分为春涝、夏涝、秋涝和连季涝。按地形地貌可划分为平原坡地涝、平原洼地涝、水网坪区涝、山区谷地涝、沼泽地涝、城市化地区涝。按我国的实际情况划分为涝渍型、潜渍型、盐渍型、水渍型四种渍害类型。

4. 风暴潮

风暴潮是由台风和温带气旋在近海岸造成的严重海洋灾害。巨浪是指海上波浪高达 6m 以上引起灾害的海浪。对海洋工程、海岸工程、航海、渔业等造成危害。

5. 泥石流

泥石流是山区特有的一种自然地质现象。它是由于降水（暴雨、冰雪融化水）产生在沟谷或山坡上的一种携带大量泥沙、石块巨砾等固体物质的特殊洪流，是高浓度的固体和液体的混合颗粒流，泥石流经常瞬间暴发，突发性强、来势凶猛、具有强大的能量、破坏性极大，是山区最严重的自然灾害之一。

按物质成分分类：由大量黏性土和粒径不等的砂粒、石块组成的叫泥石流；以黏性土为主，含少量砂粒、石块、黏度大、呈稠泥状的叫泥流；由水和大小不等的砂粒、石块组成的叫水石流。泥石流按流域形态分类：标准型泥石流，为典型的泥石流，流域呈扇形，面积较大，能明显地划分出形成区、流通区和堆积区；河谷型泥石流，流域呈狭长条形，其形成区多为河流上游的沟谷，固体物质来源较分散，沟谷中有时常年有水，故水源较丰富，流通区与堆积区往往不能明显分出；山坡型泥石流，流域呈斗状，其面积一般小于 1000m²，无明显流通区，形成区与堆积区直接相连。

泥石流按物质状态分成黏性泥石流和稀性泥石流。黏性泥石流含大量黏性土的泥石流或泥流，其特征是黏性大，固体物质占 40%～60%，最高达 80%，其中的水不是搬运介质而是组成物质，稠度大，石块呈悬浮状态，暴发突然，持续时间亦短，破坏力大。稀性泥石流以水为主要成分，黏性土含量少，固体物质占10%～40%，有很大分散性，水为搬运介质，石块以滚动或跃移方式前进，具有强烈的下切作用。

6. 干旱

大气运动异常造成长时期、大范围无水或降水偏少的自然现象。造成天气干旱、土壤缺水、江河断流、禾苗干枯、供水短缺等。干旱可以分为：气象干旱、水文干旱、农业干旱、社会经济干旱。

气象干旱是指由降水与蒸散发收支不平衡造成的异常水分短缺现象。由于降水是主要的收入项，且降水资料最易获得，因此气象干旱通常主要以降水的短缺程度作为标准。

水文干旱是指由降水与地表水、地下水收支不平衡造成的异常水分短缺现象。水文干旱主要指的是由地表径流和地下水位差异造成的异常水分短缺现象。

农业干旱是指由于外界环境因素造成作物体内水分失去平衡，发生水分亏缺，影响作物正常生长发育，进而导致减产或失收的一种农业气象灾害。

造成作物缺水的原因很多，按成因不同可将农业干旱分为土壤干旱、生理干旱、大气干旱、社会经济干旱。土壤干旱是指土壤中缺乏植物可吸收利用的水分，根系吸水不能满足植物正常蒸腾和生长发育的需要，严重时，土壤含水量降低至凋萎系数以下，造成植物永久凋萎而死亡；生理干旱是由于植物生原因造成植物不能吸收土壤中水分而出现的干旱；大气干旱是指当气温高、相对湿度小、有时伴有干热风时，植物蒸腾急剧增加，吸水速度大大低于耗水速度，造成蒸腾失水和根系吸水的极不平衡而呈现植物萎蔫，严重影响植物的生长发育。社会经济干旱应当是水分总供给量少于总需求量的现象，应从自然界与人类社会系统的水分循环原理出发，用水分供需平衡模式来进行评价。

7. 水生态环境

水生态环境是指影响人类社会为生存发展以水为核心的各种天然的和人工的自然因素所形成的有机统一体。当水生态环境体系受到破坏，水生态和水资源的社会、经济功能就会受到影响，从而造成灾害。

（二）水灾害成因

1. 洪灾的成因

洪水现象是自然系统活动的结果，洪水灾害则是自然系统和社会经济系统共同作用形成的,是自然界的洪水作用于人类社会的产物,是自然与人之间关系的表现。产生洪水的自然因素是形成洪水灾害的主要根源,但洪水灾害不断加重却是社会经济发展的结果。因此应从自然因素和社会经济因素两个方面对我国洪水灾害的成因加以分析。

(1)影响洪灾的自然因素

我国各地洪水情况千差万别,比如有些地区洪水发生频繁、有些地区洪水很少,有些季节洪水严重、有些季节不发生洪水。主要从气候和地貌两个方面分析我国洪水形成的自然地理背景。

①气候

我国气候的基本格局:东部广大地区属于季风气候;西北部深居内陆,属于干旱气候;青藏高原则属高寒气候。

影响洪水形成及洪水特性的气候要素中,最重要、最直接的是降水;对于冰凌洪水、融雪洪水、冰川洪水及冻土区洪水来说,气温也是重要因素。其他气候要素,如蒸发、风等也有一定影响。降水和气温情况,都深受季风的进退活动的影响。

第一,季风气候的特点。我国处于中纬度和大陆东岸,受青藏高原的影响,季风气候异常显著。季风气候的特征主要表现为冬夏盛行风向有显著变化,随着季风的进退,降雨有明显季节变化。在我国冬季盛行来自大陆的偏北气流,气候干冷,降水很少,形成旱季;夏季与冬季相反,盛行来自海洋的偏南气流,气候湿润多雨,形成雨季。

随着季风进退,雨带出现和雨量的大小有明显季节变化。受季风控制的我国广大地区,当夏季风前缘到达某地时,这里的雨季也就开始,往往形成大的雨带,当夏季风南退,这一地区雨季也随之结束。

我国夏季风主要有东南季风和西南季风两类。大致以东经105°~110°为界,其东主要受东南季风影响,以西主要受西南季风影响。

随着季风的进退,盛行的气团在不同季节中产生了各种天气现象,其中与洪水关系最密切的是梅雨和台风。

梅雨是指长江中下游地区和淮河流域每年6月上中旬至7月上中旬的大范围降水天气。一般有连续性降水,形成持久的阴雨天气。梅雨开始与结束的早晚,降水多少,直接影响当年洪水的大小。有的年份,江淮流域在6~7月间基本没有出现雨季,或者雨期过短,成为"空梅",将造成严重干旱。

台风是热带气旋的一个类别。在气象学上,按世界气象组织定义,热带气旋中心持续风速达到12级称为飓风，飓风的名称使用在北大西洋及东太平洋；而北太平洋西部称为台风。台风每年6～10月，由我国东南低纬度海洋形成的热带气旋北移，携带大量水汽途经太湖地区，造成台风型暴雨。

第二，降水。降水是影响洪水的重要气候要素，尤其是暴雨和连续性降水。我国是一个暴雨洪水问题严重的国家。暴雨对于灾害性洪水的形成具有特殊重要的意义。

年降水量地区分布。形成大气降水的水汽主要来自海洋水面蒸发。我国境内降水的水汽主要来自印度洋和太平洋，夏季风（东南季风和西南季风）的强弱对我国降水量的地区分布和季节变化有着重要影响。我国多年降水量地区分布的总趋势是从东南沿海向西北内陆递减。400mm等雨量线由大兴安岭西侧向西南延伸至我国和尼泊尔的边境。以此线为界，东部明显受季风影响降水量多，属于湿润地区；西部不受或受季风影响较小，降水稀少，属于干旱地区在东部。降水量又有随纬度的增高而递减的趋势。如东北和华北平原年降水量在600mm左右，长江中下游干流以南年降水量在1000mm以上。我国是一个多山的国家，各地降水量多少受地形的影响也很显著，这主要是因为山地对气流的抬升和阻障作用，使山地降水多于邻近平原、盆地，山岭多于谷底，迎风坡降水多于背风坡。如青藏高原的屏障作用尤为明显，它阻挡了西南季风从印度洋带来的湿润气流，造成高原北侧地区干旱少雨的气候。

降水的年内分配。各地降水年内各季节分配不均，绝大部分地区降水主要集中在夏季风盛行的雨季。各地雨季长短，因夏季风活动持续时间长短而异。我国降水年内分配高度集中，是造成防洪任务紧张的一个重要原因。降水强度对洪水的形成和特性具有重要意义。我国各地大的降水一般发生在雨季，往往一个月的降水量可占全年降水量的1/2，甚至超过一半，而一个月的降水量又往往由几次或一次大的降水过程所决定。西北、华北等地这种情况尤为显著。东南沿海一带，最大强度的降水一般与台风影响有关。江淮梅雨期间，也常常出现暴雨和大暴雨。

第三，气温。气温对洪水的最明显的影响主要表现在融雪洪水、冰凌洪水和冰川洪水的形成、分布和特性等方面。另外，气温对蒸发影响很大，间接影响着暴雨洪水的产流量我国气温分布总的特点是：在东半部，自南向北气温逐渐降低；在西半部，地形影响超过了纬度影响，地势愈高气温愈低。气温的季节变化则深受季风进退活动的影响。

一般来说，1月我国各地气温下降到最低值，可以代表我国冬季气温。1月平均0℃等温线大致东起淮河下游，经秦岭沿四川盆地西缘向南至金沙江，折向西至西藏东南隅。此线以北以西气温基本在0℃以下。

1月份以后气温开始逐渐上升，4月平均气温除大兴安岭、阿尔泰山、天山和青藏高原部分地区外，由南到北都已先后上升到0℃以上，融冰、融雪相继发生。

②地貌

我国地貌十分复杂，地势多起伏，高原和山地面积比重很大，平原辽阔，对我国的气候特点、河流发育和江河洪水形成过程有着深刻的影响。

我国的地势总轮廓是西高东低，东西相差悬殊。高山、高原和大型内陆盆地主要位于西部，丘陵、平原以及较低的山地多见于东部。因而向东流入太平洋的河流多，流路长且流量大。

自西向东逐层下降的趋势，表现为地形上的三个台阶，称作"三个阶梯"，最高一级是青藏高原；青藏高原的边缘至大兴安岭、太行山、巫山和雪峰山之间，为第二阶梯，主要是由内蒙古高原、黄土高原、云贵高原、四川盆地和以北的塔里木盆地、准噶尔盆地等广阔的大高原和大盆地组成；最低的第三阶梯是我国东部宽广的平原和丘陵地区，由东北平原、华北平原、长江中下游平原、山东低山丘陵等组成，是我国洪水泛滥危害最大的地区。三个地形阶梯之间的隆起地带，是我国外流河的三个主要发源地带和著名的暴雨中心地带。

我国是一个多山的国家，山地面积约占全国面积的33%，高原约占全国面积的26%，丘陵约占全国面积的10%，山间盆地约占全国面积的19%，平原约占全国面积的12%，平原是全国防洪的重点所在。

除了上述宏观的地貌格局，影响我国洪水地区分布和形成过程的重要地貌特点还有黄土、岩溶、沙漠和冰川等。

黄土多而集中的地带，土层疏松、透水性强、抗蚀力差，植被缺乏，水流侵蚀严重，水土流失突出，洪水含沙量很高，甚至有些支流及沟道往往出现浓度很高的泥流，这是我国部分河流洪水的特点之一。

冰川是由积雪变质成冰并能缓慢运动的冰体。我国是世界上中纬度山岳冰川最发达的国家之一。冰川径流是我国西部干旱地区的一种宝贵水资源，但有时也会形成洪水灾害。

（2）影响洪灾的社会经济因素

洪水灾害的形成，自然条件是一个很重要的因素，但形成严重灾害则与社会经济条件密切相关。由于人口的急剧增长，水土资源过度的不合理开发，人类经济活动与洪水争夺空间的矛盾进一步突出，而管理工作相对薄弱，引起了许多新的问题,加剧了洪水灾害。

①水土流失加剧,江河湖库淤积严重

森林植被具有截留降水、涵养水源、保持水土等功能,森林盲目砍伐,一方面导致暴雨之后不能蓄水于山上,使洪水峰高量大,增加了水灾的频率;另一方面增加了水土流失,使水库淤积,库容减少,也使下游河道淤积抬升,降低了调洪和排洪的能力。

②围垦江湖滩地,湖泊天然蓄洪作用衰减

我国东部平原人口密集,人多地少矛盾突出,河湖滩地的围垦在所难免,虽然江湖滩地的围垦增加了耕地面积,但是任意扩大围垦使湖泊面积和数量急剧减少,降低了湖泊的天然调蓄作用。

③人为设障阻碍河道行洪

随着人口增长和城乡经济发展,沿河城市、集镇、工矿企业不断增加和扩大,滥占行洪滩地,在行洪河道中修建码头、桥梁等各种阻水建筑物,一些工矿企业任意在河道内排灰排渣,严重阻碍河道正常行洪。目前,与河争地、人为设障等现象仍在继续。

④城市集镇发展带来的问题

城市范围不断扩大,不透水地面持续增加,降雨后地表径流汇流速度加快,径流系数增大,洪峰时间提前,洪峰流量成倍增长。与此同时,城市的"热岛效应"使城区的暴雨频率与强度提高,加大了洪水成灾的可能。

此外,城市集镇的发展使洪水环境发生变化,城镇周边原有的湖泊、洼地、池塘、河不断被填平,对洪水的调蓄功能随之消失;城市集镇的发展,不断侵占泄洪河道、滩地,给河道设置层层卡口,行洪能力大为减弱,加剧了城市洪水灾害。城市人口密集,经济发达,洪水灾害造成的损失十分显著。

2. 山洪的成因

山洪按其成因可以分为暴雨山洪、冰雪山洪、溃水山洪。

(1)暴雨山洪:在强烈暴雨作用下,雨水迅速由坡面向沟谷汇集,形成强大的暴雨山洪冲出山谷。

(2)冰雪山洪:由于迅速融雪或冰川迅速融化而成的雪水直接形成洪水向下游倾斜形成的山洪。

(3)溃水山洪:拦洪、蓄水设施或天然坝体突然溃决,所蓄水体破坝而出形成的山洪。

以上山洪的成因可能单独作用，也可能几种成因联合作用。在这三类山洪中，以暴雨山洪在我国分布最广，暴发频率最高，危害也最严重。

（三）风暴潮与水灾害性海浪

1. 天气系统

（1）台风

台风是引起沿海地区风暴潮和灾害性海浪的最主要天气系统之一。

我国东临西北太平洋，受西北太平洋台风影响十分显著，西北太平洋的台风约35%在我国登陆，其中7~9月是登陆高峰，占全年登陆总数的80%。台风暴雨也随台风活动季节的变化及移动路径而变化。

热带气旋采用4位数字编号，前2位数字表示年份，后2位数字表示当年热带气旋的顺序号。如某一台风破坏力巨大，世界气象组织将不再继续使用这个名字，使其成为该次台风的专属名词。

（2）温带气旋

温带气旋又叫锋面气旋。温带气旋是造成我国近海风暴潮的另一种重要天气系统。温带气旋是出现在中高纬度地区而中心气压于四周近似椭圆形的空气涡旋，是影响大范围天气变化的重要天气系统之一。

（3）寒潮

寒潮是冬季的一种灾害性天气。寒潮主要出现在11月至翌年3月，随着寒潮中心的移动，各种灾害性天气相继出现。

2. 海洋系统

（1）海洋潮汐

海洋潮汐是海水在天体（主要为月球和太阳）引潮力作用下产生的周期性涨落运动。风暴潮与天文大潮遭遇，最易形成较大的风暴潮灾害。

（2）河口潮汐

海洋潮波传至河口引起河口水位的升降运动叫河口潮汐。河口潮汐除具有海洋潮汐的一般特性外，还会受河口形态、河床变化、河道上游下泄流量等因素的影响。

（3）海平面上升

近50年来，我国沿海海平面平均上升速率为2.5mm/a，略高于全球海平面上升速率。海平面上升加剧了风暴潮灾害，引发海水入侵、土壤盐渍化、海岸侵蚀等。

（4）地理因素

①沿海平原和三角洲

在国际上，一般认为海拔 5m 以下的海岸区域为易受气候变化、海平面上升和风暴潮危害的危险区域。我国沿海这类低洼地区有 14.39 万平方公里。

②海岸带地质环境

大致分为基岩海岸带和泥砂质海岸带。基岩海岸带是坚硬的石质，能够抵挡住风暴潮，泥砂质海岸带则比较松软，风暴潮及灾害性海浪袭来时就会致灾。

（5）人类活动

①防潮工程

海堤没有达标，标准低。

②经济发展

沿海地区和海洋经济的发展，沿海基础设施的增加，造成承灾体日趋庞大，使列入潮灾的次数增多。

③过度开发

人类活动经常成为海岸侵蚀灾害的主要成因。沿岸采砂、不合理的海岸工程建设、过度开采地下水、采伐海岸红树林，是人类活动直接导致的海岸侵蚀的常见原因，造成沿海防潮减灾的脆弱性。

（四）泥石流

泥石流的形成需要三个基本条件：有陡峭便于集水集物的适当地形；上游堆积有丰富的松散固体物质；短期内有突然性的大量流水来源。

1. 地形地貌条件

在地形上具备山高沟深，地形陡峻，沟床纵度降大，流域形状便于水流汇集。在地貌上，泥石流的地貌一般可分为形成区、流通区和堆积区三部分。上游形成区的地形多为三面环山，一面出口为瓢状或漏斗状，地形比较开阔、周围山高坡陡、山体破碎、植被生长不良，这样的地形有利于水和碎屑物质的集中；中游流通区的地形多为狭窄陡深的峡谷。谷床纵坡降大，使泥石流能迅猛直泻；下游堆积区的地形为开阔平坦的山前平原或河谷阶地，使堆积物有堆积场所。

2. 松散物质来源条件

泥石流常发生于地质构造复杂、断裂褶皱发育、新构造活动强烈、地震烈度较高的地区。地表岩石破碎、崩塌、错落、滑坡等不良地质现象发育，为泥石流的形成提供了丰富的固体物质来源；另外，岩层结构松散、软弱、易于风化、节理发育或软硬相间成层的地区，因易受破坏，也能为泥石流提，供丰富的碎屑物来源；一些人类工程活动，如滥伐森林造成水土流失，开山采矿等，往往也为泥石流提供大量的物质来源。

3. 水源条件

水既是泥石流的重要组成部分，又是泥石流的激发条件和搬运介质（动力来源），泥石流的水源，有暴雨、水雪融水和水库溃决水体等形式。我国泥石流的水源主要是暴雨、长时间的连续降雨等。

（五）干旱

1. 气象干旱成因

气象干旱也称大气干旱，气象干旱是指某时段内，由于蒸发量和降水量的收支不平衡，水分支出大于水分收入而造成的水分短缺现象。气象干旱通常主要以降水的短缺作为指标。主要为长期少雨而空气干燥、土壤缺水引起的气候现象。

2. 水文干旱成因

水文干旱侧重地表或地下水水量的短缺，在1975年把水文干旱定义为："某一给定的水资源管理系统下，河川径流在一定时期内满足不了供水需要"。如果在一段时期内，流量持续低于某一特定的阈值，则认为发生了水文干旱，阈值的选择可以依据流量的变化特征，或者根据水需求量来确定。

3. 农业干旱成因

农业干旱是指在农作物生长发育过程中，因降水不足、土壤含水量过低和作物得不到适时适量的灌溉，致使供水不能满足农作物的正常需求，而造成农作物减产。体现干旱程度的主要因子有：降水、土壤含水量、土壤质地、气温、作物品种和产量，以及干旱发生的季节等。

4. 社会经济干旱成因

指由于经济、社会的发展需水量日益增加，以水分影响生产、消费活动等来描述的干旱。其指标常与一些经济商品的供需联系在一起，如建立降水、径流和粮食生产、发电量、航运、旅游效益以及生命财产损失等有关。

社会经济干旱指标：社会经济干旱指标主要评估由于干旱所造成的经济损失。通常采用损失系数法，即认为航运、旅游、发电等损失系数与受旱时间、受旱天数、受旱强度等诸因素存在一种函数关系。虽然各类干旱指标可以相互借鉴引用，但其结果并非能全面反映各学科干旱问题，要根据研究的对象选择适当的指标。

（六）水生态环境恶化

1. 水生态系统

水生态系统是以水体作为主体的生态系统，水生态系统不仅包括水，还包括水中的悬浮物、溶解物质、底泥及水生生物等完整的生态系统。

河流最显著的特点是具有流动性，这对河流生态系统十分重要。湖泊水库面临的主要污染问题包括氮、磷等营养盐过量输入引起的水体富营养化。

2. 水环境承载力

水环境承载力是指在一定水域，其水体能够被继续使用并仍保持良好生态系统的条件下，所能容纳污水及污染物的最大能力。

3. 水污染类型

水体污染分为自然污染和人为污染两大类。污染物种类：耗氧污染物、致病性污染物、富营养性污染物、合成的有机化合物、无机有害物、放射性污染物、油污染、热污染。

4. 水污染的生态效应

污染物进入水生生态系统后，污染物与环境之间、污染物之间的相互作用，以及污染物在食物链间的流动，会产生错综复杂的生态效应。由于污染物种类的不同以及不同物种个体的差异，使生态系统产生的机理具有多样性。

根据污染物的作用机理，可分为以下几种形式：

物理机制：物理性质发生改变。

化学机制：污染物与水体生态系统的环境各要素之间发生化学作用，同时污染物之间也能相互作用，导致污染物的存在的形式不断发生变化，污染物的毒性及生态效应也随之改变。

生物学机制：污染物进入生物体后，对生物体的生长、新陈代谢、生化过程产生各种影响。根据污染物的机理，可分为生物体累积与富集机理，以及生物吸收、代谢、降解与转化机理。

综合机制：污染物进入生态系统产生污染生态效应，往往综合了物理、化学、生物学过程，并且是多种污染物共同作用，形成复合污染效应。复合污染效应的发生形式与作用机制具有多样性，包括协同效应、加和效应、拮抗效应、保护效应、抑制效应等。

第二节 水灾害防治措施

一、防洪抢险规划

（一）防洪规划的概念

防洪规划是开发利用和保护水资源，防治水灾害所进行的各类水利规划中的一项专业规划。它是指在江河流域或区域内，着重就防治洪水灾害所专门制定的总体战略安排。防洪规划除了应该重点提出全局性工程措施方案外，还应提出包括管理、政策、立法等方面在内的非工程措施方案，必要时还应该提出农业耕作、林业、种植等非水利措施作为编制工程的各阶段技术文件、安排建设计划和进行防洪管理、防洪调度等各项水事活动的基本依据。

（二）防洪规划的指导思想和作用

1. 防洪规划的指导思想

防洪规划必须以江河流域综合治理开发、国土整治以及国家社会经济发展需要为规划依据，从技术、经济、社会、环境等方面进行综合研究。

结合中国洪水灾害的特点，体现在规划的指导思想上，可以概括为正确处理八方面的关系。如何正确处理改造自然与适应自然的关系，随着社会、经济的发展，防治洪水的要求越来越高，科技水平和经济实力的提高使我们有能力防御更恶劣的洪水灾害。但另一方面洪水的发生和变化是一种自然现象，有其自身的客观规律。如果违背自然界的必然规律人类活动有时会成为加重洪水灾害的新因素。所以，防洪建设既要为各方面建设创造条件，也要考虑防治洪水的实际条件和可能。

2. 防洪规划的作用

（1）江河流域综合规划的重要组成部分。防洪规划一般都和江河流域综合规划同时进行，使单项防洪规划成为拟定流域综合治理方案的依据，而拟定后的综合治理方案又对防洪规划进行必要调整。

（2）国土整治规划的重要组成部分。我国是一个洪水灾害比较严重的国家，防治洪水是国土整治规划中治理环境的一项重要的专项规划。它既以国土整治规划提出的任务要求为依据，又在一定程度上对国土整治规划进行安排，如拟定区域经济发展方向、城镇布局和一些重大设施安排，起到约束作用。

（3）国家和地区安排水利建设的重要依据。为使规划能更好地为不同建设时期的计划服务，通常需要在规划中确定近期和远景水平年。一般以编制规划后10~15年为近期水平，以编制规划后20~30年为远景水平，水平年的划分应尽可能与国家发展规划的分期一致。

（4）防洪工程可行性研究和初步设计工作的基础。在规划过程中，一般要对近期可能实施的主要工程兴建的可行性，包括工程在江河治理中的地位和作用、工程建设条件、大体规模、主要参数、基本运行方式和环境影响评价等进行初步论证，使以后阶段的工程可行性研究和初步设计有所遵循。

（5）进行水事活动的基本依据。江河河道及水域的管理、工程运行、防洪调度、非常时期特大洪水处理以及有关防洪水事纠纷等往往涉及不同地区、部门的权力和义务，只有通过规划，才能协调好各方面的关系。

（三）防洪标准

防洪标准是指通过采取各种措施后使防护对象达到的防洪能力，一般以防洪对象所能防御的一定重现期的洪水表示。

防洪标准的高低要考虑防护对象在国民经济中地位的重要性，如人口财富集中的特大城市。防洪标准的选定还取决于人们控制自然的可能性，包括工程技术的难易、所需投入的多少。防洪标准越高，投入越多，承担风险越小。

（四）防洪规划的内容

1. 确定规划研究范围，一般以整个流域为规划单元。一个流域的洪水组成有其内部联系和规律，只有把整个流域作为研究对象，才能全面治理洪水灾害。

2. 分析研究江河流域的洪水灾害成因、特性和规律，调查掌握主要河道及现有防洪工程的状况和防洪、泄洪能力。

3. 根据洪水灾害严重程度，不同地区的理条件、社会经济发展的重要性，确定不同的防护对象及相应的防洪标准。

4. 根据流域上中下游的具体条件，统筹研究可能采取的蓄、滞、泄等各种措施；结合水资源的综合开发，选定防洪整体规划方案，特别是拟定起控制作用的骨干工程的重大部署。对重要防护地区、河段还应制定防御超标准洪水的对策措施。

5. 综合评价规划方案实施后的可能影响，包括对经济、社会、环境等的有利与不利的影响。

6. 研究主要措施的实施程序，根据需要与可能，分轻重缓急，提出分期实施建议提出不同实施阶段的工程管理、防洪调度和非工程措施的方案。

（五）防洪规划的编制方法和步骤

防洪规划的编制工作一般都分阶段进行。一般的编制程序包括问题识别、方案制定、影响评价和方案论证四个步骤。

1. 问题识别

（1）确定规划范围和分析存在问题

在收集整理以往的水利调查、水利区划和有关防护林及其他水利规划成果的基础上，有针对性地进行广泛的调查研究，确定规划范围。收集整理有关自然地理、自然灾害、社会经济以及以往水利建设和防治洪水、水资源利用现状的资料，明确规划范围内存在的问题和各方面对规划的要求。

（2）做好预测

规划水平年，即实现规划特定目标的年份，水平年的划分一般要与国家发展规划的分期尽量一致具体的规划目标必须满足：一是具体的衡量标准即评价指标，以评价规划方案对规划目标的满足程度；二是结合规划地区的具体情况，以某些约束条件作为附加条件。如规划地区的特殊政策或有关社会习俗规定等。

2. 方案制定

在规划目标的基础上，主要进行的工作有：

（1）根据不同地区洪水灾害的严重程度、地理条件和社会经济发展的重要性，进行防护对象分区，并根据国家规定的各类防护对象的防洪标准幅度范围，结合规划的具体条件，通过技术论证，选定相应的防洪标准。

（2）拟定现状情况与延伸到不同水平年的可能情况，即无规划措施下的比较方案。

（3）研究各种可能采取的措施。

（4）拟定实现不同规划目标的措施组合。

（5）进行规划方案的初步筛选。

3. 影响评价

对初步筛选出的几个可比方案要进行影响评估分析，预期各方案实施后可能产生的经济、社会、环境等方面的影响，进行鉴别、描述和衡量。

社会和环境影响是规划中社会、环境目标的体现，这两类问题大多难以采用货币衡量，只能针对特定问题的性质以某些方面的得失作为衡量标准。

4. 方案论证

在各方案影响评价的基础上,对各个比较方案进行综合评价论证,提出规划意见,供决策参考。主要工作包括:

(1)评价规划方案对不同规划目标的实现程度。

(2)拟定评价准则,进行不同方案的综合评价。

(3)推荐规划方案和近期主要工程项目实施安排。近期工程选择原则上应能满足防护对象迫切的要求,较好地解决流域内生存的主要问题,同时工程所需资金、劳力与现实国民经济水平相适应。

二、山洪治理措施

防治山洪,减轻山洪灾害,主要是通过改变产流、汇流条件,采取调洪、滞洪和排洪相结合的措施来实现。

(一)山洪防治工程措施

1. 排洪道

控制山洪的一种有效方式是使沟槽断面有足够大的排洪能力,可以安全地排泄山洪洪峰流量,设计这样的沟槽的标准是山洪极大值。如加宽现有沟床、清理沟道内障碍物和淤积物、修建分洪道等措施都可增大沟槽宣泄能力。

2. 排洪道的护砌

排洪道在弯道、凹岸、跌水、急流槽和排洪道内水流流速超过土壤最大容许流速的沟段上,或经过房屋周围和公路侧边的沟段及需要避免渗漏的沟段时,需要考虑护砌。

3. 截洪沟

暴雨时,雨水挟带大量泥沙冲至山脚下,使山脚下或山坡上的建筑物受到危害。为此设置截洪沟以拦截山坡上的雨水径流,并引至安全地带的排洪道内。截洪沟可在山坡上地形平缓、地质条件好的地带设置,也可在坡脚修建。

4. 跌水

在地形比较陡的地方,当跌差在 1m 以上时,为避免冲刷和减少排洪渠道的挖方量,在排洪道下游常修建跌水。跌水的科技名词定义是连接两段高程不同的渠道的阶梯式跌落建筑物。

5. 谷坊

谷坊是在山谷沟道上游设置的梯级拦截低坝,高度一般为 1m ~ 5m,作用是:抬高沟底侵蚀基点,防止沟底下切和沟岸扩张,并使沟道坡度变缓;拦蓄泥沙,减少输入河川的固体径流量；减缓沟道水流速度，减轻下游山洪危害；坚固的永久性谷坊群有防治泥石流的作用；使沟道逐段淤平，形成可利用的坝阶地。

6. 防护堤

位于沟道两岸，可以增加两岸高度，提高沟道的泄流能力，保护沟道两岸不受山洪危害，同时也起到约束洪水、加大输沙能力和防止横向侵蚀、稳定沟床的作用。城镇、工矿企业、村庄等防护建筑物位于山区沟岸上，背山面水，常采用防护堤工程措施来防治山洪危害。

7. 丁坝

丁坝是一种不与岸连接、从水流冲击的沟岸向水流中心伸出的一种建筑物。

8. 其他防治工程措施

水库。修建水库，把洪水的一部分水暂时加以容蓄，使洪峰强度得以控制在某一程度内，是控制山洪行之有效方法之一。山区一般修建小型水库，开挖水塘以起到防治山洪的作用。

田间工程。田间工程措施是山洪防治、水土保持的重要措施之一，也是发展山区农业生产的根本措施之一。田间工程措施多样，主要有梯田、水簸箕、截水坑停垦等。修梯田是广泛采用的基本措施。

（二）山洪防治非工程措施

防御山洪灾害的非工程措施是在充分发挥工程防洪作用的前提下，通过法令、政策、行政管理、经济手段和其他非工程技术手段，达到减少山洪灾害损失的措施。

三、涝灾的防治

（一）农业除涝系统

农田排水系统是除涝的主要工程措施，其作用是根据各类农作物的耐淹能力，及时排除农田中过多的地面水和地下水，减少淹水时间和淹水深度，控制土壤含水量，为农作物的正常生长创造一个良好的环境。

按排水系统的功能可分为田间排水系统和主干排水系统。

1. 田间排水系统

田间排水系统的功能是排除平原洼地的积水以防止内涝，或截留并排除坡面多余径流以避免冲刷，也可用于降低农田的地下水位以减少渍害。

平地田间排水系统：地面坡度不超过 2%，其排水能力相对较弱，在暴雨发生时易受涝成灾。平地的田间排水系统可采用明沟排水系统和暗沟排水系统。

坡地排水系统：当地面坡度不超过2%可作为坡地处理。从坡面上下泄的流量有可能造成下游农田的洪涝灾害，为了防止坡地的径流对下游平地的洪涝灾害，应在坡地的下部区域修建引水渠道或截洪沟，把水引入主干排水系统。

2. 主干排水系统

主干排水系统的主要功能是收集来自田间排水系统的出流，迅速排至出口。

（二）城市内涝治理

对于城镇地区排水，除建立管渠排水系统外，还需采用一些辅助性工程措施，包括把公园、停车场、运动场等地设计得比其他地方低一点，暴雨时把水暂时存在这里，就不会影响正常的交通。比如北欧的挪威，市区修得不是很整齐，他们的做法是多在市区建设绿地，发挥绿地的渗水功能，进行雨水量平衡，实现防灾减灾的作用。一些国家还建设一些暂时储水的调节池，等下完雨再进行二次排水。

城市内涝治理需要建立多层监管体系：一是设计行业需依照规范做事，规范必须严谨且有前瞻性；二是加强市场监管，既要保障投资走向和可持续性，又要确定保险公司的责任；三是制定配套法律和有约束力的城市规划，落实财政投入，设定建设和改善的时间表，如此可以依法依规划行政问责，取得实效。

四、风暴潮及灾害性海浪防治措施

（一）加强沿海防护工程

1. 海堤及防汛墙建设

多年来，我国采取了修筑防潮海堤、海塘、挡潮闸，准备蓄滞潮区，建立沿海防护林，加强海上工程及船舶的防浪设计等措施。

2. 建立海岸防护网

在适宜海岸地区建立海岸带生态防护网，在海滩种植红树林、水杉、水草等消浪植物。实行退耕还海政策，建立海岸带缓冲区，减缓风暴潮和灾害性海浪向沿海陆地推进的速度。利用洼地、河网等调蓄库容纳潮水，降低沿海高潮位，保护城市及重点保护区安全，减少人为破坏，限制沿岸地下水开采，调控河流入海泥沙等。

（二）加强海洋防灾减灾科学研究，保持人与自然的和谐相处

海岸带和近岸海域是各种动力因素最复杂的地区，同时又是经济活动最为活

跃的地区，随着人类对海洋资源的不断开发和利用，海上工程建设如果考虑不当，将会在一定程度上引发海洋灾害。从目前看，人类对海洋资源的无节制索取和不正确利用，是造成海洋灾害日益增加的重要因素。因此，约束人类的行为，保护自然环境，科学合理地开发利用海洋，是当务之急。

（三）加强和完善海洋灾害的防御系统

1. 加强对海洋灾害的立体监测

由于海洋灾害多数带有突发性特点，不可能把预报的时效提得很高，而只能靠快速的电信手段取得某些地区灾害警报的时效。必须采用各种先进技术，对各类海洋灾害尤其是风暴潮和灾害性海浪的发生、发展、运移和消亡，以及影响它们的各种因素进行连续的观测和监视。

2. 建立和完善海上及海岸紧急救助组织

建立一支装备精良、训练有素的现代海上救助专业队伍，以实现快速、机动、灵活的紧急救助，同时发展行业部门的自救能力，最大限度地减少人员伤亡和财产损失。

（四）减轻海洋灾害的行政性及法律性措施

总体来讲，我国现行法律法规中的海洋减灾观念仍相对薄弱，还未能把减轻海洋灾害作为海洋、海岸带管理的重点。今后，需把减灾观念纳入海洋管理的基本点，并借鉴国际上的经验，制定专门的海洋减灾法律法规和制度等，以适应我国海洋减灾的工作。

五、泥石流防治措施

（一）泥石流的预报

根据泥石流形成条件和动态变化，预测、报告、发布泥石流灾害的地区、时间、强度，为防治泥石流灾害提供依据。泥石流预报通常是对一条泥石流沟进行的预报，有时是对一个地区或流域的预报。根据预报时间分为中长期预报、短期预报、临近预报（有时称为泥石流警报）。随着泥石流研究水平的不断提高，泥石流预报方法和手段越来越丰富和先进。常用的有：遥感技术，统计分析模型，仪器动态监测等。

（二）泥石流的治理

1. 如何减轻泥石流灾害

（1）利用泥石流普查成果，在城镇、公路、铁路及其他大型基础设施规划阶段，避开泥石流高发区。

（2）对已经选定的建设区和线性工程地段开展地质环境评价工作，在工程设计建设阶段，采取必要的措施，避免现有的泥石流灾害，预防新的泥石流灾害的产生。

（3）对现有的泥石流沟开展泥石流监测、预警和"群测、群防"工作，避免泥石流发生造成的人员伤亡。

（4）对危害性较大，有治理条件的泥石流沟进行治理，或为处于泥石流危害区内的重要建筑物建设防护工程。

（5）将处于泥石流规模大，又难以治理的泥石流危险区的人员和设施搬迁至安全的地方。

（6）保护生态环境，预防新的泥石流灾害的发生。

2. 如何治理泥石流沟

泥石流沟治理一般采取综合治理方案，常用的治理措施包括生物措施和工程措施。

（1）工程措施

泥石流治理的工程措施可简单概括为"稳、拦、排"。

稳：在主沟上游及支沟上建谷防群，防止沟道下切，稳定沟岸，减少固体物质来源。拦：在主沟中游建泥石流拦沙坝，拦截泥沙和漂木，削减泥石流规模和容重。堆积在拦沙坝上游的泥沙还可以反压坡脚，起到稳定作用。排：在沟道下游或堆积扇上建泥石流排导槽，将泥石流排泄到指定地点，防止保护对象遭受泥石流破坏。

在泥石流沟治理中，根据治理目标可采取一种措施或多种措施综合运用，工程措施见效快，但投资大并受一定的运行年限限制。

（2）生物措施

泥石流治理的生物措施主要指保护、恢复森林植被和科学利用土地资源，减少水土流失，恢复流域内生态环境，改善地表汇流条件，进而抑制泥石流活动。大多数泥石流沟生态环境极度恶化，单纯采用生物措施难以见效，必须采取生物措施与工程措施相结合，方能取得较好的治理效果。

对泥石流沟实行严格的封禁，禁止在流域内开荒种地、放牧、采石、采矿等一切有可能引起水土流失和山体失稳的各种人类活动。

因地制宜，植树种草，迅速恢复植被。如在流域上游营造水源涵养林，中游营造水土保持林，下游营造各种防护林。

调整农业生产结构，增加农民收入，解决农村能源问题。同时采取陡坡退耕还林，坡改梯不稳定的山体上水田改为旱地。

第四章 水资源保护与管理

第一节 水资源保护基础

一、污染物排放总量控制

（一）实施污染物排放总量控制的意义

我国在水环境监测和管理上，多年来一直采用浓度控制的管理模式。浓度控制就是控制废污水的排放浓度，要求排入水域的污染物的浓度达到污染物排放标准，即达标排放。污染物排放标准有行业排放标准和国家污水综合排放标准等。

应该说，浓度控制对污染源的管理和水污染的控制是有效的，但也存在一些问题。由于没有考虑受纳水体的承受能力，有时候即使污染源全部达标排放，但由于没法控制排放总量，受纳水体水质还是被严重污染；加上全国性的工业废水排放标准往往不能把所有地区和所有情况都包括进去，在执行中会遇到一些具体问题。如对于不同纳污能力的水体，同一行业执行同一标准，环境效益却不同，纳污能力大的水体能符合要求，而纳污能力小的水体可能已受到污染。这些问题的解决措施：一方面，可通过制定更加严格的地区水污染排放标准；另一方面，就是实行总量控制。

总量控制是根据受纳水体的纳污能力，将污染源的排放数量控制在水体所能承受的范围之内，以限制排污单位的污染物排放总量。20世纪90年代中期我国开始推行"一控双达标"的环保目标。"一控"指的是污染物总量控制，就是控制各省、自治区、直辖市所辖区主要污染物排放量在国家规定的排放总量指标内。总量控制并非对所有的污染物都控制，而是对二氧化硫、工业粉尘、化学需氧量、汞、镉等12种主要工业污染物进行控制。"双达标"指的是工业污染源要达到国家或地方规定的污染物排放标准；空气和地表水按功能区达到国家规定的环境质量标准。按功能区达标指的是城市中的工业区、生活区、文教区、商业区、风景旅游区、自然保护区等，分别达到不同的环境质量标准。我国从21世纪起实行污染物总量控制。

污染物排放可依据功能区水域纳污能力，反推允许排入水域的污染物总量，这种方法称为容量控制法。也可依据一个既定的水环境目标或污染物削减目标，限定排污单位污染物排放总量，称为目标总量控制法。由此可见，在研究水功能区纳污能力，建立功能区水质目标与排放源的输入响应关系的基础上，将功能区污染物入河量分配到相应陆域各排放源，是总量控制的重要环节，也是总量控制中的技术关键问题。只有了解和掌握水域污染物控制量和削减量，才能达到有效控制水污染的目的。因此，制定污染物控制量和削减量方案是实施污染物排放总量控制的前提，对于控制水环境污染，改善和提高水环境质量具有重大的意义。

（二）污染物控制量和削减量的确定

1. 污染物入河控制量

为了保证功能区水体的功能，水质要达到功能区水质目标，在一定的规划设计水平条件下，功能区水体的纳污能力是限定的，必须要对进入功能区水体的污染物入河总量进行控制。

根据水功能区的纳污能力和污染物入河量，综合考虑功能区水质状况、当地经济技术条件和经济社会发展，确定污染物进入水功能区的最大数量，称为污染物入河控制量。污染物入河控制量是进行功能区水质管理的依据。不同的功能区入河控制量按不同的方法分别确定，同一功能区不同水平年入河控制量可以不同。

不同的水功能区入河控制量可采用以下方法来确定，即当污染物入河量大于水环境容量时，以水环境容量作为污染物控制量；当污染物入河量小于水环境容量时，以现状条件下污染物入河量作为入河控制量。

2. 污染物入河削减量

水功能区的污染物入河量与其入河控制量相比较，如果污染物入河量超过污染物入河控制量，其差值即为该水功能区的污染物入河削减量。

功能区的污染物入河控制量和削减量是水行政主管部门进行水功能区管理的依据；是水行政主管部门发现污染物排放总量超标或水域水质不满足要求时，提出排污控制意见的依据；同时，也是制定水污染防治规划方案的基础。

3. 污染物排放控制量

为保证功能区水质符合水域功能要求，根据陆域污染源污染物排放量和入河量之间的输入响应关系函数，由功能区污染物入河控制量所推出的功能区相应陆域污染源的污染物排放最大数量，称为污染物排放控制量。污染物排放控制量在数值上等于该功能区入河控制量除以入河系数。

4. 污染物排放削减量

水功能区相应陆域的污染物排放量与排放控制量之差，即为该功能区陆域污染物排放削减量，陆域污染物排放削减量是制定污染源控制规划的基础。

水污染物排放削减量有两种分配方法：一是将规划区域的水污染物允许排放量作为总量控制目标，分配到各个水污染控制单元，然后再根据污染现状和污染变化预测，分别计算每个水污染控制单元的逐个污染源的削减量；二是由全规划区域统一计算出总的水污染物削减量，作为主要水污染物排放总量削减指标，直接分配到每个水污染源。

二、水环境容量的分配

环境容量是一种功能性资源，它具有商品的一般属性，排污权分配的实质是对环境容量资源这种特殊商品的一种配置，排污指标应该有价值和使用价值。排污指标被企业无偿占有，其弊端有二：一是失去了用经济手段调整污染项目的市场准入功能；二是企业占用的现有排污指标无法流通，市场配置环境资源的功能难以发挥。

水环境容量的分配就是以污染物排放总量控制为目标，根据排污地点、数量和方式，结合污染物排放总量削减的优先顺序，考虑技术、经济的可行性等因素的前提下，参照水环境中污染物最大允许排放量分配各控制区域的环境容量资源，确定各污染源的最大允许排放量或需要削减量。

根据污染负荷总量分配出发点的不同，可以将其分为优化分配和公平分配两种。前者以环境经济整体效益最优化为目标，后者则追求公平，要兼顾效率与公平。

（一）总量分配原则

污染物允许排放总量的分配关系到各污染源的切身利益，分配应以公平性原则为根本，同时追求经济效益，即以较低的社会成本达到区域内允许排放总量的最大环境效益。

尽管在社会资源、利益分配上关于公平的度量还有很多争议，但就污染物总量分配而言，以下原则可以指导具体污染源排放总量的分配。

1. 考虑功能区域差异

在污染物允许排放量的分配中应该考虑到不同功能区域中不同行业的自身特点。按照不同的功能区域进行划分，由于各行业间污染物产生数量、技术水平或污染物处理边际成本的差异，处理相同数量污染物所需费用相差很大或生产单位产品排放污染物数量相差甚远，因此在各个功能区域间分配污染物允许排放量时应兼顾这种功能划分的差别，适当进行调整，以较小的成本实现环境的达标。

2. 环境容量充分利用

各个排污系统或各单元分配的容量要使得区域的允许排放总量为最大，以实现环境容量得到充分利用。

3. 集中控制原则

对于位置邻近、污染物种类相同的污染源，首先要考虑实行集中控制，然后再将排放余量分配给其他污染源。

4. 规模差异原则

在已经划分的功能区内部，污染物允许排放量与企业规模成正比。在新开发区的具体实践中，推荐采用按照地块面积分配区域内部污染排放量的方法。

5. 清洁生产原则

应该按照行业先进的生产标准设计排污指标，促使企业采用清洁生产技术。削减废水排放量与降低生产、生活用水量有密切关系，合理开发利用水资源、节约用水、提高水的重复利用率是削减废水排放量的根本途径。

（二）常用的总量分配方法与特点

1. 等比例分配方法

等比例分配方法是在承认各污染源排放现状的基础上，将受总量控制的允许排放总量等比例地分配到各水功能区或污染控制单元所对应的污染源中，各污染源等比例分担排放责任。该方法思路简单，通过绝对量上的公平进行总量分配，但是忽略了排污企业的生产工艺、生产设备、能源结构、资源利用率、污染治理水平等多方面的差别。

2. 按贡献率削减排放量的分配方法

该方法是依据各个污染源对总量控制区域内环境质量的影响程度大小，按污染物贡献率大小来削减污染负荷。即以浓度排放标准和等标准污染负荷率值控制标准加权平均，求得各污染源的基础允许排放量和基础削减量。该方法在一定程度上体现了每个污染源平等共享环境容量资源，同时也平等承担超过其允许负荷量的责任。但是它不能反映不同行业污染治理费用的差异，因而在污染治理费用方面存在一定不公平性。

3. 费用最小分配方法

该方法是以治理费用最小作为目标函数，以环境目标值作为约束条件，建立优化数学模型，求得各污染源的允许排放负荷，使系统的污染治理投资费用总和最小。该方法只是从理论上追求社会整体效益最大，忽略了各排污者之间的公平性问题，忽略了监督和管理的成本因素和实践中污染治理效率、边际治理成本的高低，这将导致管理得力的污染源负担更多的削减量。允许排放量分配的不公平不利于企业在平等的市场交换条件下开展竞争，严重挫伤企业防治污染的积极性，激发企业的抵触情绪，从而导致规划方案难以落实。国内外的大量实践均表明，只依照最小费用方法分配允许排放量的做法在实践中遇到了极大的阻力。

除了以上三种应用最为广泛的分配方法外，还有排污指标有偿分配方法、行政协调分配方法、多目标加权评价方法等多种分配方法。这些分配方法对推动我国总量控制工作的深入开展起到了积极的作用，但是由于方法的局限性和地区的差异性，各种负荷分配方法都很难在较大范围内得以推广。无论采用什么分配方法都要与本地区的社会、经济和环境状况相适应。

三、水资源保护的内容

水是人类生产、生活不可替代的宝贵资源。合理开发、利用和保护有限的水资源，对保证工农业生产发展、城乡人民生活水平稳步提高，以及维护良好的生态环境均有重要的实际意义。

我国水资源总量位居世界第六位，人均、耕地水资源量远低于世界平均水平。加上地区分布不均，年际变化大、水质污染与水土流失加剧，使水资源供需矛盾日益突出，加强水资源管理，有效保护水资源已迫在眉睫。

为了防止因不恰当地开发利用水资源而造成水源污染或破坏水源，所采取的法律、行政、经济、技术等综合措施，以及对水资源进行积极保护与科学管理，称为水资源保护。

水资源保护内容包括地表水和地下水的水量与水质。一方面，是对水量合理取用及其补给源的保护，即对水资源开发利用的统筹规划、水源地的涵养和保护、科学合理地分配水资源、节约用水、提高用水效率等，特别是保证生态需水的供给到位；另一方面，是对水质的保护，主要是调查和治理污染源、进行水质监测、调查和评价、制定水质规划目标、对污染排放进行总量控制等，其中按照水环境容量的大小进行污染排放总量控制是水质保护方面的重点。

水资源保护的目标是在水量方面必须保证生态用水，不能因为经济社会用水量的增加而引起生态退化、环境恶化以及其他负面影响；在水质方面，要根据水体的水环境容量来规划污染物的排放量，不能因为污染物超标排放而导致饮用水源地受到污染或威胁到其他用水的正常供应。

水资源保护工作的步骤是在收集水资源现状、水污染现状、区域自然状况、经济状况等资料的基础上，根据经济社会发展需要，合理划分水功能区、拟定可行的水资源保护目标、计算各水域使用功能不受破坏条件下的纳污能力、提出近期和远期不同水功能区的污染物控制总量及排污削减量，为水资源保护监督管理提供依据。

四、水资源保护工程措施

（一）水利工程措施

水利工程在水资源保护中具有十分重要的作用。通过水利工程的引水、调水、蓄水、排水等各种措施，可以改善或破坏水资源状况。因此，要采用正确的水利工程来保护水资源。

1. 调蓄水工程措施

通过江河湖库水系上一系列的水利工程，改变天然水系的丰、枯水期水量不平衡状况，控制江河径流量，使河流在枯水期具有一定的水域来稀释净化污染物质，改善水体质量。特别是水库的建设，可以明显改变天然河道枯水期径流量，改善水环境状况。

2. 进水工程措施

从汇水区来的水一般要经过若干沟、渠、支河而流入湖泊、水库，在其进入湖库之前可设置一些工程措施控制水量水质：一是设置前置库。对库内水进行渗滤或兴建小型水库调节沉淀，确保水质达到标准后才能汇入到大中型江、河、湖、库之中；二是兴建渗滤沟。此种方法适用于径流量波动小、流量小的情况，这种沟也适用于农村、畜禽养殖场等分散污染源的污水处理，属于土地处理系统。在土壤结构符合土地处理要求且有适当坡度时可考虑采用；三是设置渗滤池。在渗滤池内铺设人工渗滤层。

3. 湖、库底泥疏浚

这是解决内源磷污染释放的重要措施。能将污染物直接从水体取出，但是又产生污泥处置和利用问题。可将疏浚挖出的污泥进行浓缩，上清液经除磷后打回湖、库中。污泥可直接施入农田，用作肥料，并改善土质。

（二）农林工程措施

1. 减少面源

在汇流区域内，应科学管理农田，控制施肥量，加强水土保持，减少化肥的流失。在有条件的地方建立缓冲带，改变耕种方式，以减少肥料的施用量与流失量。

2. 植树造林，涵养水源

植树造林，绿化江河湖库周围山丘大地，以涵养水源，净化空气，减少氮干湿沉降，建立美好生态环境。

3. 发展生态农业

建立养殖业、种植业、林果业相结合的生态工程，将畜禽养殖业排放的粪便有效利用于种植业和林果业，形成一个封闭系统，使生态系统中产生的营养物质在系统中循环利用，而不排入水体，减少对水环境的污染和破坏。积极发展生态农业，增加有机肥料，减少化肥施用量。

（三）市政工程措施

1. 完善下水道系统工程，建设污水、雨水截流工程

截断向江河湖库水体排放污染物是控制水质的根本措施之一。我国老城市的下水道系统多为合流制系统，这是一种既收集、输送污水，又收集、输送降雨后地表排水的下水道系统。在晴天，它仅收集、输送污水至城市污水处理厂处理后排放。在雨天，由于截流管的容量及输水能力的限制，仅有一部分雨水、污水的混合污水可送至污水处理厂处理，其余的混合污水则就近排入水体，往往造成水体的污染。为了有效地控制水体污染，应对合流下水道的溢流进行严格控制，其措施与办法主要为源控制、优化排水系统、改合流制为分流制、加强雨水及污水的贮存、积极利用雨水资源。

2. 建设城市污水处理厂并提高其功能

规划建设城市污水处理厂，选择合理流程是一个十分重要又复杂的过程。它必须基于城市的自然、地理、经济及人文的实际条件，同时兼顾城市水污染防治的需要及经济上的可能；它应该优先采用经济价廉的天然净化处理系统，也应在必要时采用先进高效的新技术新工艺；它应满足当前城市建设和人民生活的需要，也应预测并满足一定规划期后城市的需要。总之，这是一项系统工程，需要进行

深入细致的技术经济分析。

3.城市污水的天然净化系统

城市污水天然净化系统的特点，是利用生态工程学的原理及自然界微生物的作用，对废水和污水实现净化处理。在稳定塘、水生植物塘、水生动物塘、湿地、土地处理系统以及上述处理工艺的组合系统中，菌藻及其他微生动物、浮游动物、底栖动物、水生植物和农作物及水生动物等进行多层次、多功能的代谢过程，还有相伴随的物理的、化学的、物理化学的多种过程，可使污水中的有机污染物、氮、磷等营养成分及其他污染物进行多级转换、利用和去除，从而实现废水的无害化、资源化与再利用。因此，天然净化符合生态学的基本原则，而且具有投资省、运行维护费用低、净化效率高等优点。

（四）生物工程措施

利用水生生物及水生态环境食物链系统达到去除水体中氮、磷和其他污染物质的目的。其最大特点是投资省、效益好，且有利于建立合理的水生生态循环系统。

第二节 水环境保护新技术

一、水环境修复概述

（一）环境修复的概念与分类

1.环境修复的概念

修复本来是工程上的一个概念，是指借助外界作用力使某个受损的特定对象部分或全部恢复到初始状态的过程。严格说来，修复包括恢复、重建、改建等三个方面的活动。恢复是指使部分受损的对象向原初状态发生改变；重建是指使完全丧失功能的对象恢复至原初水平；改建则是指对部分受损的对象进行改善，增加人类所期望的"人造"特点，减小人类不希望的自然特点。

环境修复是指对被污染的环境采取物理、化学、生物和生态技术与工程措施，使存在于环境中的污染物质浓度减少、毒性降低或完全无害化，使得环境能够部分或完全恢复到原初状态。环境修复可以从三个方面来理解：

一是界定污染环境与健康环境。环境污染实质上是任何物质或者能量因子的过分集中，超过了环境的承受能力，从而对环境表现出有害的现象。故污染环境可定义为任何物质过度聚集而产生的质量下降、功能衰退的环境。与污染环境相对的就是健康环境，最健康的环境就是有原始背景值的环境。但当今地球上似乎再也难找到一块未受人类活动影响的"净土"。即使人类足迹罕至的南极、珠穆朗玛峰，也可检测到农药的存在。因此，健康环境只是相对的，特指存在于其中的各种物质或能力都低于有关环境质量标准。

二是界定环境修复和环境净化。环境有一定的自净能力。当有污染物进入环境时，并不一定会引起污染。只有这些物质或能量因子超过了环境的承载能力才会导致污染。环境中有各种各样的净化机制，如稀释、扩散、沉降、挥发等物理机制，氧化还原、中和、分解、离子交换等化学机制，有机生命体的代谢等生物机制。这些机制共同作用于环境，致使污染物的数量或性质向有利于环境安全或健康的方向发生改变。环境修复与环境净化之间既有共同的一面，也有不同的一面。它们两者的目的都是使进入环境中的污染因子的总量减少、强度降低或毒性下降。但环境净化强调的是环境中内源因子作用的过程，是自然的、被动的过程。而环境修复则强调人类有意识的外源活动对污染物质或能量的清除过程，是人为的、主动的过程。

三是界定环境修复与"三废"治理。传统"三废"治理强调的是点源治理，需要建造成套的处理设施，在最短的时间内以最高效的速度使污染物无害化、减量化、资源化和能源的回收利用。而环境修复是近几十年才发展起来的环境工程技术，它强调的是面源治理，即对人类活动的环境（面源）进行治理。环境修复和"三废"治理都是控制环境污染，只不过"三废"治理属于环境污染的产中控制，环境修复属于产后控制，而污染预防则属于产前控制。它们三者共同构成污染控制的全过程体系，是可持续发展在环境中治理的重要体现。

2. 环境修复的类型

环境修复可以从以下几方面来分类：

依照环境修复的对象分，可分为土壤环境修复、水体环境修复、大气环境修复和固体废弃物环境修复等。其中水体环境包括湖泊水库、河流和地下水。

依照污染物所处的治理位置分，可分为原位修复和异位修复。其中，原位修复指在污染的原地点采用一定的技术措施进行修复；异位修复指移动污染物到污染控制体系内或邻近地点采用工程措施进行修复。异位生物修复具有修复效果好但成本高昂的特点，适合于小范围内、高污染负荷的环境对象。而原位修复具有成本低廉但修复效果差的特点，适合于大面积、低污染负荷的环境对象。将原位生物修复和异位修复相结合，便产生了联合生物修复；它能扬长避短，是当今环境修复中应用较普遍的修复措施。

依照环境修复的方法与技术手段分，分为物理修复、化学修复、生物修复和生态修复。随着科学技术的发展、环境修复的理论研究不断深入，工程技术手段也不断更新，形成了目前物理、化学、生物、工程多种方法共存的局面，并有由物理化学方法向生物方法发展的趋势。

（二）水环境修复的目标、原则和内容

1. 水环境修复的目标和原则

水环境修复技术是利用物理的、化学的、生物的和生态的方法减少水环境中有毒有害物质的浓度或使其完全无害化，使污染了的水环境能部分或完全恢复到原始状态的过程。

在水污染严重、水资源短缺的今天，水作为环境因子，逐渐成为威胁和制约社会经济可持续发展的关键性因素。因此，水体修复的目标是在保证水环境结构健康的前提下，满足人类可持续发展对水体功能的要求，用水包括饮用水、生态环境用水、工业用水、农业用水等。

具体的目标包括：一是水质良好，达到相应用水质量标准的要求，是人类和生物所必需的；二是水生态系统的结构和功能的修复，也包括生态系统组分的所有生物因素；三是自然水文过程的改善、水域形态特征的改变等。

水环境修复所遵循的原则不同于传统的环境工程学。在传统环境工程领域，处理对象能够从环境中分离出来例如废水或者废弃物，需要建造成套的处理设施，在最短的时间内，以最快的速度和最低的成本，将污染物净化去除。而在水环境修复领域，所修复的水体对象是环境的一部分，不可能建造出能将整个修复对象包容进去的处理系统如果采用传统治理净化技术，即使对于局部小系统的修复，其运行费用也将是天文数字。在水环境修复的过程中，需要保护周围的环境。水环境修复的专业面更广，包括环境工程、土木工程、生态工程、化学、生物学、毒理学、地理信息和分析监测等，需要将环境因素融入技术中。

水环境修复的基本原则如下：

第一，遵循自然规律原则。要立足于保护生态系统的动态平衡和良性循环，坚持人与自然的和谐相处；要针对造成水生态系统退化和破坏的关键因子，提出顺应自然规律的保护与修复措施，充分发挥自然生态系统的自我修复能力。

第二，最小风险的最大效益原则。在对受损水生态系统进行系统分析、论证的基础上，提出经济可行的保护与修复措施，将风险降到最低程度。同时，还应

尽力做到在最小风险、最小投资的情况下获得最大效益，包括经济效益、社会效益和环境效益。

第三，保护水生态系统的完整性和多样性原则。不仅要保护水生态系统的水量和水质，还要重视对水土资源的合理开发利用、工程与生态措施的综合运用。

第四，因地制宜的原则。水生态系统具有独特性和多样性，保护措施应具有针对性，不能完全照搬其他地方成功的经验。

2. 水环境修复的基本内容

水环境修复的基本内容包括现场调查和设计。

水环境现场调查包括：对修复现场进行科学调查，确定水环境污染现状，包括污染区域位置、大小、污染区域特征、形成历史、污染变化趋势和程度等。除了上述之外，还需调查外部污染源范围和类型、内在污染源变化规律、积泥土壤环境形态和性质、水动力学特征等。

水环境修复设计原则如下：一是制定合理的修复目标以及遵循有关法律法规；二是明确设计概念思路，比较各种方案；三是现场调研；四是考虑操作、维修、公众的反应、健康和安全问题；五是估算投资、成本和时间等限制，结构施工容易程度，以及编制取样检测操作维修手册等。

水环境修复主要设计程序如下：一是项目设计计划。综述已有的数据和结论；确定设计目标；确定设计参数指标；完成初步设计；收集现场信息；现场勘查；列出初步工艺和设备名单；完成平面布置草图；估算项目造价和运行成本；二是项目详细设计。重新审查初步设计；完善设计概念和思路；确定项目工艺控制过程；详细设计计算、绘图和编写技术说明相关设计文件；完成详细设计评审；三是施工建造接收和评审投标者并筛选最后中标者；提供施工管理服务；进行现场检查；四是系统操作，编制项目操作和维修手册；设备启动和试运转；五是验收和编制长期监测计划。

目前，水环境污染控制与修复的方法主要有四类：化学修复、物理修复、生物修复和生态修复。

（三）化学修复

化学修复是根据水体中主要污染物的化学特征，采用化学方法进行修复，改变污染物的形态（如化学价态、存在形态等），降低污染物的危害程度。化学修复见效快，成本高，有效期短，需反复投加，易产生二次污染，且不能从根本上解决问题。通常适用于突发性水污染或小范围严重水污染的修复。

1. 投絮凝剂

借助絮凝剂如铁盐、铝盐等的吸附或絮凝作用与水体中无机磷酸盐共沉淀的特性，降低水体富营养化的限制因子磷的浓度，控制水体的富营养化。

2. 投除藻剂

常用的除藻剂主要有硫酸铜、高锰酸盐、硫酸铝、高铁酸盐复合药剂、液氯、ClO_2、O_3 和 O_2 等。其中由于蓝藻对硫酸铜特别敏感，因此含铜类药剂是研究和应用较早和较多的杀藻药品。但是由于化学杀藻剂仅能在短时间内对水体中藻类有控制作用，需要反复投加除藻剂，成本增加，且只治标不治本。同时，死亡的藻体仍保留存在水体中，不断释放藻毒素，分解消耗大量氧气。此外，杀藻剂本身往往对鱼类及其他水生生物产生毒副作用，造成二次污染。因此，投加杀藻剂需要科学评估其风险，除非应急和健康安全许可，一般不宜采用。

3. 投除草剂

除草剂是控制水草疯长的有效途径。目前大部分除草剂在推荐的使用浓度下都有良好的除草效果，而对其他鱼类、无脊椎动物和鸟类毒性低微，在食物网中也无残留作用。有时只在水草堵塞的水体使用除草剂。但除草剂也有潜在的水质问题，如杀死的水草腐败耗氧，释放营养物质等。如果选择颗粒状除草剂，在水草长出之前就撒入水中，可避免发生这种现象。

（四）物理修复

水体功能受损的主要特征是水体富营养化，即水环境中氮、磷等营养物质浓度高，可能导致水体藻类疯长、溶解氧下降、浊度增加、透明度下降、水质劣化、变黑变臭等，进而导致水生态系统崩溃。目前，国内外在水环境修复中所采用的主要物理措施有稀释/冲刷、曝气、机械/人工除藻、底泥疏浚等。物理修复方法效果明显，见效也快，不会给水体带来二次污染。但是没有改变污染物的形态，未能从根本上解决水环境污染问题。因此，物理修复通常和其他修复方法联合应用，相互弥补缺点，以达到最好的处理效果。

1. 稀释/冲刷

稀释和冲刷是采用向污染的河道或湖泊水体注入未受污染的清洁水体，以达到降低水体中营养盐浓度、将藻类冲出水体的目的，是经常搭配使用的常用技术之一。稀释包括污染物浓度的降低和生物量的冲出，而冲刷仅仅指生物量的冲出。对于稀释来说，稀释水的浓度必须低于原水，且浓度越低，效果越好。对于冲刷来说，冲刷速率必须足够大，使得藻类的流失速率大于其生长繁殖速率。这种技术可以有效降低污染物的浓度和负荷，减少水体中藻类的浓度，加快污染水体流动，缩短换水周期，提升水体自净功能，提高水环境承载力。此外，水体稀释与冲刷还能够影响到污染物质向底泥沉积的速率。在高速稀释或冲刷过程中，污染物质向底泥沉积的比例会减小。但是，如果稀释速率选择不当，水中污染物浓度可能不降反升。

2. 曝气

污染水体在接纳大量需氧有机污染物后，有机物降解将造成水体溶解氧浓度急剧降低。同时，由于藻类的疯长，消耗大量的氧气导致水体表层以下呈厌氧状态。溶解氧浓度低至厌氧状态导致溶解盐释放，硫化氢、硫醇等恶臭气体产生，使水体变黑变臭。通过曝气设备将空气中的氧强制向水体中转移，曝气法增加本区域和下游水体中的溶解氧含量，避免水生物的缺氧死亡，改善水生生物的生存环境，提高水环境的自净能力，有效限制底层水体中磷的活化和向上扩散，从而限制浮游藻类的生产力。目前，经常采用橡胶坝、太阳能曝气泵等实现富氧的目的。

3. 机械/人工除藻

利用机械/人工方法收获水体中的藻类，可有效减轻局部水华灾害，增加营养物的输出量，减轻藻体死亡分解引起的藻毒素污染及耗氧，起到标本兼治的作用。

人工打捞藻类是控制蓝藻总量最直接的方式。目前，在太湖、巢湖、滇池仍采用人工打捞的方式除藻，由于人工打捞收集手段落后、时间有限，导致效率低、费用高。机械除藻一般应用在蓝藻富集区（借助风向、风力等将蓝藻围栏集中在某一区域），采用固定式除藻设施和除藻船对区域内湖水进行循环处理，有效清除浮藻层，为化学或生物除藻等措施的实施创造条件。

除此之外，可采用投加絮凝剂和机械除藻相结合的方式，如投加蓝藻专用复合絮凝剂，利用絮凝反应器使藻浆与絮凝剂充分混合并形成絮体；在重力浓缩段，利用蓝藻絮体自身重力脱去游离水；在压滤段，利用竖毛纤维的附着性及机械力的挤压使蓝藻絮体中的水分充分脱去，最终形成块状藻饼。

4. 底泥疏浚

底泥是水体中氮磷类营养物质重要的源和汇。当水体中氮磷类营养物质浓度降低、水温升高或 pH 值变化时，底泥中的氮磷类营养盐大量释放到水体中，造成水体的二次污染。底泥中磷的释放对水体中磷浓度的补充是不可忽略的来源。底泥疏浚能够去除底泥中所含的污染物，清除水体内源污染，从而改善水质、提高水体环境容量、促进水生生态环境的恢复,有利于水资源的开发、美化和创造旅游环境,产生较大的环境效益、社会效益和经济效益。

环境疏浚与工程疏浚不同。前者旨在清除水体中的污染底泥,并为水生生态系统的恢复创造条件,同时还需要与湖泊综合整治方案相协调。而后者则主要为某种工程的需要(如流通航道、增容等)而进行的。

底泥疏浚分为干式疏浚和带水疏浚。前者在小型河流中应用为主,在实际中应用有限,后者因疏浚精度高、减少对水体干扰、减少二次污染等优点而得到广泛采用。目前,最先进的环保式底泥疏浚设备是绞吸式挖泥船,其管道在泥泵的作用下吸起表层沉积物并远距离输送到陆地上的堆场。但底泥疏浚值得注意的有以下两点:其一为底泥深层疏浚、疏浚量在60%~80%为宜,将挖泥行动对底泥表层的干扰(这是由于底泥表层是底栖生物的聚集区)降至最低;其二是疏浚过程中保证水体清澈透明,要定期进行监测。目前,滇池、杭州西湖、太湖、巢湖、长春南湖等湖泊的清淤挖泥曾收到暂时的效果,但未能从根本上解决富营养化问题。这说明底泥疏浚往往效果不理想,如能配合其他治理措施(如生物治理),方能达到事半功倍的效果。

(五)生物修复

生物修复是利用培育的植物或培养、接种的微生物的生命活动,对水中污染物进行转移、转化及降解,从而使水体得到净化的技术。生物修复强调人类有意识地利用动物、植物和微生物的生命代谢活动使水环境得到净化。而与生物修复概念相近的生物净化强调的是自然环境系统利用本身固有的生物体进行的环境无害化过程,是一种自发的过程。与现代物理、化学修复方法相比,生物修复具有污染物可在原地降解、就地处理操作简便、经济适用、对环境影响小、不产生二次污染等优点。

针对水污染环境的生物修复常用的方法包括微生物修复、植物修复和动物修复等。在采用生物修复过程中,需要注意以下几点:一是优先选择土著生物,避免外来种入侵的风险;二是选择经济、美观、生物量大、快速生长、耐性强的生物;三是需要管理,包括收获及处理等。

1. 微生物修复

利用多种土著微生物或工程菌群混合后制成微生物水剂、粉剂、固体剂。向水体中投加微生物制剂,微生物与水中的藻类竞争营养物质,从而使藻类缺乏营养而死亡。微生物修复工程中以应用土著微生物为主，因为其具有巨大的生物降解潜力，不涉及外来种入侵问题，但接种的微生物在污染水体中难以持续保持高活性工程菌针对污染物处理效果好，但受到诸多政策限制，出于安全的考虑，应用要慎重。目前，克服工程菌安全问题的方法是让工程菌携带一段"自杀基因"，使其在非指定环境中不易生存。生物制剂的选择要考察气候条件、具体的水文水质条件等因素的影响，且需定期投放。

2. 植物修复

植物修复就是利用植物的生长特性治理底泥、土壤和水体等介质污染的技术。植物修复技术包括植物萃取、植物稳定、根际修复、植物转化、根际过滤、植物挥发技术等。植物提取是依靠植物的吸收、富集作用将污染物从污染介质中去除；植物稳定是依靠植物对污染物的吸附作用把污染物固定下来，减少污染物对环境的影响；根际修复是依靠植物的根际效应对污染物进行降解；植物转化是依靠植物把污染物吸收到体内，通过微生物或酶的作用使污染物降解；根际过滤是依靠根际固定和吸附污染物；植物挥发是依靠植物将污染物中可以气化的某些污染物（例如汞、氮等），挥发到大气中去。在利用植物修复过程中，要针对不同的污染物筛选不同的植物种类，使其对特定的污染物有较高的吸收能力，且耐受性较强。

水体植物修复技术具有很多优点：一是具有美学价值，合理的设计能让人在视觉上得到美的享受；增加水中的氧气含量，或抑制有害藻类的生长繁殖，遏制底泥营养盐向水中的再释放；二是植物根际为微生物提供了良好的栖息场所，联合处理效果更佳；三是植物回收后可以再利用；四是投资和维护成本低，操作简单，不造成二次污染，且具有保护表土、减少侵蚀和水土流失等作用。总之，高等植物能有效地用于富营养化湖水、河道生活污水等方面的净化，是一项既行之有效又保护生态环境的环保技术。

水环境修复可供选择的植物包括水生植物、湿生植物和边坡植物等。

水生植物主要有水葱、泽泻、香蒲、美人蕉、菱白、鸢尾、乌菱、矮慈姑、鸭舌草、水竹、千屈菜、小芦荻、芦苇、菖蒲、水花生、流苏菜、眼子菜、聚藻、水蕴草、金鱼藻、伊乐藻、睡莲、田字草、满江红、布袋莲等。要做好水生材料的造景设计，应根据水生植物的生物特征和景观的需要进行选择，荷花、睡莲、玉蝉花等浮水植物的根茎都生在河水的泥土中，要参考水体的水面大小比例、种植床的深浅等进行设计。为了保证水面植物景观疏密相间的效果，不影响水体岸边其他景观倒影的观赏，不宜把水生植物作满岸的种植，特别是挺水植物如芦苇、水竹、水菖蒲等以多丝小片种植的较好。

湿地植物是指湿生树种或耐湿耐淹能力强的树种，如水松、池杉、落羽杉、垂柳、旱柳、柽柳、枫杨、构树、水杉等很多树种都可广泛推广应用。在兼具盐碱特性的湿地，需选择应用既有一定耐湿特性又有一定耐盐碱能力的植物种类，这类树种主要有柽柳、紫穗槐、白蜡、女贞、夹竹桃、杜梨、旱柳、垂柳、桑、构树、枸杞、楝树、臭椿等。在通过合理整地而排水良好处，也可应用耐湿能力稍弱而具有耐盐碱特性的树种，如刺槐、白榆、皂荚、栾树、泡桐、黄杨、合欢、黑松等。在合理选择上层木本绿化植物种类的基础上，可选择适生实用的下层草本植物，如百喜草、狗芽根、奥古斯丁草、地毯草、类地毯草、假俭草、野牛草、结缕草等，以构成复层群落。

边坡植物多选用河道常水位以下耐水性好、扎根能力强的植物，如池杉、垂柳、枫杨、青檀、赤杨、水杨梅、黄馨、雪柳、簸柳、水马桑、醉鱼草、陆英、多花木蓝等，种植形式以自然为主，植物间的配置突出季相。地被也应选用耐水湿且固土能力强的品种，如大米草、香蒲、结缕草、南苜蓿、金兰、石蒜等。常水位以上岸坡，应尽量采用乔灌草结合的方式。

3. 动物修复

根据生物操纵理论，通过对水生生物群（包括藻类、周丛动物、底栖动物和鱼类）及其栖息地的一系列调节，以增强其中的某些相互作用，促使浮游植物生物量下降。周丛动物、底栖动物在水域中摄食细菌和藻类，有效地控制水中生物的数量，达到稳定水系的作用。鱼类修复技术主要采用混养技术，控制上、中和底层鱼的比例，鱼的残饵、粪便培肥水质，起到"肥水"的效果，而肥水鱼通过滤食浮游生物、细小有机物，起到所谓"压水"的作用，稳定水体的生态平衡。

经典生物操纵理论认为，放养食鱼性鱼类以消除食浮游生物的鱼类，或捕除（或毒杀）湖中食浮游生物的鱼类，借此壮大浮游动物种群，然后依靠浮游动物来遏制藻类。这是生物操纵的主要途径之一。许多实验表明这种方法对改善水质有明显效果。而非经典生物操纵理论则将生物控制链缩短，控制凶猛鱼类，放养食浮游生物的滤食性鱼类直接以藻类为食。

有人专门研究了"以藻抑藻"的控藻方法，以黑藻为材料，通过共培养和养殖水培养两种方式研究了黑藻对铜绿微囊藻生长的影响。研究发现，黑藻通过向水体中释放某些化学物质，使铜绿微囊藻的细胞壁、膜破坏、类囊体片层损伤直至细胞解体，生长量显著降低，繁殖受到抑制等。还有人研究了金藻控制蓝藻水华的试验，金藻能引起培养的单细胞微囊藻在短时间内大量消失；蓝藻"水华"发生期间的高温、偏碱性 pH 值等环境条件不影响金藻吞噬微囊藻的速率；金藻在水华的发生过程中能够生长，并且对控制微囊藻水华有一定的作用。

二、农村饮水安全

（一）农村饮水安全现状

农村饮水安全，是指农村居民能够及时、方便地获得足量、洁净、负担得起的生活饮用水。农村饮水安全工程是一项重大的民生工程。饮水安全事关亿万农民的切身利益，是农村群众最关心、最直接、最现实的利益问题，是加快社会主义新农村建设和推进基本公共服务均等化的重要内容。党中央、国务院高度重视此项工作，20 世纪 50 年代以来，投入了大量财力、物力和人力帮助解决农村群众饮水问题。特别是近年来，各级政府不断加大投入和工作力度，加快农村饮水安全问题解决步伐，取得了显著成效。但是，我国是一个人口众多的国家，受自然、地理、经济和社会等条件的制约，农村饮水困难和饮水不安全问题仍然突出。特别是占国土面积72%的山丘区，地形复杂，农民居住分散，很多地区缺乏水源或取水困难，不少地区受水文地质条件、污染以及开矿等人类活动的影响，地下水中氟、砷、铁、锰等含量以及氨、氮、硝酸盐、重金属等指标超标，必须经过净化处理或寻找优质水源才能满足饮水卫生安全要求。

（二）农村饮水安全保障措施

1. 水源工程的选择与保护

第一，水源选择。依据国家和地方关于水资源开发利用的规定，通过勘查与论证，对水源水质、水量、工程投资、运行成本、施工、管理和卫生防护条件等方面进行技术经济方案比较，选择供水系统技术经济合理、运行管理方便、供水安全可靠的优质水源，优先选择能自流引水的水源；需要提水时，选择扬程和运行成本较低的水源；充分利用当地现有的蓄水、引水等水利工程，有条件且必要时，也可结合防汛、抗旱需要规划建设中小型水库作为农村供水水源。缺水地区的水源论证，要把水源保证率放到重要位置考虑。

第二，水源保护。按照水资源保护相关法规的要求，采取有效措施，加强水源保护。水源保护区划分、警示标志建设、环境综合整治等工作，应与供水工程设计及建设同步开展。主要措施包括：一是划定水源保护区或保护范围。规模以上集中供水工程，根据不同水源类型，按照国家有关规定，综合当地的地理位置、水文、气象、地质、水动力特征、水污染类型、污染源分布、水源地规模以及水量需求等因素，合理划定水源保护区，并利用永久性的明显标志标示保护区界线，设置保护标志；规模以下集中供水工程和分散供水工程，也要根据当地实际情况，明确水源保护范围；二是加强水源防护。以地表水为水源时，要有防洪、防冰凌等措施。以地下水为水源时，封闭不良含水层。水井设有井台、井栏和井盖，并进行封闭，防止污染物进入，大口井井口还需要保证地面排水畅通。以泉水为水源时，设立隔离防护设施和简易导流沟，避免污染物直接进入泉水。引泉池应设顶盖封闭，池壁应密封不透水。

第三，水污染防治。采取措施，加大各项治污措施落实力度，切实加强"三河三湖"等重点流域和区域水污染防治，严格控制在水源保护区上游发展化工、矿山开采、金属冶炼、造纸、印染等高污染风险产业；加强地下水饮用水源污染防治，严格控制地下水超采；加强水源保护区环境监督执法，强化企业排污监管，清理排污口、集约化养殖、垃圾、厕所等点源污染；通过发展有机农业，合理施用农药、化肥，种植水源保护林，建设生态缓冲带等措施涵养水源、减少水土流失和控制面源污染；加快农村环境综合整治，将农村饮用水源保护作为其工作重点。

2. 供水工程建设

根据水源条件、用水需求、地形、居民点分布等条件，通过技术经济比较，因地制宜、合理确定工程类型。提倡建设净水工艺简单、工程投资和运行成本低、施工和运行管理难度小的供水工程。山丘区可充分利用地形条件和落差，兴建自流供水工程；平原区可采用节能的变频供水技术和设备，兴建无塔供水工程。对于氟、苦咸水和铁锰等水质超标地区，确无优质水源时，可因地制宜采用适宜的水处理技术，实行分质供水。处理后的优质水用于居民饮用及饲养牲畜；利用原有供水设施（如简易手压井、自来水、水窖）提供洗涤等生活杂用水。在水源匮乏、用户少、居住分散、地形复杂、电力不能保障等情况下，才考虑建造分散式供水工程，并应加强卫生防护和生活饮用水消毒。

特别地区，依据各项用水量现状调查，参照相似条件、运行正常的供水工程情况，综合考虑水源状况、气候条件、用水习惯、居住分布、经济水平、发展潜力、人口流动等情况，合理确定供水规模，在满足所需水量前提下，保证工程建设投资合理性和工程运营经济性,避免规模过大导致"大马拉小车"的现象。

根据原水水质、工程规模、当地实际条件等因素,参照相似条件已建工程,通过工程技术经济比较,因地制宜地采用适宜技术。规模以上农村饮水安全工程宜采用净水构筑物,供水规模小于1000m³/d 或受益人口小于 1 万人的农村饮水安全工程可采用一体化净水装置。农村饮水安全工程选用的输配水管材、防护材料、滤料、化学处理剂,以及净水装置中与水接触部分应符合卫生安全要求。

加强和重视农村饮用水的消毒问题。消毒措施应根据供水规模、供水方式、供水水质和消毒剂供应等情况确定。规模较大的水厂,采用液氯、次氯酸钠或二氧化氯等对净化后的水进行消毒;规模较小的水厂,采用次氯酸钠、二氧化氯、臭氧或紫外线等对净化后的水进行消毒;分质供水站可采用臭氧或紫外线等对净化后的水进行消毒;分散供水工程可采用漂白粉、含氯消毒片或煮沸等家庭消毒措施对饮用水进行消毒。

3. 水质检测能力建设

为加强农村饮水安全工程的水质检测,保证供水安全,提高预防控制和应急处置农村饮用水卫生突发事件的能力。针对农村饮水安全工程规模小、分散广、检测能力弱的特点,充分利用现有县级水质检测机构,统筹优化水质检测资源配置,在无法满足检测需求的地方,合理布局建设农村饮水安全水质检测室(中心),全面提高县级水质检测能力。加快建立完善水厂自检、县域巡检、卫生行政监督等相结合的水质管理体系。

三、城市微污染水处理

针对微污染水源水处理问题,国内外进行了大量的研究和实践。按照处理工艺的流程,可以分为预处理、常规处理、深度处理。常规处理工艺(混凝、沉淀、过滤、消毒)不能有效去除微污染原水中的有机物、氨氮等污染物;液氯很容易与原水中的腐殖质结合产生消毒副产物(DBPs)三卤甲烷(THMs),直接威胁饮用者的身体健康。由于传统净水工艺已不能有效处理被污染的水源,而且限于目前的经济实力,我们无法在较短的时间内控制水源污染、改变水源水质低劣的现状,退而求其次,人们不得不采取新的方法来保证饮用水的安全和人们的健康。因此,从 20 世纪 70 年代开始,水处理研究人员开发出许多水的净化新技术,包括预处理技术、强化传统工艺和深度处理技术,这些技术中有的已经在实际中得到应用,取得了较好的效果。

（一）预处理技术

预处理通常是指在常规水处理工艺前面采用适当物理、化学和生物的处理方法，对水中的污染物进行初级去除，以使后续的常规处理工艺能更好地发挥作用。预处理在减轻常规处理和深度处理的负担、发挥水处理工艺整体作用的同时，又提高了对水中污染物的去除效果，改善饮用水质和提高饮用水的卫生安全。

目前的预处理技术主要有水库贮存法、吸附预处理技术、生物预处理技术、化学氧化预处理技术等。

1. 水库贮存法

水库存储可使水中部分悬浮物沉淀而降低水源水浊度，一些有机物也可通过生物降解等综合作用而被去除。目前此法逐渐被广泛使用，但水库存储适合于大水量处理，且需连续运行，基建费用巨大，而且在实际使用中还存在藻类大量滋生等问题。

2. 吸附预处理技术

吸附预处理技术主要有粉末活性炭吸附和黏土吸附等。国外利用粉末活性炭去除水源水中色、臭、味等物质，已取得了成功的经验和较好的去除效果。粉末活性炭投加量应根据水质特点实验确定，国内目前在工程应用方面的实例较少，且只能做一次性使用，目前还没有很好的回收再生利用方法，作为一种预处理方式其运行费用相对较高，只能作为一种解决水质突然恶化的应急措施。后者的投加量足够大时，对水源水中的有机物常表现出较好的去除效果，但是大量黏土投加到混凝池后，会增加沉淀池的排泥量，给生产运行带来一定困难。

3. 生物预处理技术

水源水生物处理技术的本质是水体天然净化的人工化，通过微生物的降解，去除水源水中包括腐殖酸在内的可生物降解的有机物及可能在加氯后致突变物质的前驱物和 NH_3-N，NO_2- 等污染物，再通过改进的传统工艺的处理，使水源水质大幅度提高。常用方法有生物滤池、生物转盘、生物流化床，生物接触氧化池和生物活性炭滤池。这些处理技术可有效去除有机碳及消毒副产物的前体物，并可大幅度地降低 NH_3-N，对铁、锰、酚、浊度、色、嗅、味均有较好的去除效果，费用较低，可完全代替预氯化。此外，集生态性、景观性于一体的水体生物—生态修复技术之一的人工湿地技术也是处理微污染水的有效手段之一。

4. 化学氧化预处理技术

化学氧化预处理技术是指凭借氧化剂自身的氧化能力，对水中污染物的结构进行破坏分解，从而达到转化、去除污染物的预期目的。它主要包括预氯化、高锰酸钾预氧化、臭氧预氧化、预氧化等处理技术。将化学氧化预处理这一短语分解开来，化学氧化毋庸置疑是属于一种化学反应，而预处理是指在常规工艺之前，运用与之相符合的物理、生物、化学的处理办法来去除水中存在的污染物。与此同时，这还会促使常规处理技术更好地发挥自身的作用，从而为常规处理以及深度处理减轻负担，使水处理技术的整体性作用更完美地凸显出来，更好地改善饮用水的水质情况。常用的化学氧化剂有氯气、臭氧、高锰酸钾、过氧化氢、二氧化氯、光催化氧化。

目前饮用水预处理技术正逐渐推广使用臭氧化的方法。臭氧氧化法不会像预氯化那样产生有害卤代化合物，由于臭氧具有很强的氧化能力，它可以通过破坏有机污染物的分子结构以达到改变污染物性质的目的。

（二）强化常规处理技术

强化处理是针对当前不断提高的水质标准，在现有的工艺基础上经过改进、优化和新增以去除浊度、病毒微生物、有机污染物以及有机污染物引起的色度、嗅味、藻类、藻毒素、致突变物质等为主要目标的，使之达到不断提高的水质标准的水处理工艺，其中最重要的工艺环节是强化混凝、强化过滤和强化沉淀技术。

1. 强化混凝技术

对于某一确定的原水，必定有一最佳混凝剂及最佳混凝工艺。强化混凝技术主要是通过改善混凝剂性能和优化混凝工艺条件，提高混凝沉淀工艺对有机污染物的去除效果。

强化混凝主要方式有：一是提高混凝剂投加量使水中胶体脱稳，凝聚沉降；二是增加絮凝剂或助凝剂用量，增强吸附和架桥作用，使有机物絮凝下沉；三是投加新型高效的混凝/絮凝药剂；四是改善混凝/絮凝条件，如优化水力学条件，调整工艺和pH值等。其中，增投助凝剂和采用新型高效处理药剂是强化混凝技术的主要措施和发展方向。以高锰酸钾作助凝剂、铁盐作混凝剂可以强化对微污染水源水的处理效果。采用新型高锰酸盐复合药剂可以强化混凝效果，同时发挥高锰酸盐的氧化作用，有效提高水源水中的有机污染物的去除效率。

2. 强化过滤技术

强化过滤技术，可针对普通滤池进行生物强化，滤料由生物滤料和石英砂滤料组合而成。强化过滤技术则是在不预加氯的条件下，在滤料表面培养繁育微生物，利用微生物的生长繁殖活动去除水中的有机物。采用新型、改性滤料等可以提高过滤工艺对浊度、有机物等的去除效果。据研究表明，通过对传统工艺中的普通滤池进行生物强化，可以使原水中的氨氮去除率由原来的30%～40%，提高到93%；亚硝酸盐氮的去除率由零提高到95%；有机物（CODMn）的去除率由20%提高到40%左右，出水浊度保证在1NTU以下，消毒后能满足卫生学指标的要求。国外也有研究表明，以生物快滤池作为末级处理，能得到低浊且具有生物稳定性的出水。该工艺无须新增处理构筑物，既可以起到生物作用，又可以起到过滤作用，在经济和技术上是可行的，但对于其前处理的要求、运行管理的方法以及微生物的控制等各方面的特性，还需进一步研究。

3. 强化沉淀技术

沉淀分离是常规给水处理工艺的重要组成部分，沉淀分离的效果对后续处理工艺和最终出水水质有较大影响。微污染水源水由于有机污染的增加，水中除了含有悬浮物和胶体物质外，还含有大量的可溶性有机物、各种金属离子、盐类、氨氮等有机和无机成分，对常规沉淀去除效果带来了一定的影响，加强沉淀作用能提高有机物的去除效率。

主要可以通过以下几种方式加强沉淀处理：一是投加高效新型高分子絮凝剂，提高絮凝体的沉降特性；二是优化改善沉淀池的水力学条件，提高沉淀效率；三是提高絮凝颗粒的有效浓度，提高对原水中有机物进行的连续性网捕、扫裹、吸附、共沉等作用，从而提高其沉淀分离效果。

第三节 水资源管理

一、水资源管理的基本内容及工作流程

水资源管理是在水资源开发利用和保护的实践当中产生，并在实践中发展起来的。随着各种用水问题的出现，水资源管理也在不断发展深化，它是解决水危机的希望所在。

（一）水资源管理的基本内容

水资源管理，是指对水资源开发、利用和保护的组织、协调、监督和调度等方面的实施，包括运用行政、法律、经济、技术和教育等手段，组织开发利用水资源和防治水害；协调水资源的开发利用与经济社会发展之间的关系，处理各地区、各部门间的用水矛盾；监督并限制各种不合理开发利用水资源和危害水源的行为；制定水资源的合理分配方案，处理好防洪和兴利的调度原则，提出并执行对供水系统及水源工程的优化调度方案；对来水量变化及水质情况进行监测与相

应措施的管理等。

水资源管理是水行政主管部门的重要工作内容，它涉及水资源的有效利用、合理分配、保护治理、优化调度以及所有水利工程的布局协调、运行实施及统筹安排等一系列工作。其目的是通过水资源管理的实施，以做到科学、合理地开发利用水资源，支持经济社会发展，保护生态系统，并达到水资源开发、经济社会发展及生态系统保护相互协调的目标。

水资源管理是一项复杂的水事行为，其内容涉及范围很广。归纳起来，水资源管理工作主要包括以下几部分内容：

1. 加强宣传教育，提高公众觉悟和参与意识

加强对有关水资源信息和业务准则的传播和交流，广泛开展对用水户的教育。提高公众对水资源的认识，应该让公众意识到水资源是有限的，只有在其承受能力范围内利用，才能保证水资源利用的可持续性；如果任意引用和污染，必然导致水资源短缺的后果。公众的广泛参与是实施水资源可持续利用战略的群众基础。因此，水资源管理工作具有宣传的义务和职责。

2. 制定水资源合理利用措施

制定目标明确的国家和地区水资源合理开发利用实施计划和投资方案；在自然、社会和经济的制约条件下，实施最适度的水资源分配方案；采取征收水费、调节水价以及其他经济措施，以限制不合理的用水行为，这是确保水资源可持续利用的重要手段。因此，水资源管理工作具有制定决策和实施决策的功能和义务。

3. 制定水资源管理政策

为了管好水资源，必须制定一套合理的管理政策。比如，水费和水资源费征收政策、水污染保护与防治政策等。通过需求管理、价格机制和调控措施，有效推动水资源合理分配政策的实施。因此，水资源管理工作具有制定管理政策的义务和执行管理政策的职责。

4. 加强水资源统一管理

坚持利用与保护统一，开源与节流统一，水量与水质统一。保护和涵养潜在水资源，开发新的和可替代的供水水源，推动节约用水，对水的数量和质量进行综合管理。这些是水资源统一管理的要求，也是实施水资源可持续利用的基本支撑条件。

5. 实时进行水量分配与调度

水行政主管部门具有对水资源实时管理的义务和职责，在洪水季节，需要及

时预报水情、制定防洪对策、实施防洪措施；在旱季，需要及时评估旱情、预报水情、制定并组织实施抗旱具体措施。因此，水资源管理部门负有防治水旱灾害的义务。

（二）水资源管理的原则

水资源管理是由国家水行政主管部门组织实施的、带有一定行政职能的管理行为，它对一个国家和地区的生存和发展起着极为重要的作用。加强水资源管理，必须遵循以下原则：

1. 坚持依法治水的原则

我国现行的法律、规范是指导各行业工作正常开展的依据和保障，也是水利行业合理开发利用和有效保护水资源、防治水害、充分发挥水资源综合效益的重要手段。因此，水资源管理工作必须严格遵守我国相关法律法规和规章制度，如《中华人民共和国水法》《中华人民共和国水污染防治法》《中华人民共和国水土保持法》《中华人民共和国环境保护法》等，这是水资源管理的法律依据。

2. 坚持水是国家资源的原则

水是国家所有的一种自然资源，是社会全体共同拥有的宝贵财富。虽然水资源可以再生，但它毕竟是有限的。过去，人们习惯性地认为水是取之不尽、用之不竭的。实际上，这是不科学的、浅显的认识，它可能会引导人们无计划、无节制地用水，从而造成水资源的浪费。因此，加强水资源管理首先应该从观念上认识到水是一种有限的宝贵资源，必须精心管理和保护。

3. 坚持整体考虑和系统管理的原则

人类所能利用的水资源是非常有限的。因此，某一地区、某一部门滥用水资源，都可能会影响相邻地区或其他部门的用水保障；某一地区、某一部门随便排放废水、污水，也可能会影响相邻地区或其他部门的用水安全。因此，必须从整体上来考虑对水资源的利用和保护，系统管理水资源，避免各自为政、损人利己、强占滥用的水资源管理现象发生。

4. 坚持用水价来进行经济管理的原则

长期以来，人们认为水是一种自然资源，是无价值、可以无偿占有和使用的，这导致了水资源的滥用，浪费极大。用经济的手段来加强水资源管理是可行的。水本身是有价值的，应把加强水权管理摆在战略位置，明确水是商品，通过改革水价体制、制定合理的水价来实现对水资源管理的宏观调控，调节各行各业的用水比例，达到水资源合理分配、合理利用的目标。同时，适时、适度地调整水资源费和水费的征收幅度，还可调动全社会节水的积极性。

（三）水资源管理的工作流程

水资源管理的工作目标、流程、手段差异较大，受人为作用影响的因素较多，而从水资源配置的角度来说，其工作流程基本类似。

1. 确立管理目标

与水资源规划工作相似，在开展水资源管理工作之前，也要首先确立管理的目标和方向，这是管理手段得以实施的依据和保障。如在对水库进行调度管理时，丰水期要以防洪和发电为主要目标，而枯水期则要以保障供水为主要目标。

2. 信息获取与传输

信息获取与传输是水资源管理工作得以顺利开展的基础条件，只有把握瞬息万变的水资源情势，才能更有效地调度和管理水资源。通常需要获取的信息有水资源信息、经济社会信息等。水资源信息包括来水情势、用水信息以及水资源质量和数量等。经济社会信息包括与水有关的工农业生产变化、技术革新、人口变动、水污染治理以及水利工程建设等。总之，需要及时了解与水有关的信息，对未来水利用决策提供基础资料。

为了对获得的信息迅速作出反馈，需要把信息及时传输到处理中心。同时，还需要对获得的信息及时进行处理，建立水情预报系统、需水量预测系统，并及时把预测结果传输到决策中心。资料的采集可以运用自动测报技术，信息的传输可以通过无线通信设备或网络系统来实现。

3. 建立管理优化模型，寻找最优管理方案

根据研究区的经济社会条件、水资源条件、生态系统状况、管理目标等，建立该区水资源管理优化模型。通过对该模型的求解，得到最优管理方案。

4. 实施的可行性、可靠性分析

对选择的管理方案实施的可行性、可靠性进行分析。可行性分析，包括分析技术可行性、经济可行性，以及人力、物力等外部条件的可行性；可靠性分析，是对管理方案在外部和内部不确定因素的影响下实施的可靠度、保证率分析。

5. 水资源运行调度

水资源运行调度是对传输的信息在通过决策方案优选，实施可行性、可靠性分析之后做出的及时调度决策。可以说，这是在实时水情预报、需水预报的基础上所作的实时调度决策。

二、水资源管理的经济措施

水资源管理是一项复杂的水事行为,包括很广的管理内容。要实现水资源管理的目标,协调好水资源管理中方方面面的关系,需要借助一系列的手段来实现,如行政、法律、经济、技术和教育等手段。其中,经济手段是在市场经济体制不断完善的条件下,经济理论应用在水资源管理实践中的产物。运用经济理论进行水资源管理,可以综合考虑水资源的实际特点,制定科学合理的经济政策,有针对性地选择和运用相应的经济措施和经济手段,对于充分发挥经济机制和市场机制的作用、协调主体间的利益、缓解水资源供需矛盾、促进水资源的优化配置、合理利用和有效保护水资源等都具有重要意义。

因此,水资源管理的经济手段,就是以经济理论作为依据,由政府制定各种经济政策,运用有关的经济政策作为杠杆,来间接调节和影响水资源的开发、利用、保护等水事活动,促进水资源可持续利用和经济社会可持续发展。具体来说,水资源管理的经济措施,目前应用比较广泛的有水价和水费政策、排污收费制度、补贴措施,以及水权和水市场等,下面分别进行详细介绍。

(一)水价和水费政策

1. 水价、水费和水资源费

水价是水资源使用者为获得水资源使用权和可用性需支付给水资源所有者的一定货币额,它反映了水资源所有者与使用者之间的经济关系,体现了对水资源有偿使用的原则、水资源的稀缺性、所有权的垄断性及所有权和使用权的分离,其实质就是对水资源耗竭进行补偿。在不同的时期,人们对水价内涵认识不同,由此核定的水费也不同。

水费是水利工程管理单位(如电灌站、闸管所)或供水单位(如自来水公司)为用户提供一定量的水而收取的一种用于补偿所投入劳动的事业性费用。水费的标准应当在核算供水成本的基础上,根据国家经济政策和当地的水资源状况、经济水平等制定,并由省、自治区、直辖市人民政府核定。

水资源费是指根据《中华人民共和国水法》直接取用地下水、江河、湖泊等地表水的单位和个人,向水资源主管部门缴纳的费用。它是由水资源的稀缺性、国家对水资源的所有权、水资源开发利用的间接费用和外部成本等所决定的。

水费和水资源费是水资源用户向供水单位或水资源主管部门缴纳的水资源有偿使用的费用,而水价是其确定的基础。当水价为供水价格时,在数量上等于水费。当水价为严格意义上的水资源资产价格时,水资源费是水价中的资源水价部分;就我国现行情况来看,水费在数量上要小于水价。

2. 我国的水价制度

水价制度作为一种有效的经济调控杠杆,涉及经营者、普通用户、政府等多方面因素,用户希望获得更多的低价用水,经营者希望通过供水获得利润,政府则希望实现其社会稳定、经济增长等政治目标。但从整体角度来看,水价制度的目的在于在合理配置水资源,保障生态系统、景观娱乐等社会效益用水以及可持续发展的基础上,鼓励和引导合理、有效、最大限度地利用可供水资源,充分发挥水资源的间接经济、社会效益。

建立完善居民阶梯水价制度,要以保障居民基本生活用水需求为前提,以改革居民用水计价方式为抓手,通过健全制度、落实责任、加大投入、完善保障等措施,充分发挥阶梯价格机制的调节作用,促进节约用水,提高水资源利用效率。

实施居民阶梯水价要全面推行成本公开,严格进行成本监审,依法履行听证程序,主动接受社会监督,不断提高水价制定和调整的科学性和透明度。

各地实施居民阶梯水价制度要充分考虑低收入家庭经济承受能力,通过设定减免优惠水量或增加补贴等方式,确保低收入家庭生活水平不因实施阶梯水价而降低。地方应尽快制定具体实施方案,限期完成"一户一表"改造。今后凡调整城市供水价格的,必须同步建立起阶梯水价制度。已实施阶梯水价的城镇,要进一步完善。

我国的水价体系正逐步完善,水价总体水平在逐步提高,我国水价管理工作已经进入了法治化、规范化、合理化、科学化的轨道。

3. 我国水价的制定方法

我国目前的水价制定主要以《水利工程供水价格管理办法》为依据,基本上是行政主管部门核算,全面实行有利于用水户合理负担的分类水价。根据用水的不同性质,统筹考虑不同用水户的承受能力,实行了分类水价体系,报经物价部门核定批准后执行。近年来全国各地积极探索适合本地的水价管理方式,全国绝大多数省区适当下放了水价审批权,实行按区域定价和按单价工程定价相结合的管理办法。城市供水价格引入了听证会制度,水价决策的规范化、民主化和透明化程度逐步提高。

4. 我国现行《水利工程供水价格管理办法》简介

我国现行的水价政策,是以《水利工程供水价格管理办法》(以下简称《水价办法》)为指导的。该办法是根据《中华人民共和国价格法》《中华人民共和国水法》,为健全水利工程供水价格形成机制、规范水利工程供水价格管理、保护和合理利用水资源、促进节约用水、保障水利事业的健康发展而制定的。

《水价办法》中的水利工程供水价格,是指供水经营者通过拦、蓄、引、提等水利工程设施销售给用户的天然水价格,并规定水利工程供水价格由供水生产成本、费用、利润和税金构成。供水生产成本是指正常供水生产过程中发生的直接工资、直接材料费、其他直接支出以及固定资产折旧费、修理费、水资源费等制造费用。供水生产费用是指为组织和管理供水生产经营而发生的合理销售费用、管理费用和财务费用。利润是指供水经营者从事正常供水生产经营获得的合理收益,按净资产利润率核定。税金是指供水经营者按国家税法规定应该缴纳,并可计入水价的税金。

《水价办法》规定水利工程供水实行分类定价。水利工程供水价格按供水对象分为农业用水价格和非农业用水价格。农业用水价格按补偿供水生产成本、费用的原则核定,不计利润和税金。非农业用水价格在补偿供水生产成本、费用和依法计税的基础上,按供水净资产计提利润,利润率按国内商业银行长期贷款利率加2~3个百分点确定。

《水价办法》指出,水利工程供水应逐步推行基本水价和计量水价相结合的两部制水价。具体实施范围和步骤由各省、自治区、直辖市价格主管部门确定。基本水价按补偿供水直接工资、管理费用和50%的折旧费、修理费的原则核定。计量水价按补偿基本水价以外的水资源费、材料费等其他成本、费用以及计入规定利润和税金的原则核定。

(二)排污收费制度

排污收费制度是对于向环境排放污染物或者超过国家排放污染物标准的排污者,根据规定征收一定的费用。这项制度运用经济手段既可以有效地促进污染治理和新技术的发展,又能使污染者承担一定的污染防治费用。排污收费制度是我国现行的一项主要的环境管理制度,在水资源管理过程中,也发挥着重要的作用。

我国现行的排污收费制度,主要是遵照《排污费征收使用管理条例》和《排污费征收标准管理办法》《排污费资金收缴使用管理办法》等执行。

《排污费征收使用管理条例》和《排污费征收标准管理办法》中规定:对向水体排放污染物的,按照排放污染物的种类、数量计征排污费;超过国家或者地方规定的水污染物排放标准的,按照排放污染物的种类、数量和本办法规定的收费标准计征的收费额加一倍征收超标准排污费。对向城市污水集中处理设施排放污水、按规定缴纳污水处理费的，不再征收污水排污费。对城市污水集中处理设施接纳符合国家规定标准的污水，其处理后排放污水的有机污染物（化学需氧量、生化需氧量、总有机碳）、悬浮物和大肠菌群超过国家或地方排放标准的，按上述污染物的种类、数量和本办法规定的收费标准计征的收费额加一倍向城市污水集中处理设施运营单位征收污水排污费，对氨氮、总磷暂不收费，对城市污水集中处理设施达到国家或地方排放标准排放的水，不征收污水排污费，在《排污费征收标准管理办法》中详细规定了污水排污费征收标准及计算方法。

对于征收到的排污费资金，则纳入财政预算作为环境保护专项资金管理，主要用于污染防治项目和污染防治新技术、新工艺推广项目的拨款补助和贷款贴息，以达到促进污染防治、改善环境质量的目的。此外，通过向企业征收排污费，使得企业承担起污染环境的责任，同时，企业为了减少缴纳的排污费，会进行工艺的改革、减少污染物的排放，这样也可以使得企业达到清洁生产的目标。

（三）补贴措施

补贴措施是消除水资源开发利用活动所产生的外部性的重要手段。外部性理论是环境经济学的基础理论之一。外部性是指在实际经济活动中，生产者或消费者的生产或消费活动对其他的生产者或消费者带来的非市场性的影响。这种影响可以是有利的，也可以是不利的。如果是有利的影响称为外部经济性，也叫正外部性；如果是不利的影响则称为外部不经济性，也叫负外部性。

在水资源管理过程中，除了制定水价、征收水费这一经济措施外，对于那些在市场经济中产生正外部性的企业、由于自身实力较差而产生负外部性的企业，政府相关部门都可以根据实际情况进行适当的补贴，以消除外部性对资源配置的不利影响，增加社会总福利。可以收到补贴的对象主要有以下三类。

1. 为水环境保护作出贡献的企业

由于水环境的公共性很强，在完全的市场机制条件下，那些从事水资源保护、水污染治理等的企业，虽然其生产行为可以为社会带来益处，产生巨大的正外部性，但是就企业自身而言，因为企业的净收益很少，企业的生产积极性会受到影响，最终可能会缩减生产规模。通过补贴，可以使这些对水环境保护有贡献的企业的生产积极性增强，有利于产生更多的正外部性。

2. 水环境的污染者

我国水资源时空分布不均匀，人均水资源量更是远低于世界平均水平。在一些水资源较为短缺的地区，再加上受某些经济技术条件限制，一些单位或企业对有限的水资源过度开发、利用，排放超过水环境承受能力的污染物，会造成水环境的严重污染。这时，如果不从外部注入一种资金和机制就不可能改善环境。此时的补贴手段主要是政府对造成水环境的污染者补足其减少污染前后的收益差额，使得企业在减少污染产生量的同时仍然可以得到原来的收益。常用的方式有发放补助金、提供低息贷款、减免税款等。通过政府对这类企业的技术、资金援助，帮助其改善生产工艺水平，减少污染物排放量，减轻对水环境的不利影响。但是，这类补贴手段的总体效果不如征税（征费）手段理想，实际应用中不一定能保证企业减少污水排放或促进污染者研制和采用先进的污染控制技术，甚至有可能导致污染企业故意提高补贴前的污染水平以获得更多的补助金。

3. 水环境污染的受害者

受害者包括两类：一是水环境破坏过程中的受害者，如取用受污染水体进行养殖的渔业单位；二是在治理污染过程中的受害者，如为治理环境停开的一些排污较严重的企业。对于这些受害者，政府给予的补贴应等于其受害前后收益的差额。这种补贴形式的缺点是有可能导致受害者减少甚至放弃采取防污措施，尤其当被污染者采取防污措施的成本低于污染者采取治污措施的成本时，政府补贴措施的经济效益就会损失。

（四）水权和水市场

1. 水权

（1）概念及内涵

水权，是水资源所有权，包括占有权、使用权、收益权、处分权以及与水资源开发利用相关的各种权利和义务的总称，也可以称为水资源产权。在经济学中，产权表现为人与物之间的某些归属关系，是以所有权为基础的多种权利组合，具有明确性、排他性、可变性、强制性等特点。因此，就决定了水权和其他产权一样，权属明确，受法律保护，不可能同时被两个人拥有，但在双方自愿的基础上，可转变权属关系。

以水权为基础构建的水权制度，其核心是产权（财产权）的明晰和确立。它是在水资源开发、利用、治理、保护和管理过程中，调节个人之间、地区之间和部门之间以及个人、集体和国家之间使用水资源行为的一整套规范、规则。

（2）水权的意义

水权的出现，水权制度的建立和发展，对社会、经济、环境的协调可持续发

展,无论是在宏观层次上还是在微观层次上都具有重要意义。主要表现在以下几个方面:

第一,消除了水资源的公共物品属性,使其在一定意义上归私人所有,避免了在水资源使用过程中滥用、浪费的现象,使其得到合理、高效地利用。这有利于实现水资源的可持续利用,节省了资源,也保护了环境。

第二,利用水权作为一种产权具有可变性的特点,可以使其在不同的用户间进行运转,水资源有富余的区域或用户可以通过交易市场与缺水区域或用户进行水权流转。通过水市场,让水资源流向最需要的地方,交易双方实现双赢,最终达到水资源的优化配置。

第三,防治水污染现象。水资源权属明确,水资源所有者为了能够更好地对水资源进行开发利用,必然会加强对其水资源的保护和治理。如果一些单位或个人随意向水环境中排放污染物将会侵犯他人的合法权益,需要依法对他人进行赔偿。这在一定程度上遏制了随意排污行为,起到防治水污染的效果。

第四,水资源权属明确,有利于避免水资源开发利用中的一些水事纠纷发生,可以有效化解各种利害冲突。比如,河流流域范围内上下游不同区域间的用水竞争等问题,可以通过明晰水权,得到有效解决。

第五,水权的明晰,水权制度的建立,增强了各级政府、企业、社会团体以及公民个人对水资源作为一种资源资产价值的认识,培养了公众的节水意识。

2.水市场

(1)概述

从广义上来说,水市场是指水资源及与水相关商品的所有权或使用权的交易场所,以及由此形成的人与人之间各种关系的总和。水权制度的发展,也使得水市场的相关研究取得了显著进展。实际上,水市场包含的范围非常广泛,如取水权市场、供水市场、排污权市场、废水处理市场、污水回用市场等。因此,从严格意义上来讲,水费的征收也可以看作是水权明晰下的供水市场交易。

目前,我国的水市场刚刚起步,在水市场的建设和相关研究中,比较受人们关注的还是水权市场,通过水权交易实现水资源相关权利在不同主体间流转。随着我国市场经济的发展、水权制度的不断完善,水市场也更加成熟,更加繁荣,在我国水资源优化配置中发挥重要的作用。

(2)水市场的作用

水市场是市场经济作用下的产物,是实现水资源高效管理、水资源优化配置的有效经济手段。具体地说，它的作用主要有以下几个方面：一是水市场可以优化水资源配置，通过市场交易，使水资源流向最需要的用户，不同用水户之间通过市场交易可以使得各自的需要得到满足；二是水市场的出现，运用市场机制和经济杠杆调节水价，促进了节约用水，提高了用水效率，减少了水资源的无谓浪费；三是水市场的建立是以水权明晰为前提，同时水市场的发展也促使了水权制度的改进和完善；四是通过水市场进行水权及水相关商品的交易，缓解了不同用户间的用水竞争，减少了水事纠纷；五是排污权市场、废水处理市场、污水回用市场等的出现，有助于有效地防治水污染，并促进了污水的回收再利用，使水环境保护力度加大；六是运用市场机制，拓宽资金筹集渠道，有利于促进水利基础设施建设；七是水市场的构建和发展，有助于培养公众对水是一种战略性经济资源的认识，培养公众形成水资源与水环境有偿使用、水权有偿取得和有偿转让的观念，从而使得全社会的节水意识、水环境保护意识增强。

（3）水市场交易原则

水市场是市场经济条件下的产物，在进行水资源及水相关商品的所有权或使用权的市场交易时，除了要遵循市场经济条件下市场交易的原则外，因水资源本身的特殊性，还有一些特殊的原则需要考虑。结合水利部《关于水权转让的若干意见》，总结水市场交易原则如下：

第一，持续性原则。水资源是关系国计民生的基础自然资源，在进行水市场交易时，除了尊重水的商品属性和价值规律外，更要尊重水的自然属性和客观规律。水资源的开发利用必须从人类长远利益出发，保证人类社会可持续发展的需求，协调好水资源开发利用和节约保护的关系，充分发挥水资源的综合功能，实现水资源的可持续利用。

第二，公平和效率原则。水市场交易要充分发挥效率原则，利用经济规律作用，使得水资源向低污染、高效率产业转移。此外，市场经济在追求效率的同时，也要兼顾公平的原则，必须保证城乡居民生活用水，保障农业用水的基本要求，满足生态系统的基本用水；防止为了片面追求经济效益，而影响到用水户对水资源的基本需求。

第三，有偿转让和合理补偿的原则。水市场中交易的双方主体平等，应遵循市场交易的基本准则，合理确定双方的经济利益。因转让对第三方造成损失或影响的必须给予合理的经济补偿。

第四，整体性原则。水资源交易时，应着眼于整体利益，达到整体效益最佳，即实现社会效益、经济效益、环境效益的统一。在实现水资源高效配置，取得较大经济效益的同时，也要考虑到社会效益、环境效益。

第五，政府调控与市场调节相结合的原则。在市场经济条件下，能够高效地实现水资源的优化配置，但是市场经济过分追求效益的同时，会失去很多对公平的考虑。为了能够保证遵循公平原则、整体性原则进行水市场交易，在注重市场对水资源配置调节的同时，政府的宏观调控也是必不可少的。国家对水资源实行统一管理和宏观调控，各级政府及其水行政主管部门依法对水资源实行管理。要建立起政府调控与市场调节相结合的水资源配置机制。

三、水资源管理信息系统

人口剧增、社会发展，使得水问题越来越复杂。要解决好各种水问题，实现水资源的优化调度，必须加强对水资源的综合管理，构建一个考虑全面的、功能强大的水资源管理系统。而随着科技发展，计算机、网络、通信、数据库、多媒体、"3S"等高新技术的出现为构建这样一个系统提供了强有力的支持和保障，使得水资源管理进入了系统化、信息化的管理阶段。水资源管理信息系统应运而生。

（一）水资源管理信息系统的特点

水资源管理信息系统是传统水资源管理方法与系统论、信息论、控制论和计算机技术的完美结合，它具有规范化、实时化和最优化管理的特点，是水资源管理水平的一个飞跃。

（二）水资源管理信息系统的建设目标和设计原则

1. 目标

水资源管理信息系统的建立，是实现新时期水利信息化的一个重要方面。其总体目标是根据水资源管理的技术路线，以可持续发展为基本指导思想，体现和反映经济社会发展对水资源的需求，分析水资源开发利用现状及存在的问题，利用先进的网络、通信、遥测、数据库、多媒体、地理信息系统等技术，以及决策支持理论、系统工程理论、信息工程理论，建立一个能为政府主要工作环节提供多方位、全过程服务的管理信息系统。系统应具备实用性强、技术先进、功能齐全等特点，并在信息、通信、计算机网络系统的支持下达到以下几个具体目标：一是实时、准确地完成各类信息的收集、处理和存储；二是建立和开发水资源管理系统所需的各类数据库；三是建立适用于可持续发展目标下的水资源管理模型库；四是建立自动分析模块和人机交互系统；五是具有水资源管理方案提取及分析功能，辅助科学决策。

2. 设计原则

为了确保水资源管理信息系统建设的目标实现，在系统设计时应遵循以下原则：

（1）实用性原则。系统各项功能的设计和开发必须紧密结合实际，满足实际所需，使其能够真正运用于生产过程中。

（2）先进性原则。要保证系统使用先进的软件开发技术和硬件环境，以确保系统具有较强的生命力，高效的数据处理、分析等能力。

（3）简洁性原则。系统的使用对象并非全都是计算机专业人员，因此要求系统的表现形式简单、直观，操作简便，界面友好，窗口清晰。

（4）标准化原则。系统要强调结构化、模块化、标准化，特别是接口要标准统一，保证连接通畅，可以实现系统各模块之间、各系统之间的资源共享。

（5）灵活性原则。一方面指系统各功能模块之间能灵活实现相互转换，另一方面指系统能随时为使用者提供所需的信息和动态管理决策。

（6）开放性原则。系统与外界系统界面为开放状态，可以获得外界数据来源，保证系统信息实时更新；同时，系统也可以实现与其他外界系统的资源共享。

（三）水资源管理信息系统的结构和功能

为了完成水资源管理信息系统的主要工作，一般的水资源管理信息系统应由数据库、模型库、人机交互系统三个部分组成。

1. 数据库功能

（1）数据录入。所建立的数据库应能录入水资源管理需要的所有数据，并能快速简便地供管理信息系统使用。

（2）数据修改、记录删除和记录浏览。可以修改一个数据，也可修改多个数据，或修改所有数据；可删除单个记录、多个记录和所有记录。

（3）数据查询。可进行监测点查询、水资源量查询、水工程点查询以及其他信息查询等。

（4）数据统计。可对数据库进行数据处理，包括排序、求平均值以及其他统计计算等。

（5）打印。用于原始数据表打印和计算结果表打印。

（6）维护。为了避免意外事故发生，系统应设计必要的预防手段，进行系统加密、数据备份、文件读入和文件恢复。

2. 模型库功能

模型库是由所有用于水资源管理信息处理、统计计算、模型求解、方案寻优等的模型块组成，是水资源信息系统完成各项工作的中间处理中心。

（1）信息处理。与数据库连接，对输入的信息有处理功能；包括各种分类统计、分析。

（2）水资源系统特性分析。包括水文频率计算、洪水过程分析、水资源系统变化模拟、水质模型以及其他模型。

（3）经济社会系统变化分析。包括经济社会主要指标的模拟预测、需水量计算等。

（4）生态系统变化分析。包括环境评价模型、生态系统变化模拟模型等。

（5）水资源管理优化模型。这是用于水资源管理方案优选的总模型，可以根据以上介绍的方法来建立模型。

（6）方案拟定与综合评价。可以对不同水资源管理方案进行拟定和优选，同时对不同方案的水资源系统变化结果以及带来的各种社会、经济、环境效益进行综合评价。

3. 人机交互系统功能

人机交互系统是为了实现管理的自动化，进行良好的人机交互管理而开发的一种界面。

在实际工作中，人们希望建立的水资源管理信息系统至少具有信息收集与处理、辅助管理决策等功能，并具有良好的人机对话界面。因此，水资源管理信息系统与决策支持系统（简称DSS）比较接近。DSS以数据库、模型库和知识库为基础，把计算机强大的数据存储、逻辑运算能力和管理人员所独有的实践经验结合在一起，它将管理信息系统与运筹学、统计学的数学方法、计算模型等其他方面的技术结合在一起，辅助支持各级管理人员进行决策，是推进管理现代化与决策科学化的有力工具。同时，DSS也是一个集成的人机交互系统，它利用计算机硬件、通信网络和软件资源，通过人工处理、数据库服务和运行控制决策模型，为使用者提供辅助的决策手段。

综上所述，水资源管理信息系统是以水资源管理学、决策科学、信息科学和计算机技术为基础建立的，辅助决策者解决水资源管理中的半结构化决策问题的人机交互式计算机软件系统。它主要由数据库管理系统、模型库管理系统，以及问题处理和人机交互系统三部分组成，具有 DSS 的基本特征。

四、水资源管理和综合运行管理

水资源管理工作是一项涉及范围广、内容多、非常复杂的工作。在水资源管理中很重要的一项内容就是进行水资源合理配置、优化调度，实现水资源高效开发利用。水资源系统综合运行管理正是以此为目标提出来的。本节将简要介绍水资源综合运行管理的内容及灌溉、供水、水能、航运等系统运行管理的任务。

（一）水资源系统综合运行管理概述

水资源系统是一个动态的系统，在水资源系统运行过程中，如何实现对水资源的利用是水资源系统综合运行管理主要解决的问题。水资源系统综合运行管理包括与水资源配置、调度和控制有关或有影响的所有内容，如供水系统（包括城市、工业、农业供水等）、污水处理（直接排放的污水、经处理后的污水）、水力发电（蓄水、河川径流等）、航运、渔业、休闲和娱乐等。

在水资源的开发利用过程中，为了实现某些效益可能会带来其他的一些损失。因此，要实现水资源的合理利用，需要在一定的约束条件下，构建水资源利用的优化模型，通过模型分析求解可得到水资源系统的最优运行策略，指导水资源开发利用实践。水资源系统综合运行管理涉及很多方面，可以对区域水资源系统进行运行管理，也可以对某一部门内部的水资源系统进行运行管理。以下以灌溉系统、供水系统、水能系统、航运系统为例进行简要介绍。

（二）灌溉系统

灌溉系统是指从水源取水，通过渠道、管道及附属建筑物输水、配水至农田进行灌溉的工程系统。灌溉系统在许多国家已存在了数千年，并对这些国家农业及经济的发展起到十分重要的作用。

灌溉系统运行管理主要是通过对灌溉系统中水资源动态变化的分析，并根据作物的需水情况，制定合理的灌溉用水策略，确定供水时间、供水地点及供水数量，达到既不超出水资源承受能力，又能提高作物产量的目的。

（三）供水系统

供水系统是指从水源取水，经过净化、传输等过程将水分配给最终用户的工程系统。供水系统是保障人民生产、生活的基础设施，对国家的稳定、国民经济的发展也起到非常重要的作用。

随着人口的激增和社会、经济的发展，水资源短缺问题也越来越严峻。特别是城市缺水问题更为严重，甚至影响到城市居民的生产生活。供水系统运行管理的主要任务就是通过对水资源的优化配置，尽可能确保供水区域居民的各种权益，实现经济效益、社会效益、环境效益的最优。具体的运行管理中，根据供水区域水源与用户的实际分布情况确定供水模式，可以选择集中连片供水模式或分散供水模式，构建水资源配置模型，选取优化配置对策，辅助决策进行，实现水资源优化配置，并保证各种效益最优以达到推动节水工作开展的目的。

（四）水能系统

水能资源是水资源的重要组成部分，是清洁可再生的绿色能源，具有独特的自然属性、社会属性和经济属性，是我国经济社会发展的战略性能源资源。开发利用水能资源是水资源管理的重要内容。水能作为水在流动过程中产生的能量，是水的动能和势能的统一体，属于水资源的范畴，是水资源具有的一种功能。水能系统是采用设备利用水的动能或势能，通过物理过程产生各种形式的能源，经过传输、转化满足人类需求的工程系统。

水能资源的用途多样，水力发电只是其中的一种。由于水能开发利用成本低、效益显著，加上管理欠缺，在其利用过程中水能资源过度开发、资源无偿使用、抢占资源现象严重，水事纠纷较多。水能系统运行管理的出现，完善了水资源管理的内容，主要任务是协调水能利用与水环境保护、水资源其他利用方式（如供水）之间的矛盾，在法律法规、政策、规章等指导下，在不影响水环境、不损害水资源正常利用的条件下，充分发挥水能资源优势，满足经济社会发展对能源的需求。

（五）航运系统

航运系统是由船舶、港口、航道、通信及支持系统共同组成的综合系统。航运是国民经济发展的基础产业之一，它具有基本建设投资大、建设期长、国民经济效益显著等特点。航运的发展可以缓解铁路、飞机等的压力，降低货物运输或出行成本。

目前，由于水资源短缺问题加剧，部分河段某些时间可能出现断流的情况，在一定程度上限制了航运的发展。同时，航运的发展在某种程度上会加剧水体污染。如何在发展航运、便利交通的同时避免对水环境的不利影响，提高航运的经济效益，这正是航运系统运行管理所要解决的问题。航运系统运行管理的主要任务就是通过对航道水文情势的监测、分析、预报，选择合适的航行时间、航行路线等，取得较高的经济效益，同时尽可能减轻对水环境的不利影响。

第五章 节水理论与技术

第一节 节水与生活节水

一、节水的内涵

传统意义上的节水主要是指采取切实可行的综合措施,减少水资源的损失和浪费,提高用水效率与效益,合理高效地利用水资源。随着社会和技术的进步,节水的内涵也在不断扩展,至今仍未有公认的定论。沈振荣等提出真实节水、资源型节水和效率型节水的概念,认为节水就是最大限度地提高水的利用率和生产效率,最大限度地减少淡水资源的净消耗量和各种无效流失量。陈家琦等认为,节约用水不仅是减少用水量和简单的限制用水,而且是高效的、合理的充分发挥水的多功能和一水多用,重复利用,即在用水量节省的条件下达到最优的经济、社会和环境效益。

我国《节水型城市目标导则》对城市节水作了如下定义:"节约用水,指通过行政、技术、经济等管理手段加强用水管理,调整用水结构,改进用水工艺,实行计划用水,杜绝用水浪费,运用先进的科学技术建立科学的用水体系,有效地使用水资源,保护水资源,适应城市经济和城市建设持续发展的需要"。在这里,节约用水的含义已经超出了节省用水量的意义,内容更广泛,还包括有关水资源立法、水价、管理体制等一系列行政管理措施,意义上更趋近于"合理用水"或"有效用水"。"节约用水"重要的是强调如何有效利用有限的水资源,实现区域水资源的平衡。其前提是基于地域性经济、技术和社会的发展状况。毫无疑问,如果不考虑地域性的经济与生产力的发展程度,脱离技术发展水平,很难采取经济有效的措施,以保证节约用水的实施。节约用水的关键在于根据有关的水资源保护法律法规,通过广泛的宣传教育,提高全民的节水意识;引入多种节水技术与措施、采用有效的节水器具与设备,降低生产或生活过程中水资源的利用量,达到环境、生态、经济效益的一致性与可持续发展的目标。

综上所述，节约用水可定义为基于经济、社会、环境与技术发展水平，通过法律法规、管理、技术与教育手段，以及改善供水系统，减少需水量，提高用水效率，降低水的损失与浪费，合理增加水可利用量，实现水资源的有效利用，达到环境、生态、经济效益的一致性与可持续发展。

节水不同于简单消极的少用水，是依赖科学技术进步，通过降低单位目标的耗水量实现水资源的高效利用。随着人口的急剧增长和城市化、工业化及农业灌溉对水资源需求的日益增长，水资源供需矛盾日益尖锐。为解决这一矛盾，实现水资源的可持续利用，需要节水政策、节水意识和节水技术三个环节密切配合，农业节水、工业节水、城市节水和污水回用等多管齐下，以便逐步实现节水型社会的前景目标。

节水型社会注重使有限的水资源发挥更大的社会经济效益，创造更多的物质财富和良好的生态效益，即以最小的人力、物力、财力以及最少的水量来满足人类的生活、经济社会的发展和生态环境的保护需要。节水政策包括多个方面，其中制定科学合理的水价和建立水资源价格体系是节水政策的核心内容。合理的水资源价格，是对水资源进行经济管理的重要手段之一，也是水利工程单位实行商品化经营管理，将水利工程单位办成企业的基本条件。目前，我国水资源价格的定价过低是突出的问题，价格不能反映成本和供求的关系，也不能真实反映水资源的价值，供水水价核定不含水资源本身的价值。尽管正在寻找合理有效的办法，如新水新价、季节差价、行业差价、基本水价与计量水价等，但要使价格真正起到经济管理的杠杆作用仍然存在困难。此外，由于水资源功用繁多，完整的水资源价格体系还没有形成。建立合理的、有利于节水的收费制度，引导居民节约用水、科学用水。提倡生活用水一水多用，积极采用分质供水，改进用水设备。不断推进工业节水技术改造，改革落后的工艺与设备，采用循环用水与污水再生回用技术措施，建立节水型工业，提高工业用水重复利用率；推广现代化的农业灌溉方法，建立完善的节水灌溉制度，从而逐步走向节水型社会，是解决二十一世纪水资源短缺的一项长期战略措施。

二、生活节水

生活节水的主要途径有：实行计划用水和定额管理；进行节水宣传教育，提高节水意识；推广应用节水器具与设备；以及开展城市再生水利用技术等。

（一）实行计划用水和定额的管理

我国《城市供水价格管理办法》明确规定："制定城市供水价格应遵循补偿

成本、合理收益、节约用水、公平负担的原则"。通过水平衡测试，分类分地区制定科学合理的用水定额，逐步扩大计划用水和定额管理制度的实施范围，对城市居民用水推行计划用水和定额管理制度。

科学合理的水价改革是节水的核心内容。要改变即缺水又不惜水、用水浪费无节度的状况，必须用经济手段管水、治水、用水。针对不同类型的用水，实行不同的水价，以价格杠杆促进节约用水和水资源的优化配置，适时、适地、适度调整水价，强化计划用水和定额的管理力度。

所谓分类水价，是根据使用性质将水分为生活用水、工业用水、行政事业用水、经营服务用水、特殊用水五类。各类水价之间的比价关系由所在城市人民政府价格主管部门会同同级城市供水行政主管部门结合当地实际情况确定。

居民住宅用水取消"包费制"，是建立合理的水费体制、实行计量收费的基础。凡是取消"用水包费制"进行计量收费的地方都取得了明显效果。合理调整水价不仅可强化居民的生活节水意识，而且有助于抑制不必要和不合理的用水，从而有效控制用水总量的增长。全面实行分户装表，计量收费，逐步采用阶梯式计量水价。

（二）进行节水宣传教育，提高节水意识

在给定的建筑给排水设备条件下，人们在生活中的用水时间、用水次数、用水强度、用水方式等直接取决于其用水行为和习惯。通常用水行为和习惯是比较稳定的，这就说明为什么在日常生活中一些人或家庭用水较少，而另一些人或家庭用水较多。但是人们的生活行为和习惯往往受某种潜意识的影响，如欲改变某些不良行为或习惯，就必须从加强正确观念入手，克服潜意识的影响，让改变不良行为或习惯成为一种自觉行动。显然，正确观念的形成要依靠宣传和教育，由此可见宣传教育在节约用水中的特殊作用。应该指出宣传和教育均属对人们思想认识的正确引导，教育主要依靠潜移默化的影响，而宣传则是对教育的强化。

全国淡水资源量的80%集中分布在长江流域及其以南地区，这些地区由于水源充足，公民节水意识淡薄，水资源浪费严重。通过宣传教育，增强人们的节水观念，提高人们的节水意识，改变其不良的用水习惯。宣传方式可采用报刊广播、电视等新闻媒体及节水宣传资料、张贴节水宣传画、举办节水知识竞赛等，另外还可在全国范围内树立节水先进典型，评选节水先进城市和节水先进单位等。

因此，通过宣传教育节约用水，是一种长期行为，不能起到"立竿见影"的效果，除非同某些行政手段相结合，并且坚持不懈。

（三）推广应用节水器具与设备

推广应用节水器具和设备是城市生活用水的主要节水途径之一。实际上，大部分节水器具和设备是针对生活用水的使用情况和特点而开发生产的。节水器具和设备对于有意节水的用户而言有助于提高节水效果；对于不注意节水的用户而言，至少可以限制水的浪费。

1. 推广节水型水龙头

为了减少水的不必要浪费，选择节水型的产品也很重要。所谓节水龙头产品，应该是有使用针对性的，能够保障最基本流量（例如洗手盆用 0.05L/s，洗涤盆用 0.1L/s，淋浴用 0.15L/s）、自动减少无用水的消耗（例如加装充气口防飞溅；洗手用喷雾方式，提高水的利用率；经常发生停水的地方选用停水自闭龙头；公用洗手盆安装延时、定量自闭龙头）、耐用且不易损坏（有的产品已能做到 60 万次开关无故障）的产品。当管网的给水静压超过 0.4MPa 或动压超过 0.3MPa 时，应该考虑在水龙头前面的干管线上采取减压措施，如加装减压阀或孔板等，在水龙头前安装自动限流器也比较理想。

当前除了注意选用节水龙头，还应大力提倡选用绿色环保材料制造的水龙头。绿色环保水龙头除了在一些密封零件材料表面涂装选用无害的材料（曾经使用的石棉、有害的橡胶、含铅的油漆、镀层等都应该淘汰）外，还要注意控制水龙头阀体材料中的含铅量。制造水龙头阀体，应该选择低铅黄铜、不锈钢等材料，也可以采用在水的流经部位洗铅的方法，达到除铅的目的。

为防治铁管或镀锌管中的铅对水的二次污染以及接头容易腐蚀的问题，现在不断推广使用新型管材，一类是塑料的，另一类是薄壁不锈钢的。这些管材的钢性远不如钢铁管（镀锌管），因此给非自身固定式水龙头的安装带来一些不便。在选用水龙头时，除了注意尺寸及安装方向外，还应该从固定水龙头的方法上给予足够重视，否则会因为经常搬动水龙头手柄，造成水龙头和接口的松动。

2. 推广节水型便器系统

卫生间的水主要用于冲洗便器。除利用中水外，采用节水器具仍是当前节水的主要努力方向。节水器具的节水目标是保证冲洗质量，减少用水量。现可用产品有低位冲洗水箱、高位冲洗水箱、延时自闭冲洗阀、自动冲洗装置等。

常见的低位冲洗水箱多来用直落上导向球型排水阀。这种排水阀仍有封闭不严漏水、易损坏和开启不便等缺点，导致水的浪费。近年来逐渐改用翻板式排水阀，这种翻板阀开启方便、复位准确、斜面密封性好。此外，以水压杠杆原理自动进水装置代替普通浮球阀，克服了浮球阀关闭不严导致长期溢水之弊。

高位冲洗水箱提拉虹吸式冲洗水箱的出现，解决了旧式提拉活塞式水箱漏水问题。一般做法是改一次性定量冲洗为"两档"冲洗或"无级"非定量冲洗，其节水率在50%以上。为了避免普通闸阀使用不便、易损坏、水量浪费大以及逆行污染等问题，延时自闭冲洗阀应具备延时、自闭、冲洗水量在一定范围内可调、防污染（加空气隔断）等功能，以及便于安装使用、经久耐用和价格合理等。

自动冲洗装置多用于公共卫生间，可以克服手拉冲洗阀、冲洗水箱、延时自闭冲洗水箱等只能依靠人工操作而引起的弊端。例如，频繁使用或胡乱操作造成装置损坏与水的大量浪费，或疏于操作而造成的卫生问题、医院的交叉感染等。

3. 推广节水型淋浴设施

淋浴时因调节水温和不需水擦拭身体的时间较长，若不及时调节水量会浪费很多水，这种情况在公共浴室尤甚，不关闭阀门或因设备损坏造成"长流水"现象也屡见不鲜。集中浴室应普及冷热水混合淋浴装置，推广卡式智能、非接触自动控制、延时自闭、脚踏式等淋浴装置；宾馆、饭店、医院等用水量较大的公共领域推广采用淋浴器的限流装置。

4. 研究生产新型节水器具

研究开发高智能化的用水器具、具有最佳用水量的用水器具和按家庭使用功能分类的水龙头。

（四）发展城市再生水利用技术

再生水是指污水经适当的再生处理后供作回用的水。再生处理一般指二级处理和深度处理。再生水用于建筑物内杂用时，也称为中水。建筑物内洗脸、洗澡、洗衣服等洗涤水、冲洗水等集中后，经过预处理（去污物、油等）、生物处理、过滤处理、消毒灭菌处理甚至活性炭处理，而后流入再生水的蓄水池，作为冲洗厕所、绿化等用水。这种生活污水经处理后，回用于建筑物内部冲洗厕所及其他杂用水的方式，称为中水回用。

建筑中水利用是目前实现生活用水重复利用最主要的生活节水措施，该措施包含水处理过程，不仅可以减少生活废水的排放，还能够在一定程度上减少生活废水中污染物的排放。在缺水城市住宅小区设立雨水收集、处理后重复利用的中水系统，利用屋面、路面汇集雨水至蓄水池，经净化消毒后用水泵提升用于绿化浇灌、水景水系补水、洗车等，剩余的水可再收集于池中进行再循环。在符合条件的小区实行中水回用可实现污水资源化并达到保护环境、防治水污染、缓解水资源不足的目的。

第二节　工业节水与农业节水

一、工业节水

（一）工业用水的分类

根据工业用水的不同用途，企业内工业用水的分类及定义：

1. 生产用水

直接用于工业生产的水，包括间接冷却水、工艺用水和锅炉用水。

（1）间接冷却水：为保证生产设备能在正常温度下工作，用来吸收或转移生产设备的多余热量所使用的冷却水。

（2）工艺用水：用来制造、加工产品以及与制造、加工工艺过程有关的用水。

产品用水：作为产品生产原料的用水。

洗涤用水：对原材料、物料、半成品进行洗涤处理的用水。

直接冷却水：为满足工艺过程需要，使产品或半成品冷却所用与之直接接触的冷却水，包括调温、调湿使用的直流喷雾水。

其他工艺用水：产品用水、洗涤用水、直接冷却水之外的其他工艺用水。

（3）锅炉用水：为工艺或采暖、发电需要产汽的锅炉用水及锅炉水处理用水。

锅炉给水：工业蒸汽进入锅炉的水成为锅炉给水。由两部分组成：回收由蒸汽冷却得到的冷凝水、补充的软化水。

锅炉水处理用水：为锅炉制备软化水时，所需要的再生、冲洗等项目用水。

2. 生活用水

厂区和车间内职工生活用水及其他用途的杂用水。

（二）工业用水的特点

我国工业用水的特点主要表现为：

1. 工业用水量大

目前，我国工业取水量占总取水量的1/4左右，其中高用水行业取水量占工业总取水量的60%左右。随着工业化、城镇化进程的加快，工业用水量还将继续增长，水资源供需矛盾将更加突出。

2. 工业废水排放是导致水体污染的主要原因

工业废水经一定处理虽可去除大量污染，但仍有不少有毒有害物质进入水体造成水体污染，既影响重复利用水平，又威胁一些城镇集中饮用水水源的水质。

3. 工业用水相对集中

我国工业用水主要集中在电力、纺织、石油化工、造纸、冶金等高耗水行业，工业节水潜力巨大。加强工业节水，对加快转变工业发展方式，建设资源节约型、环境友好型社会，增强可持续发展能力具有十分重要的意义。加强工业节水不仅可以缓解我国水资源的供需矛盾，而且还可以减少废水及其污染物的排放，改善水环境，因此也是我国实现水污染减排的重要举措。

（三）工业用水量计算

工业用水的相关水量可用工业用水量、工业取水量、万元工业产值取水量、单位产品取水量、万元工业增加值取水量等来描述。

1. 工业用水量

工业用水量是指工业企业完成全部生产过程所需要的各种水量的总和，包括主要生产用水量、辅助生产用水量和附属生产用水量。主要生产用水量是指直接用于工业生产的总水量；辅助生产用水量是指企业厂区内为生产服务的各种生活用水和杂用水的总用水量。

工业生产的重复利用水量是指工业企业内部，循环利用的水量和直接或经处理后回收再利用的水量，也即各企业所有未经处理或处理后重复使用的水量总和，包括循环用水量、串联用水量和回用水量。应特别注意的是，经处理后回收再利用的水量应指企业通过自建污水处理设施，对达标外排污（废）水进行资源化后回收利用的水量，所以这部分数量仍属于企业的重复用水量。

2. 工业取水量

工业取水量，即为使工业生产正常进行，保证生产过程对水的需要。

实际从各种水源（不包括海水、苦咸水、再生水等）提取的水量。取水量的范围包括：取自地表水（以净水厂供水计量）、地下水和城镇供水工程的水，以及企业从市场购得的其他水或水的产品（如蒸汽、热水、地热水等），不包括企业自取的海水和苦咸水等，以及企业为外供给市场的水的产品（如蒸汽、热水、地热等）而取得的用水量，是主要生产取水量、辅助生产取水量和附属生产取水量之和。

3. 万元工业产值取水量

万元工业产值取水量，即在一定计量时间（年）内，工业生产中每生产一万元的产品需要的取水量。万元工业产值取水量是一项决定综合经济效果的水量指标，它反映了工业用水的宏观水平，可以纵向评价工业用水水平的变化程度（城市、行业、单位当年与上年或历年的对比），从中可看出节约用水水平的提高或降低，在生产工艺相近的同类工业企业范畴内能反映实际节水效率。但由于万元工业产值取水量受产品结构、产业结构、产品价格、工业产值计算方法等因素的影响很大，所以该指标的横向可比性较差，有时难以真实地反映用水效率，不利于科学地评价合理用水程度。

工业行业的万元产值用水量按火电工业和一般工业分别进行统计。火电工业用水指标用单位装机容量用水量（不包括重复利用水量，下同）表示；一般工业用水指标以单位工业总产值用水量或单位工业产值增加值的用水量表示。资源条件好的地区，还应分析主要行业用水的重复利用率、万元产值用水量和单位产品用水量。

4. 单位产品取水量

单位产品取水量是企业生产单位产品需要从各种水源（不包括海水、苦咸水、再生水）提取的水量。单位产品取水量是评价一个工业企业乃至一个行业节水水平高低的最准确指标，它比万元工业产值取水量更能全面地反映企业的节水水平，是一种资源类指标而非经济类指标，能够用于同行业企业的横向对比，客观地综合反映企业的技术、生产工艺和管理水平的先进程度。

5. 万元工业增加值取水量

万元工业增加值取水量，即在工业生产中每生产一万元工业增加值需要的取水量。工业增加值已成为考核国民经济各部门生产成果的代表性指标，并作为分析产业结构和计算经济效益指标的重要依据。因此，万元工业增加值取水量既可以反映行业用水效率的高低，也能反映出产业结构调整对工业用水和节水的影响。在确定城市应发展什么样的工业，产业结构应如何调整时，万元工业增加值取水量比万元工业产值取水量更有参考价值，更能全面反映水资源投向产品附加值高、技术密集程度高的产业配置水平。

（四）工业节水的潜力

工业节水是指通过加强管理，采取技术上可行、经济上合理的节水措施，减少工业取水量和用水量，降低工业排水量，提高用水效率和效益，合理利用水资源的工程和方法。

工业节水的水平可以用各种用水量的高低评价，也可以结合工业用水重复利用率的高低来考查。工业用水重复利用率是在一定的计量时间内、生产过程中使用的重复利用水量与总水量之比。它能够综合反映工业用水的重复利用程度，是评价工业企业用水水平的重要指标。

（五）工业节水途径

工业节水途径主要指在工业用水中采用水型的工艺、技术和设备设施。要求对新建和改建的企业实行采用先进合理的用水设备和工艺，并与主体工程同时设计、同时施工、同时投产的基本原则，严禁采用耗水量大、用水效率低的设备和工艺流程；对其他企业中的高耗水型设备、工艺通过技术改造，实现合理节约用水的目的。主要的节水技术包括如下几个方面：

1. 冷却水的重复利用

工业生产用水中以冷却用水量最多，占工业用水总量的70%左右。从理论和实践中可知，重复循环利用水量越多，冷却用水冷却效率越高，需要补充的新水量就越少，外排废污水量也相应地减少。所以，冷却水重复循环利用，提高其循环利用率，是工业生产用水中一条节水减污的重要途径。

在工厂推行冷却塔和其他制冷技术，可使大量的冷却水得到重复利用，并且投资少见效快。冷却塔和冷却池的作用是将有大量工业生产过程中多余热量的冷却水迅速降温，并循环重复利用，减少冷却水系统补充低温新水的要求，从而获得既满足设备和工艺对温度条件的控制，又减少了新水用量的效果。

2. 洗涤节水技术

在工业生产用水中，洗涤用水仅次于冷却水的用量，居工业用水量的第二位，约占工业用水总量的10%~20%。尤其在印染、造纸、电镀等行业中洗涤用水有时占总用水量的一半以上，是工业节水的重点。主要的节水高效洗涤方法与工艺的描述如下：

（1）逆流洗涤工艺

逆流洗涤节水工艺是最为简便的洗涤方法。在洗涤过程中，新水仅从最后一个水洗槽加入，然后使水依次向前一水洗槽流动，最后从第一水洗槽排出。被加工的产品则从第一水洗槽依次由前向后逆水流方向行进。在逆流洗涤工艺中，除在最后一个水洗槽加入新水外，其余各水洗槽均使用后一级水洗槽用过的洗涤水。水实际上被多次回用，提高了水的重复利用率。

（2）喷淋洗涤法

喷淋洗涤法是指被洗涤物件以一定移动速度通过喷洗槽，同时用按一定速度喷出的射流水喷射洗涤被洗涤物件。一般多采取二、三级喷淋洗涤工艺,用过的水被收集到储水槽中并可以逆流洗涤方式回用。这种喷淋洗涤工艺的节水率可达95%。

（3）气雾喷洗法

气雾喷洗主要由特制的喷射器产生的气雾喷洗待清洗的物件。其原理是：压缩空气通过喷射器气嘴时产生的高速气流在喉管处形成负压,同时吸入清洗水,混合后的雾状气水流——气雾,以高速洗刷待清洗物件。

用气雾喷洗的工艺流程与喷淋洗涤工艺相似,但洗涤效率高于喷淋洗涤工艺,更节省洗涤用水。

3. 物料换热节水技术

在石油化工、化工、制药及某些轻工业产品生产过程中,有许多反应过程是在温度较高的反应器中进行的。进入反应器的原料（进料）通常需要预热到一定温度后再进入反应器参加反应。反应生成物（出料）的温度较高,在离开反应器后需用水冷却到一定温度方可进入下一生产工序。这样,往往用以冷却出料的水量较大并有大量余热未予利用,造成水与热能的浪费。如果用温度较低的进料与温度较高的出料进行热交换,即可达到加热进料与冷却出料的双重目的。这种方式或类似热交换方式称为物料换热节水技术。

采用物料换热技术,可以完全或部分地解决进、出料之间的加热、冷却问题,可以相应地减少用以加热的能源消耗量、锅炉补给水量及冷却水量。

4. 串级联合用水措施

不同行业和生产企业,以及企业内各道生产工序,对用水水质、水温常有不同的要求,可根据实际生产情况,实行分质供水、串级联合用水等一水多用的循环用水技术。即两个或两个不同的用水环节用直流系统连接起来,有的可用中间的提升或处理工序分开,一般是下一个环节的用水不如上一个环节用水对水质、水温的要求高,从而达到一水多用,节约用水的目的。

串级联合用水的形成,可以是厂内实行循环分质用水,也可以是厂际间实行分质联合用水。厂际间实行分质联合用水,主要是指甲工厂或其某些工序的排水,若符合乙工厂的用水水质要求,可实行串级联合用水,以达到节约用水和降低生产成本的目的。

（六）工业用水的科学管理

1. 工业取水定额

工业企业产品取水定额是以生产工业产品的单位产量为核算单元的合理取水的标准取水量，是指在一定的生产技术和管理条件下，工业企业生产单位产品或创造单位产值所规定的合理用水的标准取水量。

加强定额管理，目的在于将政府对企业节水的监督管理工作重点从对企业生产过程的用水管理转移到取水这一源头的管理上来，即通过取水定额的宏观管理，推动企业生产这一微观过程中的合理用水，最终实现全社会水资源的统一管理与可持续使用。

工业取水定额是依据相应标准规范制定过程而制定的，以促进工业节水和技术进步为原则，考虑定额指标的可操作性并使企业能够因地制宜，达到持续改进的节水效果。

2. 清洁生产

清洁生产又称废物最小化、无废工艺、污染预防等。在不同国家不同经济发展阶段有着不同的名称，但其内涵基本一致，即指在产品生产过程通过采用预防污染的策略来减少污染物的产生。20世纪90年代中期，联合国环境规划署这样定义：清洁生产是一种新的创新性的思想，该思想将整体预防的环境战略持续应用于生产过程、产品和服务中，以增加生态效益和减少人类及环境的风险。这体现了人们思想观念的转变，是环境保护战略由被动反应到主动行动的转变。

（1）清洁生产促进工业节水

清洁生产是一个完整的方法，需要生产工艺各个层面的协调合作，从而保证以经济可行和环境友好的方式进行生产。清洁生产虽然并不是单纯为节水而进行的工艺改革，但节水是这一改革中必须要抓好的重要项目之一。为了提高环境效益，清洁生产可以通过产品设计、原材料选择、工艺改革、设备革新、生产过程产物内部循环利用等环境的科学化合理化，大幅度地降低单位产品取水量和提高工业用水重复率，并可减少用水设备，节省工程投资和运行费用与能源，以提高经济效益，而且其节水水平的提高与高新技术的发展是一致的，可见清洁生产与工业节水在水的利用角度上目的是一致的，可谓异曲同工。

（2）清洁生产促进排水量的减少

由于节水与减污之间的密切联系，取水量的减少就意味着排污量的减少，这正是推行清洁生产的目的。清洁生产包含了废物最小化的概念，废物最小化强调的是循环和再利用，实行非污染工艺和有效的出流处理，在节水的同时，达到节能和减少废物的产生，因此节水与节能减排是工业共生关系。而且，清洁生产要求对生产过程采取整体预防性环境战略，强调革新生产工艺，恰符合工艺节水的要求。

推行清洁生产是社会经济实现可持续发展的必由之路，其实现的工业节水效果与工业节水工作追求的目标是一致的。因此，推行工业节水工作的同时，应关注各行业的清洁生产进程，引导工业企业主动地在推行清洁生产的革新中节水，从而使工业节水融入不同行业的清洁生产过程中。

3. 加强企业用水管理，逐步实现节水的法治化

用水管理包括行政管理措施和经济管理措施。采取的主要措施有：制定工业用水节水行政法规，健全节水管理机构，进行节水宣传教育，实行装表计量、计划供水，调整工业用水水价，控制地下水开采，对计划供水单位实行节奖超罚以及贷款或补助节水工程等用水管理对节水的影响非常大，它能调动人们的节水积极性，通过主观努力使节水设施充分发挥作用；同时可以约束人的行为，减少或避免人为的用水浪费。完善的用水管理制度是节水工作正常开展的保证。

二、农业节水

（一）农业节水的概念

农业节水是指农业生产过程中在保证生产效益的前提下尽可能节约用水。农业是用水大户，但是在相当一部分发展中国家，农业生产投入低，技术落后，农田灌溉不合理，水量浪费惊人。因此，农业节水以总量多和潜力大成为节水的首要课题。

目前，我国农业用水约占全国总用水量的60%~70%，农业用水量的90%用于种植业灌溉，其余用于林业、牧业、渔业以及农村人畜饮水等。尽管农业用水所占比重近年来明显下降，但农业仍是我国第一用水大户，发展高效节水农业是国家的基本战略。在谈到农业节水时，人们往往只想到节水灌溉，这一方面是由于灌溉用水在农业用水中占有相当大的比例（90%以上）；另一方面也反映了人们认识上的片面性。实际上，节水灌溉是农业节水中最主要的部分，但不是全部。著名水利专家钱正英指出，农业节水的内容不仅仅是节水灌溉，它主要包括三个层次：第一层次是农业结构的调整，就是农林、牧业结构的配置；第二层次是农业技术的提高，主要是提高植物本身光合作用的效率；第三个层次才是通过节水灌溉，减少输水灌溉中的水量损失。因此应研究各个层次的节约用水，不应当仅限于节水灌溉。

相比于节水灌溉，农业节水的范围更广、更深。它以水为核心，研究如何高效利用农业水资源，保障农业可持续发展。农业节水的最终目标是建设节水高效农业。

除了"农业节水"，还有"节水农业"，两者互有联系，但却是两个概念，内涵和研究重点有差异，不能混淆。节水农业应理解为在农业生产过程中的全面节水，包括充分利用自然降水和节约灌溉两个方面。结合我国实际情况，节水农业包括节水灌溉农业、有限灌溉农业和旱作农业三种。而农业节水，不仅要研究农业生产过程中的节水，还要研究与农业用水有关的水资源开发、优化调配、输水配水过程的节约等。

（二）农业节水技术

从水源到形成作物产量要经过以下四个环节：通过渠道或管道将水从水源输送到田间，通过灌溉将引至田间的水分配到指定面积上转化为土壤水，经作物吸收将土壤水转化为作物水，通过作物复杂的生理生化过程，使作物水参与经济产量的形成。在农田水的四次转化过程中，每一环节都有水的损失，都存在节水潜力。前两个环节不与农作物吸收和消耗水分的过程直接发生联系。但前两个环节的节水潜力比较大，措施比较明确，是当前节水灌溉的重点。工程技术节水措施通常指能提高前两个环节中灌溉水利用率的工程性措施，包括渠道防渗技术、管道输水技术、节水型地面灌溉技术、喷灌技术和微灌技术等。

1. 渠道防渗技术

（1）渠道防渗技术的重要性与作用

渠道防渗技术是减少输水渠道透水性或建立不透水防护层的各种技术措施，是灌溉各环节中节水效益最大的一环。采取渠道防渗技术对渠床土壤处理或建立不易透水的防护层，如混凝土护面、浆砌块石衬砌、塑料薄膜防渗和混合材料防渗等工程技术措施，可减少输水渗漏损失，加快输水速度，提高灌水效率。与土渠相比，浆砌块石防渗可减少渗漏损失50%～60%，混凝土护面可减少渗漏损失60%～70%，塑料薄膜防渗可减少渗漏损失70%～80%。

渠道防渗可提高渠系水利用系数，其原因在于：一是渠道防渗可提高渠道的抗冲能力；二是减少渠道粗糙程度，加大水流速度，增加输水能力，一般输水的时间可缩短30%～50%；三是减少渗漏对地下水的补给，有利于对地下水位的控制，防治盐碱化发生；四是减少渠道淤积，防止渠道生长杂草，节省维修费用和清淤劳力，降低灌水成本。

（2）渠道防渗主要技术类别

①土料防渗技术

土料防渗的技术原理是在渠床表面铺上一层适当厚度的黏性土、黏砂混合土、灰土、三合土和四合土等材料，经夯实或碾压形成一层紧密的土料防渗层，以减少渠道在输水过程中的渗漏损失。适用于气候温暖无冻害、经济条件较差地区，流速较低的小型渠道及农、毛渠等田间渠道。

采取土料防渗一般可减少渗漏量的60%～90%，并且能就地取材，技术简单，农民易掌握，投资少。因此在今后较长一段时间内，仍将是我国中、小型渠道的一种较简便可行的防渗措施。但目前由于我国经济实力增强、防渗新材料和新技术不断问世，应用传统的土料防渗技术正在逐年减少。但是，随着大型碾压机械的应用、土的电化学密实和防渗技术的发展以及新化学材料的研制，也可能会给土料防渗带来生机。

②水泥土防渗

水泥土防渗的技术原理是将土料、水泥和水按一定比例配合拌匀后，铺设在渠床表面，经碾压形成一层致密的水泥土防渗层，以减少渠道在输水过程中的渗漏损失。适用于气候温和的无冻害地区。

采取水泥土防渗一般可减少渗漏量的80%～90%，并且能够就地取材，技术简单，易于推广，在国内外得到广泛应用。但因其早期强度和抗冻性较差，随着效果更优的防渗新材料和新技术不断涌现，水泥土防渗大面积推广应用的前景较差。

③砌石防渗

砌石防渗的技术原理是将石料浆砌或干砌勾缝铺设在渠床表面，形成一层不易透水的石料防渗层，以减少渠道在输水过程中的渗漏损失。适用于沿山渠道和石料丰富、劳动力资源丰富的山丘地区。

砌石防渗具有较好的防渗效果，可减少渗漏量50%左右。而且具有抗冲流速大、耐磨能力强、抗冻和防冻害能力强和造价低等优点。我国山丘地区所占国土面积很大，石料资源十分丰富，农民群众又有丰富的砌石经验，因此砌石防渗仍有广阔的推广应用前景。但随着劳动力价格的提高，同时受浆砌石防渗难以实现机械化施工、且质量不易保证等因素影响，在劳动力紧缺的地区其应用会受到制约。

④混凝土防渗

混凝土防渗的技术原理是将混凝土铺设在渠床表面，形成一层不易透水的混凝土防渗层，以减少渠道在输水过程中的渗漏损失。混凝土防渗对大小渠道、不同工程环境条件都可采用，但缺乏砂、石料地区造价较高。

采取混凝土防渗一般能减少渗漏损失90%~95%以上，且耐久性好寿命长（一般混凝土衬砌渠道可运用50年以上）；糙率小，可加大渠道流速，缩小断面，节省渠道占地；强度高，防破坏能力强，便于管理。混凝土防渗是我国最主要的一种渠道防渗技术措施。

⑤膜料防渗

膜料防渗的技术原理是用不透水的土工织物（即土工膜）铺设在渠床表面，形成一层不易透水的防渗层，以减少渠道在输水过程中的渗漏损失。适用于交通不便运输困难、当地缺乏其他建筑材料的地区，有侵蚀性水文地质条件及盐碱化的地区以及北方冻胀变形较大的地区。

膜料的防渗效果好，一般能减少渗漏损失90%~95%以上。具有适应变形能力强；质轻、用量少、方便运输；施工简便、工期短；耐腐蚀性强；造价低（塑膜防渗造价仅为混凝土防渗的1/15~1/10）等优点。随着高分子化学工业的发展，新型防渗膜料的不断开发，其抗穿刺能力、摩擦系数及抗老化能力得到提高，膜料防渗技术应用前景十分广阔。

⑥沥青混凝土防渗

沥青混凝土防渗的技术原理是将以沥青为胶结剂，与矿物骨料经过加热、拌和、压实而成的沥青混凝土铺设在渠床表面，形成一层不易透水的防渗层，以减少渠道在输水过程中的渗漏损失。适用于有冻害和沥青资源比较丰富的地区。

采取沥青混凝土防渗一般能减少渗漏损失90%~95%，并且适应变形能力强、不易老化，对裂缝有自愈能力、容易缝补、造价仅为混凝土防渗的70%随着石油化学工业的发展，沥青资源逐渐丰富，沥青混凝土防渗的推广应用前景十分广阔。

2. 管道输水灌溉技术

（1）管道输水灌溉的重要性与作用

管道输水灌溉是以管道代替明渠输水，将灌溉水直接送到田间灌溉作物，以减少水在输送过程中渗漏和蒸发损失的一种工程技术措施。管道输水灌溉比明渠输水灌溉有明显优点，主要表现在四方面：一是节水，井灌区管道系统水分利用系数在0.95以上，比土渠输水节水30%左右；二是节能，与土渠输水相比，能耗减少25%以上，与喷、微灌技术相比，能耗减少50%以上；三是减少土渠占地，提高土地利用率，一般在井灌区可减少占地2%左右，在扬水灌区减少占地3%左右；四是管理方便，有利于适时适量灌溉。

（2）管道输水灌溉的类型

管道输水灌溉按照输配水方式可分为水泵提水输水系统和自压输水系统。水泵提水又分为水泵直送式和蓄水池式，其中水泵直送式多在井灌区，在渠道较高区采用自压输水方式。

按管网形式可分为树状网和环状网。树状网的管网为树枝状，水流从"树干"流向"树枝"，即在干、支和分支管中从上游流向末端，只有分流而无汇流。环状网是通过各节点将管道连成闭合环状。目前国内多采用树状网。

按固定方式分为移动式、半固定式和固定式。移动式的管道和分水设施都可移动，因简便和投资低，多在井灌区临时抗旱用，但劳动强度大，管道易破损；半固定式一般是干管或干、支管固定，由移动软管输水于田间；固定式的各级管道及分水设施均埋在地下，给水栓或分水口直接供水进入田间，其投资较大，但管理方便，灌水均匀。

按管道输水压力可分低压管道系统和非低压管道系统。低压管道系统的最大工作压力一般不超过0.2MPa，为井灌区多采用；非低压管道系统的工作压力超过0.2MPa，多在输水量较大或地形高差较大地区应用。

3. 田间灌溉节水技术

田间灌溉节水技术，是指灌溉水（包括降水）进入农田后，通过采用良好的灌溉方法，最大限度地提高灌溉水利用效率的灌水技术。良好的灌水方法，不仅能灌水均匀，而且可以节水、节能、省工，保持土壤良好的物理化学性状，提高土壤肥力，获得最佳效益。

田间灌溉节水技术，一般包括改进地面灌水技术，喷灌、微灌等新灌水技术，以及抗旱补灌技术。地面改进灌水技术，包括小畦"三改"灌水技术、长畦分段灌溉、涌流沟灌、膜上沟灌等。新灌水技术包括喷灌、微灌（滴灌、微喷灌、小管出流灌和渗灌等）。因为喷、微灌技术大多通过管道输水，并需一定压力而进行的，故也称为压力灌。

（1）改进地面灌水技术

传统的地面灌有畦灌、沟灌、格田淹灌和灌四种形式。地面灌水方法是世界上最古老的，也是目前应用最广泛的灌水技术。据统计，全世界地面灌占总灌溉面积的90%左右，我国98%灌溉面积也是采用地面灌。由于传统地面灌溉技术存在灌溉水损失大、需要劳力多、生产效率低、灌水质量差等问题，因此改进地面灌水技术已引起人们的重视。这里主要介绍几种改进的地面灌水技术。

①小畦灌溉技术

在自流灌区运用小畦灌溉技术的时候，畦田宽度应该控制在2m~3m，畦田长度不超过75m。机井和高扬程提水灌区的畦田宽度应该控制在1m~2m，畦田长度控制在30m~50m。

②长畦短灌技术

长畦短灌技术又称长畦分段灌水技术，是将长畦划分成一个一个的小段，采用地面纵向输水沟或软管分别对这些小段进行灌溉。采用长畦短灌技术的畦田，畦宽应控制在5m~10m之间，畦长可以控制在200m以上，一般在100m~400m左右。

③水平畦灌技术

水平畦灌技术是将田块整理成方形（或长方形），以较大的流量入畦，使水流迅速灌满全部田间（田块）的一种灌水技术。该技术要求田面比较平整，田面各个方向无坡度，在我国现阶段的水平畦田一般多为200m²左右，如果与激光控制平地技术结合进行高精度的土地平整，还可以增大灌溉田块的面积。

④节水型沟灌

节水型沟灌有短沟灌、细流沟灌、隔沟灌等形式。短沟灌的沟长要求，自流灌区一般不超过100m，提水灌区和井灌区一般不超过50m。细流沟灌的灌水沟规格与一般的沟灌相同，只是用小管控制入沟流量，一般流量不大于0.3L/s，水深不超过沟深的一半。

⑤间歇灌溉技术

间歇灌溉技术是通过间歇向田块供水，逐段湿润土壤，直到水流推进到灌水末端为止的种节水型地面灌溉新技术。间歇灌溉设备，由波涌阀、控制器、田间输配水管道等组成。与传统的地面灌水不同，采用间歇灌溉技术向田面供水时，不是一次灌水就推进到末端，而是灌溉水在第一次供水输入田面，达一定距离后暂停供水，当田面水自然落干后，再继续供水，如此分几次间歇反复地向田面供水直至供水到田面末端。这样降低了灌溉过程中灌溉水的渗漏损失，提高了地面灌水的质量。

⑥改进格田灌

格田的长度宜为60m~120m，宽度宜为20m~40m；山区和丘陵区可根据地形、土地平整及耕作条件等适当调整。格田与格田之间不允许串灌。

（2）喷灌技术

喷灌技术是利用专门的设备（动力机、水泵、管道等）将水加压，或利用水的自然落差将有压水通过压力管道送到田间，再经喷洒器（喷头）喷射到空中形成细小的水滴，均匀地散布在农田上，达到灌溉目的。

喷灌几乎适用于灌溉所有的旱作物，如谷物、蔬菜、果树等。既适用于平原区也适用于山丘区；既可用于灌溉农作物又可用于喷洒肥料、农药、防霜冻和防干热风等。但在多风情况下，喷洒会不均匀，蒸发损失增大。为充分发挥喷灌的节水增产作用，应优先应用于经济价值较高且连片种植集中管理的植物，以及地形起伏大、土壤透水性强、采用地面灌溉困难的地方。

（3）微灌技术

微灌技术是一种新型的最节水的灌溉工程技术，包括滴灌、微喷灌、涌泉灌和地下渗灌。微灌可根据作物需水要求，通过低压管道系统与安装在末级管道上的灌水器，将水和作物生长所需的养分以很小的流量均匀、准确、适时、适量地直接输送到作物根部附近的土壤表面或土层中进行灌溉，从而使灌溉水的深层渗漏和地表蒸发减少到最低限度。微灌常以少量的水湿润作物根区附近的部分土壤，因此主要用于局部灌溉。

①滴灌

是通过安装在毛管上的滴头，将水一滴滴、均匀而又缓慢地滴入作物根区土壤中的灌水方式。灌水时仅滴头下的土壤得到水分，灌后沿作物种植行形成一个一个的湿润圈，其余部分是干燥的。由于滴流流量小，水滴缓慢入渗，仅滴头下的土壤水分处于饱和状态外，其他部位的土壤水分处于非饱和状态。土壤水分主要借助毛管张力作用湿润土壤。

②微喷灌

采用低压管道将水送到作物根部附近，通过流量为50L/h～200L/h、工作压力为100kPa～150kPa的微喷头将水喷洒在土壤表面进行灌溉。微喷灌一般只湿润作物周围的土地，一般也用于局部灌溉。微喷灌不仅可以湿润土壤，而且可以调节田间小气候。此外，由于微喷头的出水孔径较大，因此比滴灌抗堵塞能力强。

③涌泉灌

也称小管出流灌。是通过安装在毛管上的涌水器或微管形成的小股水流，以涌泉方式涌出地面进行灌溉。其灌溉流量比滴灌和微喷灌大，一般都超过土壤渗吸速度。为了防止产生地面径流，需要在涌水器附近的地表外挖小穴坑或绕树环沟暂时储水。由于出水孔径较大，不易堵塞。

④地下渗灌

地下渗灌是通过埋在地表下的全部管网和灌水器进行灌水，水在土壤中缓慢地浸润和扩散湿润部分土体，故仍属于局部灌溉。

要实施微灌，必须建设微灌系统。微灌统由水源、首部枢纽、输配水管网和灌水器以及流量、压力控制部件和量测仪表等组成。

选用适宜的水源，江河、渠道、湖泊、水库、井、泉等均可作为微灌水源，但其水质需符合微灌要求。

建立首部枢纽设备，包括水泵、动力机、肥料和化学药品注入设备、过滤设备、控制阀、进排气阀、压力及流量监测仪等。如果有足够自然水头的地方，可不设置水泵和动力机铺设输水管网，包括干管、支管和毛管三管网，通常采用聚乙烯或聚氯乙烯管材。一般干、支管埋入地面以下一定深度，毛管可埋入地下，也可铺设在地面。

选用安装适合的灌水器，包括滴头、微喷头、滴灌带、涌水器和渗水头，应根据使用条件选用。

根据作物的需水规律和微灌系统的运行要求，开启微灌系统进行灌溉。

微灌适用于所有的地形和土壤，特别适用于干旱缺水地区，我国北方和西北地区是微灌最有发展前途的地区，南方丘陵区的经济作物因常受季节性干旱影响也很适宜采用微灌。微灌系统可分为固定式和半固定式两种，固定式常用于宽行作物，半固定式可用于密植的大田作物及宽行瓜类等。

微灌特别适合灌溉干旱缺水地区的经济作物，如新疆地区的棉花滴灌。微灌也很适宜经济林果灌溉，如北方和西北地区的葡、瓜果等适用滴灌；南方的柑橘、茶叶、胡椒等适用微喷灌；食用菌、苗木、花卉、蔬菜等适用微喷灌。因此，微灌在我国有着广阔的应用前景。

（三）农业节水管理

农业节水管理是指根据作物的需水、耗水规律，来控制、调配水源，以最大限度地满足作物对水分的需求，实现区域效益最佳的农田水分调控管理。包括节水高效灌溉制度，土壤墒情监测预报技术、灌区量水与输配水调控及水资源政策管理等方面。

1. 节水高效灌溉制度

作物灌溉制度是为了促使农作物获得高产和节约用水而制定的适时、适量的灌水方案。它既是指导农田灌溉的重要依据，也是制定灌溉规划、设计灌溉工程以及编制灌区用水计划的基本依据。作物灌溉制度包括：农作物播种前及全生育期内的灌水次数、灌水时间、灌水定额和灌溉定额等。灌溉次数是指作物生育期内所需灌水的次数。灌溉时期是指每次灌水较适宜的时期。灌水定额是指单位耕地面积上的一次灌水量，而灌溉定额是指单位耕地面积上农作物播种前和全生育期内的总灌水量。灌溉制度的制定，要依赖于灌区内农作物的组成情况和各种农作物的需水量，以及灌区内水源供应情况和农作物生长期内的有效降雨量等因素，通过实验和进行水量平衡计算确定。

节水高效灌溉制度是指根据作物需水规律，结合气候、土壤和农业技术条件，把有限的灌溉水在灌区和作物生育期进行优化分配达到高产高效节水的目的。对旱作物可采用非充分灌溉、调亏灌溉、低定额灌溉、储水灌溉等；对水稻可采用浅湿灌溉、控制灌溉等，限制对作物的水分供应，一般可节水30%～40%，而对产量无明显影响。制定节水高效灌溉制度一般不需要增加投入，只是根据作物生长发育的规律，对灌溉水进行时间上的优化分配，农民易于掌握，是一种投入少、效果显著的管理节水措施。

（1）充分供水条件下的节水高效灌溉制度

充分灌溉是指水源供水充足，能够全部满足作物的需水要求，此时的节水高效灌溉制度应是根据作物需水规律及气象、作物生长发育状况和土壤墒情等对农作物进行适时、适量的灌溉，使其在生长期内不产生水分胁迫的情况下获得作物高产的灌水量与灌水时间的合理分配，并且不产生地面径流和深层渗漏，既要确保获得最高产量，又应具有较高的水分生产率。

（2）供水不足条件下的非充分灌溉制度

非充分灌溉的优化灌溉制度是在水源不足或水量有限条件下，把有限的水量在作物间或作物生育期内进行最优分配，确保各种作物水分敏感期的用水，减少对水分非敏感期的供水，此时所寻求的不是单产最高，而是全灌区总产值最大。

①非充分灌溉的经济用水灌溉制度

以经济效益最大或水分生产率最高为目标，确定作物的耗水量与灌溉水量。对华北地区主要农作物非充分灌溉的经济需水量试验研究表明，与充分灌溉相比，每公顷可节水 $30m^3$ ～ $40m^3$，而对产量基本没有影响。

②调亏灌溉制度

根据作物的遗传和生物学特性，在生长期内的某些阶段，人为地施加一定程度的水分胁迫（亏缺），调整光合产物向不同组织器官的分配，调控作物生长状态，促进生殖生长和控制营养生长的灌溉制度。在山西洪洞实验研究表明，冬小麦采用调亏灌溉，湿润年份灌一次水，平水年份灌两次水，干旱年份灌三次水，灌水定额60mm，产量提高7%～10%，水分利用效率提高11%～24%。商丘试验区进行的玉米调亏灌溉试验结果表明，玉米拔节前中度亏水和拔节、抽雄阶段的轻度亏水，光合作用降低不明显，而蒸腾作用降低显著，且复水后，光合作用有超补偿效应，具有节水、增产、提高水分利用效率的生理基础。

③水稻"浅、薄、湿、晒"灌溉制度

在我国南方及北方的一些水稻灌区推广了水稻节水灌溉技术，包括广西推广的水稻"浅、薄、湿、晒"灌溉技术、北方地区推广的"浅、湿"灌溉技术和浙江等地推广的水稻"薄、露"灌溉技术等。其技术要点为：在水稻全生育期需要灌溉的大部分时间内，田面不设水层或只设浅水层，采取湿润灌溉或薄水灌溉，由于田面不设水层或只设薄水层可大幅度降低稻田的渗漏量和水面蒸发量，从而使稻田用水量降低20%～50%，而对产量没有影响。

2. 土壤墒情监测预报技术

土壤墒情监测预报技术是指用张力计、中子仪、电阻仪等监测土壤墒情，数据经分析处理后，配合天气预报，对适宜灌水时间、灌水量进行预报，可以做到适时适量灌溉，有效地控制土壤含水量，达到既节水又增产的目的。土壤墒情监测与灌溉预报技术只需购置必要的仪器设备，对基层农民技术员经技术培训后，即可操作运用，也是一种投入较低，效果比较显著的管理节水技术。

（1）烘干法

用取土管插入土中取样，称其重量，置于烘箱中，在105℃～110℃的温度下，烘干至其重量不再变更时，计算所失去的水分与土样干重量的百分比。此法需有烘箱、取土钻及一定精度的天平，烘干时间最少需8h～10h。

（2）张力计法

先用负压计测定土壤水分的能量，然后通过土壤水分特征曲线间接求出土壤含水量负压计由陶土头、连通管和压力计三部分组成。压力计可采用机械式真空表、压力传感器、水银或水的U形管压力计。陶土头安装在被测土壤中后，负压计中的水分通过陶土头与周围土壤水分达到平衡，这样就可以通过压力计将土壤水分的势能显示出来。负压计的实际测定范围一般为0kPa～8kPa。

（3）中子仪法

通过测定土壤中氢原子的数量而间接求得土壤含水量，它主要由快中子源、慢中子探测器和读数控制系统三部分组成。目前中子仪主要有两种类型，一种用于测定深层（地表30cm以下）土壤含水量，另一种用于测表层（小于30cm）

土壤含水量。

（4）时域反射仪（TDR）法

在测定土壤含水量时，主要依赖电缆测试器。时域反射仪通过与土壤中平行电极连接的电缆，传播高频电磁波，信号从波导棒的末端反射到电缆测试器，从而在示波器上显示出信号往返的时间。只要知道传输线和波导棒的长度，就能计算出信号在土壤中传播速度。介电常数与传播速度成反比，而与土壤含水量成正比，即可通过土壤水介质的介电常数，求出土壤的体积含水量。

（5）遥感法

采用遥感技术测定土壤含水量，主要依据于测定从土壤表面反射或散出的电磁能。随着土壤含水量大小而变化的辐射强度主要受土壤介电特性（折射率）或土壤温度的影响，遥感技术根据使用放射波的波长不同而有两种方法：一种是热力法或红外热辐射遥测法，其波长是10m～12m；另一种是微波法，其波长为1m～50m。微波法一般分为无源微波法和有源微波法，前者是利用放射技术，而后者是利用雷达技术测定与土壤含水量密切相关的土壤表层介电特性。

3.灌区量水与输配水调控技术

灌区量水是指采用量水设备对灌区用水量进行量测，实行按量收费，促进节约用水。常用的量水设备有量水堰、量水槽、灌区特种量水器和复合断面量水堰等。随着电子技术、计算机技术的发展，半自动或全自动式量水装置，可极大提高灌区的量水效率和量水精度。灌区量水技术主要有以下几种：

（1）利用渠道建筑物量水

利用渠道建筑物量水较为经济简便，但需要事前对不同种类的渠系建筑物逐个进行率定，工作量很大。可用于量水的渠系建筑物一般有渠槽、闸、涵、倒虹吸及跌水。

①利用渠槽量水

这是一种最简单的量水技术，但精度较差，即选用一般断面尺寸稳定的渠槽，安装水尺，并预先率定水位与渠槽断面积的关系，然后用流速仪测定渠道中的稳定流速，即可用断面积乘以流速得出渠道的流量。

②利用闸、涵量水

对于具有平面治理启闭式闸门的明渠，可采用其放水的单孔闸、涵量水。根据闸、涵结构及过闸水流状态选用相应公式求得过水流量。

③利用渡槽量水

渡槽下游不应有引起槽中壅水或降水的建筑物。测流断面面积及湿周应为渡槽中部进口、出口断面的平均值。水尺应固定在渡槽中部侧壁上，水尺零点应与槽底齐平。过槽流量可利用流量经验公式计算；当渡槽的槽身总长度大于进口前渠道水深的 20 倍时，槽中流量可按均匀流公式计算流量。

④利用跌水（或陡坡）量水

跌水分单口跌水与多口跌水，跌水口的形式有矩形、梯形与台堰式。当进口底与上游渠底齐平或台堰顺水流方向宽度为 0.67~2 倍堰上水头时，按实用堰公式计算。梯形跌水口、多缺口跌水可采用相应公式计算流量。

（2）利用量水堰量水

量水堰量水一般有以下几种形式：

①三角形薄壁堰

过水断面为三角形缺口，角顶向下。常用的薄壁三角堰堰顶夹角为 45°、90°，适用于小流量（L/s）。堰口与两侧渠坡的距离及角顶与渠底的高度，不应小于最大堰水头。根据其出流方式是自由式或是淹没出流选用不同公式计算流量。

②矩形薄壁堰

矩形薄壁堰分为无侧收缩和有侧收缩两类。当堰顶宽度与行近渠槽等宽时称为无侧收缩矩形薄壁堰，堰顶宽度小于行近渠槽宽度时为有侧收缩的矩形薄壁堰。堰口宽度 0.15m。根据有无收缩情况选用不同的公式计算流量。

③梯形薄壁堰

梯形薄壁堰结构为上宽下窄的梯形缺口，堰口侧边比应为 1：4（横：竖）。根据其出流方式是自由流或是淹没流选用不同公式计算流量。

（3）利用量水槽量水

量水槽应设置于顺直渠段，上游行进渠段壅水高度不应影响进水口的正常引水，长度一般应大于渠宽的 5~15 倍；行近渠内水流量应小于或等于 0.5。槽体应坚固不渗漏，槽体表面应平滑光洁。槽体轴线应与渠道轴线一致。量水槽上游不应淤积，下游不应冲刷。水尺零点应用水准仪确定。常用的量水槽有长喉道量水槽（量水槛）、标准巴歇尔量水槽、矩形无喉段量水槽、抛物线形量水槽等。

（4）利用量水仪表

量水仪表主要有以下几种形式：

①水位计

水位计可用于标准断面、堰槽、渠系建筑物等量水设备与设施的水位测量。水位计有浮子式、压力式、超声波式和遥测水位计等，选用水位计应满足有关标准规定的技术指标与精度要求。

②水表

水表用于管道量水。水表分为固定式和移动式两种。移动式水表可用于田间测流，水表的周围空气温度在0℃~40℃。用于灌溉的水表主要有旋翼式和螺翼式两类。最大流量时，水表压力损失应不超过0.1MPa，水平螺翼式水表不应超过0.03MPa。水表流量与水头损失关系曲线由厂家提供。水表口径应按照管道设计流量、水头损失要求及产品水表流量——水头损失曲线进行选择。在渠道或管道上安装固定水表，宜选用湿式水表，并应设水表井等保护设施。螺翼式水表前应保证有8~10倍公称直径的直管段，旋翼式水表前后，应有不小于0.3m的直管段。水表前应设过滤网，滤水网过水面积应大于水表公称直径对应的截面积。

③差压式流量计

差压式流量计由节流件、取压装置和节流件前后直管段等组成。根据节流件的不同推荐用于灌溉系统的差压式流量计有：孔板式流量计、文丘里管流量计及圆缺孔板流量计。可选用相应公式计算流量。

④电磁流量计

电磁流量计主要由变送器和转换器及流量显示仪表三部分组成。输出电信号可以模拟电流或电压，以及频率信号或数字信号输给显示仪表、记录仪表进行流量显示、记录和计算。

⑤超声波流量计

超声波流量计由超声波换能器、转换器及流量、水量显示三部分构成。

⑥分流水量计

分流水量计以文丘里管作为节流件和过水主管，在喉管处连接一支管，支管上安装水表，支管进口与上游水体连接，出口与喉管连接。分流水量计分为管道式和渠用式两种管道式分流水量计用于有压管道量水；渠用式分流水量计用于明渠量水，可安置在渠首或渠中。渠道流量大时，可选用并联分流水量计。

⑦旋杯式水量计

旋杯式水量计的构造由量水涵洞和量水仪表两部分组成。量水仪表由旋杯式转子、轮轴和计数表三部分组成。计数表分机械型和电子智能型。旋杯式转子安装在涵洞内，计数表安装在量水涵洞的盖板上。

第三节 海水淡化与雨水利用

一、海水淡化

（一）海水利用概述

1. 海水水质特征

海水化学成分十分复杂，含盐量远高于淡水。海水中总含盐量高达 6000mg/L ~ 50000mg/L，其中氯化物含量最高，约占总含盐 d 额 89%；硫化物次之，再次为碳酸盐及少量其他盐类。海水中盐类主要是氯化钠，其次是氯化镁、硫酸镁和硫酸钙等。与其他天然水源所不同的一个显著特点是水中各种盐类和离子的质量比例基本恒定。

按照海域的不同、使用功能和保护目标，我国将海水水质分成四类：第一类，适用于海洋渔业水域，海上自然保护区和珍稀濒危海洋生物保护区。第二类，适用于水产养殖区，海水浴场，人体直接接触海水的海上运动或娱乐区，以及与人类食用直接有关的工业用水区。第三类，适用于一般工业用水区，滨海风景旅游区。第四类，适用于海洋港口水域，海洋开发作业区。

2. 海水利用途径

海水作为水资源的利用途径分为直接利用和海水淡化后综合利用。直接利用指海水经直接或简单处理后作为工业用水或生活杂用水，可用于工业冷却、洗涤、冲渣、冲灰、除尘、印染用水、海产品洗涤、冲厕、消防等用途。海水经淡化除盐后可作为高品质的用水，用于生活饮用、工业生产等，可替代生活饮用水。

直接取用海水作为工业冷却水占海水利用总量的 90% 左右。使用海水冷却的对象有：火力发电厂冷凝器、油冷器、空气和氨气冷却器等；化工行业的蒸馏塔、炭化煅烧炉等；冶金行业气体压缩机、炼钢电炉、制冷机等；食品行业的发酵反应器、酒精分离器等。

（二）海水直接利用技术

1. 工业冷却用水

工业冷却用水占工业用水量的 80% 左右，工业生产中海水被直接用作冷却水的用量占海水总用量的 90% 左右。利用海水冷却的方式有间接冷却和直接冷却两种。其中以间接冷却方式为主,它是利用海水间接换热的方式达到冷却目的,如冷却装置、发电冷凝、纯碱生产冷却、石油精炼、动力设备冷却等都采用间接冷却方式。直接冷却是指海水与物料接触冷却或直喷降温冷却方式。在工业生产用水系统方面,海水冷却水的利用有直流冷却和循环冷却两种系统。直流冷却效果好,运行简单,但排水量大,对海水污染严重;循环冷却取水量小,排污量小,总运行费用低,有利于保护环境。海水冷却的优点:一是水源稳定,水量充足;二是水温适宜,全年平均水温 0℃~25℃,利于冷却;三是动力消耗低,直接近海取水降低输配水管道安装及运行费用;四是设备投资较少,水处理成本较低。

2. 海水用于再生树脂还原剂

在采用工业阳离子交换树脂软化水处理技术中,需要定期对交换树脂床进行再生。用海水替代食盐作为树脂再生剂对失效的树脂进行再生还原,这样既节省盐又节约淡水。

3. 海水作为化盐溶剂

在制碱工业中,利用海水替代自来水溶解食盐,不仅节约淡水,而且利用了海水中的盐分减少了食盐原材用量,降低制碱成本。

4. 海水用于液压系统用水

海水可以替代液压油用于液压系统,海水水温稳定、黏度较恒定,系统稳定,使用海水作为工作介质的液压系统,构造简单,不需要设冷却系统、回水管路及水箱。海水液压传动系统能够满足一些特殊环境条件下的工作,如潜水器浮力调节、海洋钻井平台及石油机械的液压传动系统。

5. 冲洗用水

海水经简单处理后即可用于冲厕。香港从 20 世纪 50 年代末开始使用海水冲厕,通过进行海水、城市再生水和淡水冲厕三种方案的技术经济对比,最终选择海水冲厕方案。我国北方沿海缺水城市,天津、青岛、大连也相继采用海水冲厕技术,节约了淡水资源。

6. 消防用水

海水可以作为消防系统用水,使用时应注意消防系统材料的防腐问题

7. 海产品洗涤

在海产品养殖中,海水用于海带、海鱼、虾、贝壳类等海产品的清洗加工。用于洗涤的海水需要进行简单的预处理,加以澄清以去除悬浮物、菌类,可替代淡水进行加工洗涤,节约大量淡水资源。

8. 印染用水

海水中一些成分是制造染料的中间体，对染整工艺中染色有促进作用。海水可用于印染行业中煮炼、漂白、染色和漂洗等工艺，节约淡水资源和用水量，减少污染物排放量。

9. 海水脱硫及除尘

海水脱硫工艺是利用海水洗涤烟气，并作为 SO2 吸收剂，无需添加任何化学物质，几乎没有副产物排放的一种湿式烟气脱硫工艺。该工艺具有较高的脱硫效率。海水脱硫工艺系统由海水输送系统、烟气系统、吸收系统、海水水质恢复系统、烟气及水质监测系统等组成，海水不仅可以进行烟气除尘，还可用于冲灰。国内外很多沿海发电厂采用海水作冲灰水，节约了大量淡水资源。

（三）海水淡化技术

海水淡化是指除去海水中的盐分而获得淡水的工艺过程。海水淡化是实现水资源利用的开源增量技术，可以增加淡水总量，而且不受时空和气候影响，水质好、价格渐趋合理。淡化后的海水可以用于生活饮用、生产等各种用水领域。

不同的工业用水对水的纯度要求不同。水的纯度常以含盐量或电阻率表示。含盐量指水中各种阳离子和阴离子的总和，单位为 mg/L。电阻率指 $1cm^3$ 体积的水所测得的电阻，单位为欧姆厘米（$\Omega \cdot cm$）。根据工业用水水质不同，将水的纯度分为四种类型。

淡化水，一般指将含盐量高的水如海水，经过除盐处理后成为生活及生产用的淡水。脱盐水相当于普通蒸馏水。水中强电解质大部分已去除，剩余含盐量约为 1mg/L～5mg/L。25℃时水的电阻率为 $0.1M\Omega \cdot cm$～$1.0M\Omega \cdot cm$。

纯水，亦称去离子水。纯水中强电解质的绝大部分已去除，而弱电解质也去除到一定程度，剩余含盐量在 1mg/L 以下，25℃时水的电阻率为 $1.0M\Omega \cdot cm$～$10M\Omega \cdot cm$。

高纯水又称超纯水，水中的电解质几乎已全部去除，而水中胶体微粒微生物溶解气体和有机物也已去除到最低的程度。高纯水的剩余含盐量应在 0.1mg/L 以下，25℃时，水的电阻率在 $10M\Omega \cdot cm$ 以上。理论上纯水（即理想纯水）的电阻率应等于 $18.3M\Omega \cdot cm$（25℃时）。

目前，海水淡化方法有蒸馏法、反渗透法、电渗析法和海水冷冻法等。目前，中东和非洲国家的海水淡化设施均以多级闪蒸法为主，其他国家则以反渗透法为主。

1. 蒸馏法

蒸馏法是将海水加热气化，待水蒸气冷凝后获取淡水的方法。蒸馏法依据所用能源、设备及流程的不同，分为多级闪蒸、低温多效和蒸汽压缩蒸馏等，其中以多级闪蒸工艺为主。

2. 反渗透法

反渗透法指在膜的原水一侧施加比溶液渗透压高的外界压力，原水透过半透膜时，只允许水透过，其他物质不能透过而被截留在膜表面的过程。反渗透法是20世纪50年代美国政府援助开发的净水系统。60年代用于海水淡化。采用反渗透法制造纯净水的优点是脱盐率高，产水量大，化学试剂消耗少，水质稳定，离子交换树脂和终端过滤器寿命长。由于反渗透法在分离过程中，没有相态变化，无须加热，能耗少，设备简单，易于维护和设备模块化，正在逐渐取代多级闪蒸法。

3. 电渗析法

电渗析法是利用离子交换膜的选择透过性，在外加直流电场的作用下使水中的离子有选择地定向迁移，使溶液中阴阳离子发生分离的一种物理化学过程，属于一种膜分离技术，可以用于海水淡化。海水经过电渗析，所得到的淡化液是脱盐水，浓缩液是卤水。

4. 海水冷冻法

冷冻法是在低温条件下将海水中的水分冻结为冰晶并与浓缩海水分离而获得淡水的一种海水淡化技术。冷冻海水淡化法原理是利用海水三相点平衡原理，即海水汽、液、固三相共存并达到平衡的一个特殊点。若改变压力或温度偏离海水的三相平衡点平衡被破坏，三相会自动趋于一相或两相。真空冷冻法海水淡化技术利用海水的三相点原理，以水自身为制冷剂，使海水同时蒸发与结冰，冰晶再经分离、洗涤而得到淡化水的一种低成本的淡化方法。真空冷冻海水淡化工艺包括脱气、预冷、蒸发结晶、冰晶洗涤、蒸汽冷凝等步骤。与蒸馏法、膜海水淡化法相比，冷冻海水淡化法腐蚀结垢轻，预处理简单，设备投资小，并可处理高含盐量的海水，是一种较理想的海水淡化技术。海水淡化法工艺的温度和压力是影响海水蒸发与结冰速率的主要因素。冷冻法在淡化水过程中需要消耗较多能源，获取的淡水味道不佳，该方法在技术中存在一些问题，影响其使用和推广。

二、雨水利用

(一)雨水利用概述

雨水利用作为一种古老的传统技术一直在缺水国家和地区广泛应用。随着城镇化进程的推进,造成地面硬化,改变了原地面的水文特性,干预了自然的水文循环。这种干预致使城市降水蒸发、入渗量大大减少,降雨洪峰值增加,汇流时间缩短,进而加重了城市排水系统的负荷,土壤含水量减少,热岛效应及地下水位下降现象加剧。

通过合理的规划和设计,采取相应的工程措施开展雨水利用,既可缓解城市水资源的供需矛盾,又可减少城市雨洪的灾害。雨水利用是水资源综合利用中的一项新的系统工程,具有良好的节水效能和环境生态效应。

雨水利用是综合考虑雨水径流、污染控制、城市防洪以及生态环境的改善等要求,建立包括屋面雨水集蓄系统、雨水截污与渗透系统、生态小区雨水利用系统等,将雨水用作喷洒路面、灌溉绿地、蓄水冲厕等。城市杂用水的雨水收集利用技术是城市水资源可持续利用的重要措施之一。雨水利用实际上就是雨水入渗、收集回用、调蓄排放等的总称。主要包括三个方面的内容:入渗利用,增加土壤含水量,有时又称间接利用;收集后净化回用,替代自来水,有时又称直接利用;先蓄存后排放,单纯消减雨水高峰流量。

雨水利用的意义可表现在以下四个方面:

第一,节约水资源,缓解用水供需矛盾。将雨水用作中水水源、城市消防用水、浇洒地面和绿地、景观用水、生活杂用等方面,可有效节约城市水资源,缓解用水供需矛盾。

第二,提高排水系统可靠性。通过建立完整的雨水利用系统(即由调蓄水池、坑塘、湿地、绿色水道和下渗系统共同构成),有效削减雨水径流的高峰流量,提高已有排水管道的可靠性,防治城市洪涝,减少合流制管道雨季的溢流污水,改善水体环境,减少排水管道中途提升容量,提高其运行安全可靠性。

第三,改善水循环,减少污染。强化雨水入渗,增加土壤含水量,增加地下水补给量维持地下水平衡,防止海水入侵,缓解由城市过度开采地下水导致的地面沉降现象;减少雨水径流造成的污染物。雨水冲刷屋顶、路面等硬质铺装后,屋面和地面污染物通过径流带入水中,尤其是初期雨水污染比较严重。雨水利用工程通过低洼、湿地和绿化通道等沉淀和净化,再排到雨水管网或河流,起到拦截雨水径流和沉淀悬浮物的作用。

第四，具有经济和生态意义。雨水净化后可作为生活杂用水、工业用水，尤其是一些必须使用软化水的场合。雨水的利用不仅减少自来水的使用量，节约水费，还可以减少软化水的处理费用，雨水渗透还可以节省雨水管道投资；雨水的储留可以加大地面水体的蒸发量创造湿润气候，减少干旱天气，利于植被生长，改善城市生态环境。

（二）雨水径流收集

1. 雨水收集系统的分类及组成

雨水收集与传输是指利用人工或天然集雨面将降落在下垫面上的雨水汇集在一起，并通过管、渠等输水设施转移至存储或利用部位。根据雨水收集场地不同，分为屋面集水式和地面集水式两种。

屋面集水式雨水收集系统由屋顶集水场、集槽、落水管、输水管、简易净化装置、储水池和取水设备组成。地面集水式雨水收集系统由地面集水场、汇水渠、简易净化装置、储水池和取水设备组成。

2. 雨水径流计算

雨水设计流量是指汇水面上降雨高峰历时内汇集的径流流量，采用推理公式法计算雨水设计流量，应按下式计算。当汇水面积超过 $2km^2$ 时，宜考虑降雨在时空分布的不均匀性和管网汇流过程，采用数学模拟法计算雨水设计流量。

3. 雨水收集场

雨水收集场可分为屋面收集场和地面收集场。

屋面收集场设于屋顶，通常有平屋面和坡屋面两种形式。屋面雨水收集方式按雨落管的位置分为外排收集系统和内排收集系统。雨落管在建筑墙体外的称为外排收集系统，在外墙以内的称为内排收集系统。

地面集水场包括广场、道路、绿地、坡面等。地面雨水主要通过雨水收集口收集。街道、庭院、广场等地面上的雨水首先经雨水口通过连接管流入排水管渠。雨水口的设置，应能保证迅速有效地收集地面雨水。

（三）雨水入渗

雨水入渗是通过人工措施将雨水集中并渗入补给地下水的方法。其主要功能可以归纳为以下方面：补给地下水维持区域水资源平衡；滞留降雨洪峰有利于城市防洪；减少雨水地面径流时造成的水体污染；雨水储流后强化水的蒸发，改善气候条件，提高空气质量。

1. 雨水入渗方式和渗透设施

雨水入渗可采用绿地入渗、透水铺装地面入渗、浅沟入渗、洼地入渗、浅沟渗渠组合入渗、渗透管沟、入渗井、入渗池、渗透管排放组合等方式。在选择雨水渗透设施时，应首先选择绿地、透水铺装地面、渗透管沟、入渗井等入渗方式。

2. 雨水渗透装置的设置

雨水渗透装置分为浅层土壤入渗和深层入渗。浅层土壤入渗的方法主要包括：地表直接入渗、地面蓄水入渗和利用透水铺装地板入渗等。雨水深层入渗是指城市雨水引入地下较深的土壤或砂、砾层入渗回补地下水。深层入渗可采用砂石坑入渗、大口井入渗、辐射井入渗及深井回灌等方式。

雨水入渗系统设置具有一定限制性，在下列场所不得采用雨水入渗系统：一是在易发生陡坡坍塌、滑坡灾害的危险场所；二是对居住环境和自然环境造成危害的场所；三是自重湿陷性黄土、膨胀土和高含盐土等特殊土壤地质场所。

（四）雨水储留设施

雨水利用或雨水作为再生水的补充水源时，需要设置储水设施进行水量调节。储水形式可分为城市集中储水和分散储水。

1. 城市集中储水

城市集中储水是指通过工程设施将城市雨水径流集中储存，以备处理后回用于城市杂用或消防用水等，具有节水和环保双重功效。

储留设施由截留坝和调节池组成。截留坝用于拦截雨水，受地理位置和自然条件限制难以在城市大量使用。调节池具有调节水量和储水功能。德国从20世纪80年代后期修建大量雨水调节池，用于调节、储存、处理和利用雨水，有效降低了雨水对城市污水厂的冲击负荷和对水体的污染。

2. 分散储水

分散储水是指通过修建小型水库、塘坝、储水池、水窖、蓄水罐等工程设施将集流场收集的雨水储存，以备利用。其中水库、塘坝等储水设施易于蒸发下渗，储水效率较低。储水池、蓄水罐或水窖储水效率高，是常用的储水设施，如混凝土薄壳水窖储水保存率达97%，储水成本为0.41元$/(m^3 \cdot a)$，使用寿命长。

雨水储水池一般设在室外地下，采用耐腐蚀、无污染、易清洁材料制作，储水池中应设置溢流系统，多余的雨水能够顺利排除，储水池容积可以按照径流量曲线求得。径流曲线计算方法是绘制某设计重现期条件下不同降雨历时流入储水池的径流曲线，对曲线下面积求和，该值即为储水池的有效容积。在无资料情况下储水容积也可以按照经验值估算。

3. 雨水处理技术

雨水处理应根据水质情况、用途和水质标准确定，通常采用物理法、化学法等工艺组合。雨水处理可分为常规处理和深度处理。常规处理是指经济适用、应用广泛的处理工艺，主要有混凝、沉淀、过滤、消毒等净化技术；非常规处理则是指一些效果好但费用较高的处理工艺，如活性炭吸附、高级氧化、电渗析、膜技术等。

雨水水质好，杂质少，含盐量低，属高品质的再生水资源，雨水收集后经适当净化处理可以用于城市绿化、补充景观水体、城市浇洒道路、生活杂用水、工业用水、空调循环冷却水等多种用途。雨水处理装置的设计计算可参考《给水排水设计手册》。

第四节 城市污水回用与取水工程

一、城市污水回用

城市污水回用是指城市污水经处理后再用于农业、工业、景观娱乐、补充地表水与地下水，或工业废水经处理后再用于工厂内部，以及工业用水的循环使用等。

（一）污水回用的意义

1. 污水回用可缓解水资源的供需矛盾

一方面城市缺水十分严重，另一方面大量的城市污水白白流失，既浪费了资源，又污染了环境，与城市供水量几乎相等的城市污水中，仅有 0.1% 的污染物质，比海水 3.5% 的污染物少得多，其余绝大部分是可再利用的清水。当今世界各国解决缺水问题时，城市污水被选为可靠的第二水源，在未被充分利用之前，禁止随意排到自然水体中去。

将城市污水经处理后回用于水质要求较低的场合，体现了水的"优质优用，低质低用"原则，增加了城市的可用水资源量。

2. 污水回用可提高城市水资源利用的综合经济效益

城市污水和工业废水水质相对稳定，不受气候等自然条件的影响，且可就近获得、易于收集，其处理利用成本比海水淡化成本低廉，处理技术也比较成熟，基建投资比跨流域调水经济得多。

除实行排污收费外，污水回用所收取的水费可以使污水处理获得有力的财政支持，使水污染防治得到可靠的经济保证。同时，污水回用减少了污水排放量，减轻了对水体的污染，相应降低取自该水源的水处理费用。

除上述增加可用水量、减少投资和运行费用、回用水水费收入、减少给水处理费用外，污水回用至少还有下列间接效益：

因减少污水（废水）排放而节省的排水工程投资和相应的运行管理费用；因改善环境而产生的社会经济和生态效益，如发展旅游业、水产养殖业、农林牧业所增加的效益；因改善环境，增进人体健康，减少疾病特别是癌、致畸、致基因突变危害所产生的种种近远期效益；因回收废水中的"废物"取得的效益和因增进供水量而避免的经济损失或分摊的各种生产经济效益。

（二）污水回用的途径

污水再生利用的途径主要有以下几个方面：

1. 工业用水

在工业生产过程中，首先要循环利用生产过程产生的废水，如造纸厂排出的白水，所受污染较轻，可作洗涤水回用。如煤气发生站排出的含酚废水，虽有少量污染，但如果适当处理即能供闭路循环使用。各种设备的冷却水都可以循环使用，因此应充分加以利用并减少补充水量。在某些情况下，根据工艺对供水水质的需求关系，做一水多用的适当安排，顺序使用废水，就可以大量减少废水排出。

2. 城市杂用水

城市杂用水是指用于冲厕、道路清扫、消防、城市绿化、车辆冲洗、建筑施工等的非饮用水。不同的原水特性、不同的使用目的对处理工艺提出了不同的要求。如果再生利用的原水是城市污水处理厂的二级出水时，只要经过较为简单的混凝、沉淀、过滤、消毒就能达到绝大多数城市杂用的要求。但是当原水为建筑物排水或生活小区排水，尤其包含粪便污水时，必须考虑生物处理，还应注意消毒工艺的选择。

3. 景观水体

随着城市用水量的逐步增大，原有的城市河流湖泊常出现缺水、断流现象，大大影响城市景观及居民生活。污水再生利用于景观水体可弥补水源的不足。回用过程应特别注意控制再生水的氮磷含量，在氮磷含量较高时应通过控制水体的停留时间和投加化学药剂保证其景观功能的实现。同时应关注再生水中的病原微生物和持久性有机污染物对人体健康和生态环境的危害。

4. 农业灌溉

污水再生利用于农业灌溉已在世界范围内受到广泛重视。目前世界上约有1/10 的人口食用利用污水（或再生水）灌溉的农产品。

5. 地下回灌

再生水经过土壤的渗滤作用回注至地下称为地下回灌。其主要目的是补充地下水，防止海水入侵，防止因过量开采地下水造成的地面沉降。污水再生利用于地下回灌后可重新提取用于灌溉或生活饮用水。

污水再生利用于地下回灌具有许多优点，例如能增加地下水蓄水量，改善地下水水质，恢复被海水污染的地下水蓄水层，节约优质地表水。同时地下水库还可减少蒸发，把生物污染减少至最小。

（三）城市污水回用的水处理流程

城市污水回用是以污水进行一、二级处理为基础的。当污水的一、二级出水水质不符合某种回用水水质标准要求时，应按实际情况采取相应的附加处理措施。这种以污水回收、再用为目的，在常规处理之外所增加的处理工艺流程称为污水深度处理。下面首先介绍污水一级处理与二级处理。

1. 一级处理

主要应用格栅、沉砂池和一级沉淀池，分离截留较大的悬浮物。污水经一级处理后，悬浮固体的去除率为 70%～80%，而 BOD_5 只去除 30% 左右，一般达不到排放标准，还必须进行二级处理。被分离截留的污泥应进行污泥消化或其他处置。

2. 二级处理（生物处理）

在一级处理的基础上应用生物曝气池（或其他生物处理装置）和二次沉淀池去除废水、污水中呈胶体和溶解状态的有机污染物，去除率可达 90% 以上，水中的 BOD 含量可降至 2030mg/L～30mg/L，其出水水质一般已具备排放水体的标准。二级处理通常采用生物法作为主体工艺。

在进行二级处理前，一级处理经常是必要的，故一级处理又被称为预处理。一级和二级处理法，是城市污水经常采用的处理方法，所以又叫常规处理法。

3. 深度处理

污水深度处理的目的是除去常规二级处理过程中未被去除和去除不够的污染物，以使出水在排放时符合受纳水体的水质标准，再用时符合具体用途的水质标准。深度处理要达到的处理程度和出水水质，取决于出水的具体用途。

（四）阻碍城市污水回用的因素

城市污水量稳定集中，不受季节和干旱的影响，经过处理后再生回用既能减少水环境污染，又可以缓解水资源紧缺矛盾，是贯彻可持续发展战略的重要措施。但目前污水在普通范围上的应用还不容乐观，除了污水灌溉外，在城市回用方面还未广泛应用。其原因主要有以下几个方面：

1. 再生水系统未列入城市总体规划

城市污水处理后作为工业冷却、农田灌溉和河湖景观、绿化、冲厕等用水在水处理技术上已不成问题，但是由于可使用再生污水的用户比较分散，用水量都不大，处理的再生水输送管道系统是当前需重点解决的问题。没有输送再生水的管道，任何再生水回用的研究、规划都无法真正落实。为了保证将处理后的再生水能输送到各用户，必须尽快编制再生水专业规划，确定污水深度处理规模、位置、再生水管道系统的布局，以指导再生水处理厂和再生水管道的建设和管理。

2. 缺乏必要的法规条令强制进行污水处理与回用

目前城市供水价格普遍较低，使用处理后的再生水比使用自来水特别是工业自备井水在经济上没有多大的效益。如某城市污水处理厂规模 16 万 t/d，污水主要来自附近几家大型国有企业，这些企业生活杂用水和循环冷却水均采用地下自备水源井供水，造成水资源的极大浪费，利用污水资源应该说是非常适合的。但是由于没有必要的法规强制推行而且污水再生回用处理费用又略高于自备井水资源费，导致多次协商均告失败，污水资源被白白地浪费。因此，推行污水再生回灌必须有配套强制性法规来保证。

3. 再生水价格不明确

目前，由于污水再生水价格不明确，导致污水再生水生产者不能保证经济效益，污水再生水受纳者对再生水水质要求得不到满足，形成一对矛盾。因此，确定一个合理的污水回用价格，明确再生水应达到的水质标准，保证污水再生水生产者与受纳者的责、权、利，是促进污水回用的重要前提。

（五）推进城市污水回用的对策

1. 城市污水处理统一规划

世界各大中城市保护水资源环境的近百年经验归结为一点，就是建设系统的污水收集系统和成规模的污水处理厂。

城市污水处理厂的建设必须合理规划，国内外对城市污水是集中处理还是分散处理的问题已经形成共识，即污水的集中处理（大型化）应是城市污水处理厂建设的长期规划目标。结合不同的城市布局、发展规划、地理水文等具体情况，对城市污水厂的建设进行合理规划、集中处理，不仅能保证建设资金的有效使用率、降低处理消耗，而且有利于区域和流域水污染的协调管理及水体自净容量的充分利用。

城市生活污水、工业废水要统一规划，工厂废水要进入城市污水处理厂统一处理。因为各工厂工业废水的水质水量差别大，技术水平参差不齐，千百家工厂都自建污水处理厂会造成巨大的人力、物力、财力的浪费。统一规划和处理，做到专业管理，可以免除各大小厂家管理上的麻烦，保障处理程度，各工厂只要j缴纳水费就可以了。政府环保部门的任务是制定水体的排放标准并对污水处理企业进行监督。

城市污水处理系统是容纳生活污水与城市区域内绝大多数工业废水的大系统（特殊水质和放射性废水除外）。但各企业排入城市下水道的废水应满足排放标准，不符合标准的个别企业和车间须经局部除害处理后方能排入下水道。局部除害废水的水量有限，技术上也很成熟，只要管理跟上是没有问题的。这样才能保证污水处理统一规划和实施，使之有序健康地发展，并走上产业化、专业化的道路。

2. 多方面利用资金

城市污水处理厂普遍采用由政府出资建设（或由政府出面借款或贷款），隶属于政府的事业性单位负责运行的模式。这种模式具有以下缺点：财政负担过重，筹资困难，建设周期长，不利于环境保护等。如果将污水处理厂的建设与运行委托给具有相应资金和技术实力的环保市政企业，由企业独立或与业主合作筹资建设与运行，企业通过运行收费回收投资。通过这种模式，市政污水处理和回用率有望在今后几年得到大幅度的提高。政府投资、企业贷款，完善排污收费的制度，逐步实现污水处理厂和再生水厂企业化生产。

3. 城市自来水厂与污水处理厂统一经营

世界现代经济发展的200多年历程和我国50年经济发展的教训表明，偏废污水处理，就要伤害自然水的大循环，危害子循环、断了人类用水的可持续发展之路。给水排水发展至当今，建立给水排水统筹管理的水工业体系，按工业企业方式运行是必由之路。

既然由给水排水公司从水体中取水供给城市，就应将城市排水处理到水体自净能力可接纳的程度后排入水体，全面完成人类向大自然"借用"和"归还"可再生水的循环过程。使其构成良性循环，保证良好水环境和水资源的可持续利用。

4.调整水价体系

长期以来执行的低水价政策,导致了错的用水导向,节水投资大大超过水费,严重影响了节水积极性。因此,在制定水价时,除合理调整自来水、自备井的水价外,还应制定再生水或工业水的水价,逐步做到取消政府补贴,利用水价这一经济杠杆,促进再生水的有效利用。

二、取水工程

取水工程是由人工取水设施或构筑物从各类水体取得水源,通过输水泵站和管路系统供给各种用水。取水工程是给水系统的重要组成部分,其任务是按一定的可靠度要求从水源取水井将水送至给水处理厂或者用户。由于水源类型、数量及分布情况对给水工程系统组成布置、建设、运行管理、经济效益及可靠性有着较大的影响,因此取水工程在给水工程中占有相当重要的地位。

(一)地表水取水工程

地表水取水工程的任务是从地表水水源取出合格的水送至水厂。地表水水源一般是指江河、湖泊等天然的水体,运河、渠道、水库等人工建造的淡水水体,水量充沛,多用于城市供水。

地表水污水工程直接与地表水水源相联系,地表水水源的种类、水量、水质在各种自然或人为条件下所发生的变化,对地表水取水工程的正常运行及安全性产生影响。为使取水构筑物能够从地表水中按需要的水质、水量安全可靠地取水,了解影响地表水取水的主要因素是十分必要的。

1.影响地表水取水的主要因素

地表水取水构筑物与河流相互作用、相互影响。一方面,河流的径流变化、泥沙运动河床演变、冰冻情况、水质、河床地质与地形等影响因素影响着取水构筑物的正常工作及安全取水;另一方面,取水构筑物的修建引起河流自然状况的变化,对河流的生态环境、净流量等产生影响。因此,全面综合地考虑地表水取水的影响因素。对取水构筑物位置选择、形式确定、施工和运行管理,都具有重要意义。

地表水水源影响地表水取水构筑物运行的主要因素有:水中漂浮物的情况、径流变化和河流演变及泥沙运动等。

(1)河流中漂浮物

河流中的漂浮物包括:水草、树枝、树、废弃物、泥沙、冰块以及山区河流中所排放的木排等。泥沙、水草等杂物会使取水头部淤积堵塞，阻断水流；水中冰絮、冰凌在取水口处冻结会堵塞取水口；冰块、木排等会撞损取水构筑物，甚至造成停水。河流中的漂浮杂质，一般汛期较平时更多。这些杂质不仅分布在水面，而且同样存在于深水层中。河流中的含沙量一般随季节的变化而变化，绝大部分河流汛期的含沙量高于平时的含沙量。含沙量在河流断面上的分布是不均匀的：一般情况下，沿水深分布，靠近河底的含沙量最大；沿河宽分布，靠近主流的含沙量最大。含沙量与河流流速的分布有着密切的关系。河心流速大，相应含沙量就大；两侧流速小，含沙量相应小些。处于洪水流量时，相应的最高水位可能高于取水构筑物使其淹没而无法运行；处于枯水流量时，相应的最低水位可能导致取水构筑物无法取水。因此，河流历年来的径流资料及其统计分析数据是设计取水构筑物的重要依据。

（2）取水河段的水位、流量、流速等径流特征

由于影响河流径流的因素很多，如气候、地质、地形及流域面积、形状等，上述径流特征具有随机性。因此，应根据河道径流的长期观测资料，计算河流在一定保证率下的各种径流特征值，为取水构筑物的设计提供依据。取水河段的径流特征值包括：一是河流历年的最小流量和最低水位；二是河流历年的最大流量和最高水位；三是河流历年的月平均流量、月平均水位以及年平均流量和年平均水位；四是河流历年春秋两季流冰期的最大、最小流量和最高、最低水位；五是其他情况下，如潮汐、形成冰坝冰塞时的最高水位及相应流量；六是上述相应情况下河流的最大、最小和平均水流速度及其在河流中的分布情况。

（3）河流的泥沙运动与河床演变

河流泥沙运动引起河床演变的主要原因是水流对河床的冲刷及挟沙的沉积。长期的冲刷和淤积，轻者使河床变形，严重者将使河流改道。如果河流取水构筑物位置选择不当，泥沙的淤积会使取水构筑物取水能力下降，严重的会使整个取水构筑物完全报废。因此，泥沙运动和河床演变是影响地表水取水的重要因素。

①泥沙运动

河流泥沙是指所有在河流中运动及静止的粗细泥沙、大小石砾以及组成河床的泥沙。随水流运动的泥沙也称为固体径流，它是重要的水文现象之一。根据泥沙在水中的运动状态可将泥沙分为床沙、推移质及悬移质三类，决定泥沙运动状态的因素除泥沙粒径外，还有水流速度。

对于推移质运动，与取水量为密切的问题是泥沙的启动。在一定的水流作用下，静止的泥沙开始由静止状态转变为运动状态，叫作"启动"，这时的水流速

度称为启动流速。泥沙的启动意味着河床冲刷的开始,即启动流速是河床不受冲刷的最大流速,因此在河渠设计中应使设计流速小于启动流速值。

对于悬移质运动与取水量的问题是含沙量沿水深的分布和水流的挟沙能力。由于河流中各处水流脉动强度不同,河中含沙量的分布亦不均匀。为了取得含沙量较少的水需要了解河流中含沙量的分布情况。

②河床演变

河流的径流情况和水力条件随时间和空间不断地变化,因此河流的挟沙能力也在不断变化,在各个时期和河流的不同地点产生冲刷和淤积,从而引起河床形状的变化,即引起河床演变。这种河床外形的变化往往对取水构筑物的正常运行有着重要的影响。

河床演变是水流和河床共同作用的结果。河流中水流的运动包括纵向水流运动和环流运动。二者交织在一起,沿着流程变化,并不断与河床接触、作用;在此同时,也伴随着泥沙的运动,使河床发生冲刷和淤积,不仅影响河流含沙量,而且使河床形态发生变化。河床演变一般表现为纵向变形、横向变形、单向变形和往复变形。这些变化总是错综复杂地交织在一起,发生纵向变形的同时往往发生横向变形,发生单向变形的同时,往往发生往复变形为了取得较好的水质,防止泥沙对取水构筑物及管道形成危害,并避免河道变迁造成取水脱流,必须了解河段泥沙运动状态和分布规律,观测和推断河床演变的规律和可能出现的不利因素。

(4)河床和岸坡的稳定性

从江河中取水的构筑物有的建在岸边,有的延伸到河床中。因此,河床与岸坡的稳定性对取水构筑物的位置选择有重要的影响。此外,河床和岸坡的稳定性也是影响河床演变的重要因素。河床的地质条件不同,其抵御水流冲刷的能力不同,因而受水流侵蚀影响所发生的变形程度也不同。对于不稳定的河段,一方面河流水力冲刷会引起河岸崩塌,导致取水构筑物倾覆和沿岸滑坡,尤其河床土质疏松的地区常常会发生大面积的河岸崩塌;另一方面,还可能出现河道淤塞、堵塞取水口等现象。因此,取水构筑物的位置应选在河岸稳定、岩石露头、未风化的基岩上或地质条件较好的河床处。当地质条件达不到一定的要求时,要采取可靠的工程措施。在地震区,还要按照防震要求进行设计。

(5)河流冰冻过程

北方地区冬季,当温度降至零摄氏度以下时,河水开始结冰。若河流流速较小(如小于0.4m/s~0.5m/s),河面很快形成冰盖;若流速较大(如大于0.4m/s~0.5m/s),

河面不能很快形成冰盖。由于水流的紊动作用，整个河水受到过度冷却，水中出现细小的冰晶，冰晶在热交换条件良好的情况下极易结成海绵状的屑、冰絮，即水内冰。冰晶也极易附着在河底的沙粒或其他固体物上聚集成块，形成底冰。水内冰及底冰越接近水面越多。这些随水漂流的冰屑、冰絮及漂浮起来的底冰，以及由它们聚集成的冰块统称为流冰。流冰易在水流缓慢的河湾和浅滩处堆积，以后随着河面冰块数量增多，冰块不断聚集和冻结，最后形成冰盖，河流冻结。有的河段流速特别大，不能形成冰盖，即产生冰穴。在这种河段下游水内冰较多，有时水内冰会在冰盖下形成冰塞，上游流冰在解冻较迟的河段聚集，春季河流解冻时，通常因春汛引起的河水上涨时冰盖破裂，形成春季流冰。

冬季流冰期，悬浮在水中的冰晶及初冰极易附着在取水口的格栅上，增加水头损失甚至堵塞取水口，故需考虑防冰措施，河流在封冻期能形成较厚的冰盖层，由于温度的变化、冰盖膨胀所产生的巨大压力，易使取水构筑物遭到破坏。冰盖的厚度在河段中的分布并不均匀，此外冰盖会随河水下降而塌陷，设计取水构筑物时，应视具体情况确定取水口的位置。春季流冰期冰块的冲击、挤压作用往往较强，对取水构筑物的影响很大；有时冰块堆积在取水口附近，可能堵塞取水口。

为了研究冰冻过程对河流正常情况的影响，正确地确定水工程设施情况，需了解下列冰情资料：一是每年冬季流冰期出现和延续的时间，水内冰和底冰的组成、大小、黏结性、上浮速度及其在河流中的分布，流冰期气温及河水温度变化情况；二是每年河流的封冻时间、封冻情况、冰层厚度及其在河段上的分布情况；三是每年春季流冰期出现和延续的时间，流冰在河流中的分布运动情况，最大冰块面积、厚度及运动情况；④其他特殊冰情。

（6）人类活动

废弃的垃圾抛入河流可能导致取水构筑物水口的堵塞；漂浮的木排可能撞坏取水构筑物；从江河中大量取水用于工农业生产和生活、修建水库调蓄水量、围堤造田、水土保持设置护岸、疏导河流等人为因素，都将影响河流的径流变化规律与河床变迁的趋势。河道中修建的各种水工构筑物和存在的天然障碍物，会引起河流水力条件的变化，可能引起河床沉积、冲刷、变形，并影响水。因此，在选择取水口位置时，应避开水工构筑物和天然障碍物的影响范围，否则应采取必要的措施。所以在选择取水构筑物位置时，必须对已有的水工构筑物和天然障碍物进行研究，通过实地调查估计河床形态的发展趋势，分析拟建构筑物将对河道水流及河床产生的影响。

（7）取水构筑物位置选择

应有足够的施工场地、便利的运输条件；尽可能减少土石方量；尽可能少设或不设人工设施，用以保证取水条件；尽可能减少水下施工作业量等。

2. 地表水取水类别

由于地表水源的种类、性质和取水条件的差异，地表水取水构筑物有多种类型和分法，按地表水的种类可分为江河取水构筑物湖泊取水构筑物、水库取水构筑物、山溪取水构筑物、海水取水构筑物。按取水构筑物的构造可分为固定式取水构筑物和移动式取水构筑物。固定式取水构筑物适用于各种取水量和各种地表水源，移动式取水构筑物适用于中小取水量，多用于江河、水库和湖泊取水。

（1）河流取水

河流取水工程若按取水构筑物的构造形式划分，则有固定式取水构筑物、活动式取水构筑物两类。固定式取水构筑物又分为岸边式、河床式、斗槽式三种，活动式取水构筑物又分为浮船式、缆车式两种；在山区河流上，则有带低坝的取水构筑物和底栏栅取水构筑物。

（2）水库取水

根据水库的位置与形态，其类型可分为：一是山谷水库用拦河坝横断河谷，拦截河道径流，抬高水位而成。绝大部分水库属于这一类型；二是平原水库在平原地区的河道、湖泊、洼地的湖口处修建闸、坝，抬高水位形成。必要时还应在库周围筑围堤，如当地水源不足还可以从邻近的河流引水入库；三是地下水库在干旱地区的透水地层，建筑地下截水墙，截蓄地下水或潜流而形成地下水库。

水库的总容积称为库容，然而不是所有的库容都可以进行径流量调节。水库的库容可以分为死库容、有效库容（调蓄库容、兴利库容）、防洪库容。

水库主要的特征水位有：一是正常蓄水位指水库在正常运用情况下，允许为兴利蓄水的上限水位。它是水库最重要的特征水位，决定着水库的规模与效益，也在很大程度上决定着水工建筑物的尺寸；二是死水位指水库在正常运用情况下，允许消落到的最低水位；三是防洪限制水位指水库在汛期允许兴利蓄水的上限水位，通常多根据流域洪水特性及防洪要求分期拟定；四是防洪高水位指下游防护区遭遇设计洪水时，水库（坝前）达到的最高洪水位；五是设计洪水位指大坝遭遇设计洪水时，水库（坝前）达到的最高洪水位；六是校核洪水位指大坝遭遇校核洪水时，水库（坝前）达到的最高洪水位。

水库工程一般由水坝、取水构筑物、泄水构筑物等组成。水坝是挡水构筑物用于拦截水流、调蓄洪水、抬高水位形成蓄水库；泄水构筑物用于下泄水库多余水量，以保证水坝安全，主要有河岸溢洪道、泄水孔、溢流坝等形式；取水构筑物是从水库取水，水库常用取水构筑物有隧洞式取水构筑物、明渠取水、分层取水构筑物、自流管式取水构筑物。

由于水库的水质随水深及季节等因素而变化，因此大多采用分层取水方式，以取得最优水质的水。水库取水构筑物可与坝、泄水口合建或分建。与坝、泄水口合建的取水构筑物一般采用取水塔取水，塔身上一般设置3~4层喇叭管进水口，每层进水口高差约4m~8m，以便分层取水。单独设立的水库取水构筑物与江河取水构筑物类似，可采用岸边式、河床式浮船式，也可采用取水塔。

（3）海水取水

我国海岸线漫长，沿海地区的工业生产在国民经济中占很大比重，随着沿海地区的开放、工农业生产的发展及用水量的增长，淡水资源已经远不能满足要求，利用海水的意义也日渐重要。因此，了解海水取水的特点、取水方式和存在的问题是十分必要的。

①海水取水的条件

由于海水的特殊性，海水取水设备会受到腐蚀、海生物堵塞以及海潮侵袭等问题，因此在海水取水时要加以注意。主要包括：

A. 海水对金属材料的腐蚀及防护

海水中溶解有 NaCl 等多种盐分，会对金属材料造成严重腐蚀。海水的含盐量、海水流过金属材料的表面相对速度以及金属设备的使用环境都会对金属的腐蚀速度造成影响。预防腐蚀主要采用提高金属材料的耐腐蚀能力、降低海水通过金属设备时的相对速度以及将海水与金属材料以耐腐蚀材料相隔离等方法。具体措施如下：选择海水淡化设备材料时要在进行经济比较的基础上尽量选择耐腐蚀的金属材料，比如不锈钢、合金钢、铜合金等；尽量降低海水与金属材料之间的过流速度，比如使用低转速的水泵；在金属表面涂刷防腐保护层，比如钢管内外表面涂红丹漆两道、船底漆一道；采用外加电源的阴极保护法或牺牲阳极的阴极保护法等电化学防腐保护；在水中投加化学药剂消除原水对金属材料的腐蚀性或在金属管道内形成保护性薄膜等方法进行防腐。

B. 海生物的影响及防护

海洋生物如紫贻贝、牡蛎、海藻等会进入吸水管或随水泵进入水处理系统，减少过水断面、堵塞管道、增加水处理单元处理负荷。为了减轻或避免海洋生物对管道等设施的危害，需要采用过滤法将海洋生物截留在水处理设施之外，或者采用化学法将海洋生物杀灭，抑制其繁殖。目前，我国用以防治和清除海洋生物的方法有：加氯、加碱、加热、机械刮除、密封窒息、含毒涂料、电极保护等。其中，以加氯法采用的最多，效果较好。一般将水中余氯控制在 0.5mg/L 左右，可以有效抑制海洋生物的繁殖。为了提高取水的安全性，一般至少设两条取水管道，并且在海水淡化厂运行期间，要定期对格栅、滤网、大口径管道进行清洗。

C. 潮汐等海水运动的影响

潮汐等海水运动对取水构筑物有重要影响，如构筑物的挡水部位及所开孔洞的位置设计、构筑物的强度稳定计算、构筑物的施工等。因此在取水工程的建设时要加以充分注意。比如，将取水构筑物尽量建在海湾内风浪较小的地方，合理选择利用天然地形，防止海潮的袭击；将取水构筑物建在坚硬的原土层和基岩上，增加构筑物的稳定性等。

D. 泥沙淤积

海滨地区，特别是淤泥滩涂地带，在潮汐及异重流的作用下常会形成泥沙淤积。因此取水口应该避免设置于此地带，最好设置在岩石海岸、海湾或防波堤内。

E. 地形、地质条件

取水构筑物的形式，在很大程度上同地形和地质条件有关，而地形和地质条件又与海岸线的位置和所在的港湾条件有关。基岩海岸线与沙质海岸线、淤泥沉积海岸线的情况截然不同。前者条件比较有利，地质条件好，岸坡稳定，水质较清澈。

此外，海水取水还要考虑到赤潮、风暴潮、海冰、暴雪、冰雹、冻土等自然灾害对取水设施可能引起的影响，在选择取水点和进行取水构筑物设计、建设时要予以充分的注意。

② 海水取水方式

海水取水方式有多种，大致可分为海滩井取水、深海取水、浅海取水三大类。通常，海滩井取水水质最好，深海取水次之，而浅海取水则有着建设投资少、适用性广的特点。

A. 海滩井取水

海滩井取水是在海岸线边上建设取水井，从井里取出经海床渗滤过的海水，作为海水淡化厂的源水。通过这种方式取得的源水由于经过了天然海滩的过滤，海水中的颗粒物被海滩截留，浊度低，水质好。

能否采用这种取水方式的关键是海岸构造的渗水性、海岸沉积物厚度以及海水对岸边海底的冲刷作用。适合的地质构造为有渗水性的砂质构造，一般认为渗水率至少要达到1000m³/(d·m)，沉积物厚度至少达到15m。当海水经过海岸过滤，颗粒物被截留在海底，海浪、海流、潮汐等海水运动的冲刷作用能将截留的颗粒物冲回大海，保持海岸良好的渗水性；如果被截留的颗粒物不能被及时冲回大海，则会降低海滩的渗水能力，导致海滩井供水能力下降此外，还要考虑到海滩井取水系统是否会污染地下水或被地下水污染，海水对海岸的腐蚀作用是否会对取水构筑物的寿命造成影响，取水井的建设对海岸的自然生态环境的影响等因素。海滩井取水的不足之处主要在于建设占地面积较大、所取原水中可能含有铁锰以及溶解氧较低等问题。

B. 深海取水

深海取水是通过修建管道，将外海的深层海水引导到岸边，进行取水。一般情况下，在海面以下1m～6m取水会含有沙、小鱼、水草、海藻、水母及其他微生物，水质较差，而当取水位大于海面下35m时，这些物质的量会减少，水温更低，水质较好。

这种取水方式适合海床比较陡峭，最好在离海岸50m内，海水深度能够达到35m的地区。如果在离海岸500m外才能达到35深海水的地区，采用这种取水方式投资巨大，除非是由于特殊要求，需要取到浅海取不到的低温优质海水，否则不宜采用这种取水方式。由于投资较大等因素，这种取水方式一般不适用于较大规模取水工程。

C. 浅海取水

浅海取水是最常见的取水方式，虽然水质较差，但由于投资少、适应范围广、应用经验丰富等优势仍被广泛采用。一般常见的浅海取水形式有：海岸式、海岛式、海床式、引水渠式、潮汐式等。

a. 海岸式取水

海岸式取水多用于海岸陡、海水含泥沙量少、淤积不严重、高低潮位差值不大、低潮位时近岸水深度＞1.0m，且取水量较少的情况。这种取水方式的取水系统简单，工程投资较低，水泵直接从海边取，运行管理集中。缺点是易受海潮特殊变化的侵袭，受海生物危害较严重，泵房会受到海浪的冲击。为了克服取水安全可靠性差的缺点，一般一台水泵单独设置一条吸水管，至少设计两条引水管线，并在引水管上设置闸阀。为了避免海浪的冲击，可将泵房设在距海岸10m～20m的位置。

b. 海岛式取水

海岛式取水适用于海平缓，低潮位离海岸很远处的海边取水工程建设。要求建设海岛取水构筑物处周围低潮位时水深，1.5m～2.0m，海底为石质或沙质且有天然或港湾的人工防波堤保护，受潮水袭击可能性小。可修建长堤或栈桥将取水构筑物与海岸联系起来。这种取水方式的供水系统比较简单，管理比较方便，而且取水量大，在海滩地形不利的情况下可保证供水。缺点是施工有一定难度，取水构筑物如果受到潮汐突变威胁，供水安全性较差。

c. 海床式取水

海床式取水适用于取水量较大、海岸较为平坦、深水区离海岸较远或者潮差大、低潮位离海岸远以及海湾条件恶劣（如风大、浪高、流急）的地区。这种取水方式将取水主体部分（自流干管或隧道）埋入海底，将泵房与集水井建于海岸，可使泵房免受海浪的冲击，取水比较安全，且经常能够取到水质变化幅度小的低温海水。缺点是自流管（隧道）容易积聚海生物或泥沙，清除比较困难；施工技术要求较高，造价昂贵。

d. 引水渠式取水

引水渠式取水适用于海岸陡峻，引水口处海水较深，高低潮位差值较小，淤积不严重的石质海岸或港口、码头地区。这种取水方式一般自深水区开挖引水渠至泵房取水，在进水端设防浪堤，引水渠两侧筑堤坝。其特点是取水量不受限制，引水渠有一定的沉淀澄清作用，引水渠内设置的格栅、滤网等能截留较大的海生物。缺点是工程量大易受海潮变化的影响。设计时，引水渠入口必须低于工程所要求的保证率潮位以下至少 0.5m，设计取水量需按照一定的引水渠淤积速度和清理周期选择恰当的安全系数。引水渠的清淤方式可以采用机械清淤或引水渠泄流清淤，或者同时采用两种清淤方式，设计泄流清淤时需要引水渠底坡向取水口。

e. 潮汐式取水

潮汐式取水适用于海岸较平坦、深水区较远、岸边建有调节水库的地区。在潮汐调节水库上安装自动逆止闸板门，高潮时闸板门开启，海水流入水库蓄水，低潮时闸板门关闭，取用水库水。这种取水方式利用了潮涨潮落的规律，供水安全可靠，泵房可远离海岸，不受海潮威胁，蓄水池本身有一定的净化作用，取水水质较好，尤其适用于潮位涨落差很大，具备可利用天然的洼地、海滩修建水库的地区。这种取水方式的主要不足是退潮停止进水的时间较长，水库蓄水量大，占地多，投资高。另外，海洋生物的滋生会导致逆止闸门关闭不严的问题，设计时需考虑用机械设备清除闸板门处滋生的海洋生物。在条件合适的情况下，也可以采用引水渠和潮汐调节水库综合取水方式。高潮时调节水库的自动逆止闸板门开启蓄水，调节水库由引水渠通往取水泵房的闸门关闭，海水直接由引水渠通往取水泵房；低潮时关闭引水渠进水闸门，开启调节水库与引水渠相通的闸门，由蓄水池供水。这种取水方式同时具备引水渠和潮汐调节库两种取水方式的优点，避免了两者的缺点。

（二）地下水取水工程

地下水取水是给水工程的重要组成部分之一。它的任务是从地下水水源中取出合格的地下水，并送至水厂或用户。地下水取水工程研究的主要内容为地下水水源和地下水取水构筑物。地下水取水构筑物位置的选择主要取决于水文地质条件和用水要求，应选择在水质良好，不易受污染的富水地段；应尽可能靠近主要用水区；应有良好的卫生防护条件，为避免污染，城市生活饮用水的取水点应设在地下水的上游；应考虑施工、运行、维护管理的方便，不占或少占农田；应注意地下水的综合开发利用，并与城市总体规划相适应。

由于地下水类型、埋藏条件、含水层的质量各不相同，开采和集取地下水的方法以及地下水取水构筑物的形式也各不相同。地水取水构筑物按取水形式主要分为两类：垂直取水构筑物井；水平取水构筑物渠。井可用于开采浅层地下水，也可用于开采深层地下水，但主要用于开采较深层的地下水；渠主要依靠其较大的长度来集取浅层地下水。在我国利用井汲取地下水更为广泛。

井的主要形式有管井、大口井、辐射井、复合井等，其中以管井和大口井最为常见，渠的主要形式为渗渠。各种取水构筑物适用的条件各异。正确设计取水构筑物，能最大限度地截取补给量、提高出水量、改善水质、降低工程造价。管井主要用于开采深层地下水，适用于含水层厚度大于4m，底板埋藏深度大于8m的地层，管井深度一般在200m以内，但最大深度也可达1000m以上。大口井广泛应用于集取浅层地下水，适用于含水层厚度在5m左右，地板埋藏深度小于15m的地层。渗渠适用于含水层厚度小于5m，渠底埋藏深度小于6m的地层，主要集取地下水埋深小于2m的浅层地下水，也可集取河床地下水或地表渗透水，渗渠在我国东北和西北地区应用较多。辐射井由集水井和若干水平铺设的辐射形集水管组成，一般用于集取含水层厚度较薄而不能采用大口井的地下水。含水层厚度薄、埋深大不能用渗渠开采的，也可采用辐射井取地下水，故辐射井适应性较强，但施工较困难。复合井是大口井与管井的组合，上部为大口井，下部为管井，复合井适用于地下水位较高、厚度较大的含水层，常用于同时集取上部空隙潜水和下部厚层基岩高水位的承压水。在已建大口井中再打入管井称为复合井，以增加井的出水量和改善水质，复合井在一些需水量不大的小城镇和不连续供水的铁路给水站中应用较多。

我国地域辽阔，水资源状况和施工条件各异，取水构筑物的选择必须因地制宜，根据水文地质条件，通过经济技术比较确定取水构筑物的形式。

第六章　田间节水灌溉智能管理技术

第一节　田间智能灌溉系统无线自组网技术

一、概述

农田面积一般很大，传统的数据采集工作要克服种种环境及地理因素，如果使用网络只需在网络建设初期投入一定人力、物力即可。但在农田中铺设有线网络，一方面不便于农田的耕作，另一方面成本也较高。传感器可以收集农田的田间气候、土壤墒情、灌溉水量等信息，然后通过数据采集和数据融合，最后控制各个灌溉阀门，从而实现智能灌溉。田间智能灌溉系统利用物联网的感知技术以及无线通信技术，通过建立农业信息管理系统，实现了对农田信息的监测，推动了农业的发展。

田间智能灌溉系统使用 ZigBee(Wi-Fi/LoRa) 无线网络实现传感器间的通信，并经过 GPRS(4G/5G) 将信息远程发送到服务器，实现了大面积农田智能灌溉，系统有着良好的应用前景。

田间智能灌溉系统中的无线自组网，是一种完全自治的分布式系统，由具有无线收发功能的可移动终端节点构成。与传统的无线通信网络技术不同，不需要固定的基础网络设施（如基站等）的支持，而且同时具有路由和控制的功能。数据传输时，网络根据各个节点（即用户终端）掌握的网络拓扑等信息，按预设的某种算法分别计算传输路径自行组网，不在通信范围内的节点依靠其他节点间的多跳转发来实现数据的传输。无线自组网这种分布式拓扑结构完全不同于传统中心式的蜂窝网络，能够更加迅速、灵活、高效地部署网络设备。目前，随着无线自组网不断深入到人们的生活中，针对无线自组网的研究也逐渐成为行业内的热点。

无线自组网所有的节点都具有相同的无线传输能力，功能配置也是一样的。网络中节点都有自己的传输范围，节点可以和它所覆盖范围内的节点直接进行数据传输，如若需要与节点自身覆盖范围之外的节点通信，则需要依靠其他节点进行路由转发，以多跳的方式实现通信。由于使用公有的无线媒介传输，在彼此覆盖范围内的节点就会相互干扰，彼此竞争。此外，网络中的节点是可以随时移动的，这就造成网络的拓扑结构也在时刻发生变化。

田间智能灌溉系统无线自组网技术主要包括ZigBee(也称紫蜂，是一种低速短距离传输的无线网上协议)、Wi-Fi(无线网络)、LoRa(物联网)等。

ZigBee无线通信技术是一种具有低功耗、低成本的无线通信技术，其工作在2.4 GHz的ISM频段，传输数据的速率是20Kbps ~ 250 Kbps，其通信距离较有限，在10m ~ 100m，但在增加发射功率后，亦可增加到1km ~ 3km，这指的是相邻节点间的距离。如果通过路由和节点间通信的接力，传输距离将可以更远。ZigBee无线通信技术在目前工业控制中的应用较广泛，也在田间智能灌溉系统中得到了应用。

Wi-Fi无线通信技术是一种在较短范围内传输的无线通信技术。Wi-Fi是当今WLAN的主要技术标准之一，其无线接入速率能够达到每秒几百兆比特，具有良好的可移植性和更好的带宽特性。然而由于其功耗高，使得Wi-Fi在田间智能灌溉的推广和应用受到了限制。

LoRa无线通信技术是一种具备超长通信距离且低功耗的数据传输技术，LoRa技术的信道带宽为125 KHz，这使其通信速率可达0.3Kbps ~ 50Kbps。其工作频段在0.137GHz ~ 1.020GHz内，其频谱在1GHz以下且接收灵敏度可达到-148 dBm。LoRa扩频技术采用线性扩频调制，即使同时以相同频率发送数据，序列终端也不会相互干扰，通信距离明显提高。同时，LoRa在传输过程中不需要中继器，降低了系统功耗，提高了安全性和抗干扰性。因此LoRa无线通信技术在田间智能灌溉系统中受到越来越多的青睐。

二、ZigBee无线通信技术

ZigBee是一种新兴的短距离、低功耗无线网络通信技术，它是一种介于无线标记技术和蓝牙之间的技术，有自己指定的一整套通信标准。ZigBee无线通信技术常用于田间智能灌溉系统，能实现田间灌溉数据远距离传输，可以通过数以千计的田间无线传感器节点相互协调工作实现通信。在整个通信过程中，无论是节点间的通信过程还是节点采集数据的过程，其能量消耗相比现存的无线通信技术少了很多。在数据传输过程中，节点以接力的方式利用无线技术将数据从一个节点传送至另一个节点，故该无线通信技术具备较高的通信效率。

(一)ZigBee 设备类型

一个 ZigBee 网络由一个协调器节点、多个路由器和多个终端设备节点组成。

ZigBee 协调器（CoordinaTor）包含所有的网络信息，是三种设备中最复杂的，存储容量大、计算能力最强。它主要用于发送网络信标、建立一个网络、管理网络节点、存储网络节点信息、寻找一对节点间的路由信息并且不断地接收信息。一旦网络建立完成，这个协调器的作用就像路由器节点。

ZigBee 路由器（RouTer）的执行功能包括协助其他设备加入网络，作为数据跳转、协助子终端设备通信。通常，路由器全时间处在活动状态，因此为主供电。但是在树状拓扑中，允许路由器操作周期运行，因此这个情况下允许路由器电池供电。

ZigBee 终端设备（End-device）对于维护这个网络设备没有具体的责任，所以它可以睡眠和唤醒，因此能作为电池供电节点。

(二)ZigBee 网络描述

简单地说，ZigBee 是一种高可靠的无线数据传输网络，类似于 CDMA 网络和 GSM 网络。ZigBee 数据传输模块类似于移动网络基站。通信距离从标准的 75 m 到几百米、几千米，并且支持无限扩展。ZigBee 是一个由可多达 65 000 个无线数据传输模块组成的一个无线数据传输网络平台，在整个网络范围内，每一个 ZigBee 网络数据传输模块之间可以相互通信，每个网络节点间的距离可以从标准的 75 m 无限扩展。与移动通信的 CDMA 网络或 GSM 网络不同的是，ZigBee 网络主要是为工业现场自动化控制数据传输而建立，因而，它必须具有简单、使用方便、工作可靠、价格低的特点。每个 ZigBee 网络节点不仅本身可以作为监控对象，例如其所连接的传感器直接进行数据采集和监控，还可以自动中转别的网络节点传过来的数据资料。除此之外，每一个 ZigBee 网络节点还可在自己信号覆盖的范围内和多个不承担网络信息中转任务的孤立的子节点无线连接。ZigBee 支持三种自组织无线网络类型，即星状结构、网状结构和簇状结构，特别是网状结构，具有很强的网络健壮性和系统可靠性。

对于 ZigBee 技术所采用的自组织网，举一个简单的例子，当一队伞兵空降后，每人持有一个 ZigBee 网络模块终端，降落到地面后，只要他们彼此间在网络模块的通信范围内，通过彼此自动寻找很快就可以形成一个互联互通的 ZigBee 网络，而且由于人员的移动，彼此间的联络还会发生变化。因此，模块还可以通过重新寻找通信对象，确定彼此间的联络，对原有网络进行刷新，这就是自组网。

网状网络通信实际上就是多通道通信，在实际工业现场，由于各种原因，往往并不能保证每一个无线通道都能够始终畅通，就像城市的街道一样，可能因为道路维修等，使得某条道路的交通出现暂时中断，此时由于有多个通道，车辆（相当于控制数据）仍然可以通过其他道路到达目的地。而这一点对工业现场控制而言非常重要。所谓动态路由是指网络中数据传输的路径并不是预先设定的，而是在传输数据前，通过对网络当时可利用的所有路径进行搜索，分析它们的位置关系以及远近，然后选择其中的一条路径进行数据传输。在网络管理软件中，路径的选择使用的是"梯度法"，即先选择路径最近的一条通道进行传输，如传输不通，再使用另外一条稍远一点的通路进行传输，以此类推，直到数据送达目的地为止。在实际工业现场，预先确定的传输路径随时都可能发生变化，或者因各种原因路径被中断了，或者过于繁忙不能进行及时传送。动态路由结合网状拓扑结构，就可以很好地解决这个问题，从而保证数据的可靠传输。

（三）ZigBee 通信协议

ZigBee 是基于 IEEE 802.15.4 标准之上的一种无线通信协议，协议标准是由 ZigBee 联盟制定的。ZigBee 协议主要是针对无线传感器网络应用而制定的，它能够很好地满足低功耗的无线控制监测系统的应用需求。

IEEE 802.15.4 标准定义了两个物理层标准，它们是基于直接序列扩频的 2.4 GHz 物理层和 868/915 MHz 物理层。这两个物理层标准采用的物理层数据包格式相同，且均采用直接序列扩频技术，提供 27 个信道用于数据收发。两个物理层标准的主要区别是工作频段的选择，及采用不同调制技术而造成传输速率不同。物理层提供了介质访问层与无线物理通道之间的接口，其主要功能是激活休眠无线射频收发器，减少通信过程中能量损耗；对当前频道进行能量检测，通过检测结果选择通道；对空闲频道进行评估，为载波检测多址与碰撞避免（CSMA-CA）提供依据；通过网络性能参数指标，对链路质量进行指示；选择性能较好的频道；对通信过程中的数据，根据数据类型进行接收和发送等。

IEEE 802.15.4 标准定义的媒体访问控制（MAC）层能支持多种 LLC 标准，同时允许其他 LLC 标准直接使用 MAC 层提供的相关服务。对多个无线信号如何共享空中通道进行了规范性的定义，支持各种网络拓扑结构。该层的主要功能有：一是在节点间建立无线链路，并对其进行维护，当链路使用完毕后将其断开；二是确认模式的帧传送与接收以及对帧进行校验；三是对信道进行接入控制；四是提供预留时隙、广播信息管理机制、无线资源分配与管理，为物理层提供接口。

但是仅仅定义物理层和MAC并不能保证各个节点间正常通信。于是ZigBee联盟便诞生了，在IEEE 802.15.4标准基础之上，对网络层和应用层标准进行规范，使不同生产商间都共享该标准。

ZigBee网络层为MAC层和应用层提供了接口，对网络中路由协议、组网技术、网络分布结构等相关内容进行了规范，负责网络拓扑结构、网络维护、网络节点寻址、路由及安全方面的任务。网络层主要功能是：对网络维护中采用的机制进行定义，如节点加入或者离开网络时采用的机制；提供数据管理，数据进行发送和接收时，对数据进行管理；提供路由机制，对节点在路由发现及路由维护（其中路由维护包括对路由表的维护）过程中采用的相关机制进行具体的定义；在帧信息传输过程中提供安全机制，为帧的发送提供有效保障。

ZigBee应用层由APS、ZDO及制造商所定义的应用对象组成。应用层通过调用下层函数接口及本层提供的函数接口，完成不同需求的应用程序的开发。其应用层支持的功能有：对节点网络角色定义并完成数据传输过程中绑定的相关任务，同时为网络中不同的节点提供应用层上定义的相关服务等叩门。

（四）ZigBee网络结构

ZigBee网络层主要实现网络搭建，节点加入或者离开网络，路由发现和查找，网络数据传送等功能，同时在各种路由算法的基础上支持星状、簇树状、Mesh等多种网络拓扑结构。从节点在网络中扮演的角色考虑，ZigBee网络中存在的节点可分为3种类型，即协调节点、路由节点、终端节点，其中协调节点也称为汇聚节点，路由节点和终端节点统称为传感器节点。汇聚节点和路由节点被称为全功能设备（Full-FuncTion Device，FFD），终端设备被称为精简功能设备（Reduce-FuncTion Device，RFD）。FFD不仅具有数据接收和发送功能，同时还具备路由功能，在数据转发过程中首先对路由线路进行搜索查询，当数据传输过程中路由线路发生变化的时候则对路由表进行维护；而RFD仅仅具备接收和发送数据等简单的功能。同时FFD既可以和FFD通信，还可以和RFD通信，而RFD只能和FFD间建立通信。

1. 星状网络的拓扑结构

在星状网络拓扑结构中，整个网络由一个称为ZigBee协调器的设备来控制。ZigBee协调器负责发起和维持网络正常工作，保持同网络终端设备通信。星状网络拓扑结构的网络最简单，但是星状网络中节点的无线通信范围很小（几十米），网络覆盖范围有限，不利于网络功能的扩展。

2.Mesh 网络拓扑结构

Mesh 网络拓扑结构中，网络具备较强的自组织和自愈功能，网络中的节点可以通过多跳方式，以完全对等的形式，在节点间进行通信。该网络健壮性较好，例如从源节点到达目的地的路径由多条不同线路组成，如数据传输途中一条数据流断裂，该源节点会快速选择其他路由线路继续传递数据至目的节点；当网络中的某个节点由于某种原因而不能正常工作，处于瘫痪状态，该节点不会对整个网络的运行状态产生任何影响。但此网络结构最大的缺点就是网络结构复杂且存储空间开销较大。

3.簇树状网络拓扑结构

在簇树状拓扑结构中，ZigBee 汇聚节点负责启动网络以及选择关键的网络参数，同时也可以使用 ZigBee 路由节点来扩展网络结构。路由节点采用分组路由策略来传送数据和控制信息。树状网络可以采用基于信标的方式进行通信，它结合了星形结构和网状结构的优点，为了节省能量，数据采集终端可以作为网络中的端节点，结构节点少，同时汇聚节点可以作为网络控制器负责收集融合网络中的数据，且网络具有可扩展性，可以增加路由节点，扩展覆盖范围。但是随着其有效覆盖面积的增大，信息的传输时延也会相应增大，且同步机制会变得比较复杂。

在 ZigBee 中，只有 PAN 协调器可以建立一个新的 ZigBee 网络。当 ZigBee PAN 协调器希望建立一个新网络时，首先扫描信道，寻找网络中的一个空闲信道来建立新的网络。如果找到了合适的信道，ZigBee 协调点会为新网络选择一个 PAN 标识符（PAN 标识符是用来标识整个网络的，因此所选的 PAN 标识符必须在信道中是唯一的）。一旦选定了 PAN 标识符，就说明已经建立了网络，此后，如果另一个 ZigBee 协调器扫描该信道，这个网络的协调器就会响应并声明它的存在。另外，这个 ZigBee 协调点还会为自己选择一个 16 位的网络地址。ZigBee 网络中的所有节点都有一个 64 位 IEEE 扩展地址和一个 16 位的网络地址，其中，16 位的网络地址在整个网络中是唯一的，也就是 IEEE 802.15.4 中的 MAC 短地址。

ZigBee 协调器选定了网络地址后，就开始接受新的节点加入其网络。当一个节点希望加入该网络时，它首先会通过信道扫描来搜索周围存在的网络，如果找到了一个网络，它就会进行关联过程加入网络，只有具备路由功能的节点可以允许别的节点通过它关联网络。如果网络中的一个节点与网络失去联系后想要重新加入网络，它可以进行孤立通知过程，重新加入网络。网络中每个具备路由器功能的节点都维护一个路由表和一个路由发现表，它可以参与数据包的转发、路由发现和路由维护，以及关联其他节点来扩展网络。

ZigBee 网络中传输的数据可分为三类：周期性数据，如传感器网中传输的数据，这一类数据的传输速率根据不同的应用而确定；间歇性数据，如电灯开关传输的数据，这一类数据的传输速率根据应用或者外部激励而确定；反复性的、反应时间低的数据，如无线鼠标传输的数据，这一类数据的传输速率是根据时隙分配而确定的。为了降低 ZigBee 节点的平均功耗，ZigBee 节点有激活和睡眠两种状态，只有当两个节点都处于激活状态才能完成数据的传输。

（五）ZigBee 技术特点

ZigBee 技术是一种将传感器电子元器件与无线通信网络相结合，在无线缆的通信方式下，节点间相互协调工作的一种无线通信技术。ZigBee 技术的主要特点有以下几个方面：

（1）低功耗。通常 ZigBee 节点所承载的应用数据速率较低，在节点不需要采集数据或者不需要进行节点间通信的时候，可以让节点状态切换至休眠状态，该状态下节点功耗仅为正常工作状态下功耗的千分之一。通常情况下，节点休眠时间占总运行时间的大部分，有时正常工作的时间还不到百分之一，因此在节点不工作的情况下将其置为休眠状态，可达到一定的节能效果。一般情况下，传感器节点在低耗电待机模式下，其电量损耗相对较慢，节点靠干电池供电，使用时间可长达 2 年左右，节点周边环境复杂，不宜经常更换电池，这给使用过程带来了极大的便利。

（2）低成本。ZigBee 协议与其他通信协议相比，属于精简协议，其对微控制器的要求相对较低，协议简单且免收专利费，使用方便，基于 ZigBee 协议栈易开发各类应用需求的软件，使用成本较低。

（3）自动组网。ZigBee 技术具备较强的网络自组织性，支持多种网络拓扑结构，网络性能较高，在网络组建过程中支持多播和广播特性。节点重新加入网络的过程历时较短，且网络结构发生变化后，网络能迅速重新被组建。

（4）可靠性高。在物理层中采用扩频技术，允许频道共享，同时能够有效降低设备间的相互干扰；在 MAC 层采用了碰撞避免机制，在发送数据的时候先监听信道是否空闲，然后再开始发送数据，这样有效避免了数据发送时信道冲突，降低干扰性；网络动态组网功能，在数据传输过程中遇见传输线路中断现象时，通过路由查询，重新发现新的线路传输数据，有效保证了数据传输的可靠性。

（5）网络时延短。ZigBee 通信过程中，节点状态切换速度较快，通常在 15~30 ms，节点休眠状态转换时延较短；网络的自愈能力极强，通信过程中能快速恢复原状，通信时延较短。

（6）数据传输速率低。2.4 GHz 的频段传输速率为 250 Kbps，而在链路传输中还有其他因素对传输速率有影响，例如检测信道冲突时采用的信道应答机制和当数据未成功传输时，需要对数据进行重新传送，以上情况都需要消耗信道资源，降低数据有效传输率。

（7）网络容量大。ZigBee 支持多种网络拓扑结构，如星状结构、网状结构及簇树状结构。整个网络由一个汇聚节点和若干传感器节点组成，汇聚节点作为整个网络中的核心节点来管理整个网络，其中每个节点能够管理 254 个子节点，以此类推，网络中能容纳的节点数量可多达 65 535。

（8）安全保密性高。ZigBee 技术具备较强的安全保密性，其中涉及三级安全保密模式，具有通用的加密算法 AES-128，能够有效防止非法数据的入侵，整个网络安全性高。

（9）工作频段灵活。ZigBee 频段通常分为以下三个，即 2.4 GHz、868 MHz（欧洲）及 915 MHz（美国），该频段均为免执照频段。我国采用的是 2.4 GHz 频段。

（六）ZigBee 技术应用

ZigBee 技术可以应用于田间智能灌溉系统，系统通过 ZigBee 模块进行田间信息采集和电磁阀控制，ZigBee 模块将采集的信息传给 GPRS 模块，GPRS 模块再将信息通过公网上传到监控中心服务器。

1. 田间智能灌溉系统功能

田间智能灌溉系统的功能需求如下：

（1）数据采集功能。通过 ZigBee 模块对传感器进行读取，获取土壤温湿度、空气温湿度和日照强度信息数据，通过无线传感器网络发送传感器数据。

（2）数据通信功能。把传感器节点监测到的数据经过多跳传递，经 ZigBee 传感器网络、GPRS 网络、互联网，传送到服务器上，以及把管理平台的控制指令再发送到监控节点完成整个数据间的双向通信。

（3）远程控制功能。管理平台远程发送指令，控制电磁阀门实现灌溉操作的远程控制。

（4）自动控制功能。管理平台根据传感器信息分析环境状态，自动远程发送指令控制电磁阀门，进而实现灌溉操作的远程自动控制。

2. 田间智能灌溉系统结构

（1）供电与通信：ZigBee 无线网络通信主要由 GPRS 模块和 ZigBee 模块构成，ZigBee 模块用于连接无线采集控制器进行通信，GPRS 模块用于连接因特网。太阳能电池板、电源管理模块和电池用于提供稳定可靠的电源。

（2）采集与控制：ZigBee 无线采集控制器的设计需考虑系统的主要功能，因此需包含的传感器有：空气温、湿度检测传感器，土壤温、湿度检测传感器，光照强度检测传感器，电磁阀控制模块。

3. 系统软件设计

系统软件可采用面向对象语言 VB 进行编程。上位机软件主要包括界面设计、数据库和网络通信。界面设计主要用于显示各个采集控制器的数据信息。数据库用于存储各个采集控制器的数据信息，并对数据进行统计处理，便于用户查看记录。网络通信部分用于从以太网中获取采集控制器的信息和发送控制指令给采集控制器。后台程序通过分析记录在数据库的信息，判断阈值，当传感器数据达到阈值时，管理平台向采集控制器发送控制指令，从而达到智能灌溉。

三、Wi-Fi 无线通信技术

Wi-Fi 无线通信技术适用于田间土壤湿度、灌溉水量及电磁阀开闭等信息通信，可作为田间智能灌溉系统节点信息通信设备。Wi-Fi 是无线局域网络中的一项技术，由于自身传输效率的优势，使用 Wi-Fi 技术组建的无线局域网具有很好的性价比和良好的用户体验。在田间智能灌溉实际应用中，由于 Wi-Fi 无线通信技术有自身的使用规则以及参数配置，因此有必要对 Wi-Fi 无线通信技术进行必要的了解。

（一）Wi-Fi 网络结构

Wi-Fi 的网络结构由工作站（Station，STA）、基本服务集（Basic Service Set，BSS）、独立基本服务集（Independent Basic Service Set，IBSS）、分布式系统服务（Distribution System Service，DSS）、接入点（Access Point，AP）扩展服务集（Extended Service Set，ESS）等组成。

1.STA

STA 通常被称为网络接口卡或网络适配器，是接入无线媒介的那一部分。工作站既可以作为固定的节点，也可以作为移动的节点，在构造上分为外置和内置两种。每个工作站都具有鉴权、取消鉴权、加密和数据传输的功能，我们可以把它认为是网络的客户端。

2.BSS

BSS 是 Wi-Fi 无线网络的基本单元，基本服务集里包括若干个工作站，在 BSS 覆盖范围内的工作站可以互相通信，每个 BSS 有一个 BSSID（基本服务集识别码）。

3.IBSS

IBSS 是最简单、最基础的 Wi-Fi 网络类型，又称作独立广播卫星服务，包含两个工作站，两个工作站之间可以相互通信，该网络类型具有临时性，并且组成比较简单，因此是专为点对点连接。IBSS 模式没有无线基础设施骨干，但至少需要 2 台 STA。STA 不受 BSS 限制，可以自由地出入 BSS 覆盖的范围。

4.DSS

由于工作站之间的通信距离由 PHY 的覆盖范围直接决定，因此想要扩大工作站之间通信距离就需要建立一个拓扑型的网络，把若干个 BSS 结合起来，DSS 的主要功能就是将多个基本服务集连接起来，构成新的无线网络。

5.AP

AP 的作用类似于传统有线网络中的集线器，在组建小型的无线局域网时经常被用到。接入点将有线网和无线网很好地结合到一起，将若干个 STA 组织到一起，最后通过 AP 连接到因特网。

6.ESS

若干个基本服务集可以构成一个极为复杂和精确的无线网络，我们称这种网络为拓展服务集网络。

（二）Wi-Fi 模式

Wi-Fi 模式包括：跳接式路由技术（Ad-hoc）、无线 AP、无线点对点桥接、无线点对多点桥接、无线客户端、无线转发器、无线网状网（Wireless Mesh Network，WiMesh）。

1.Ad-hoc

直接与 Ad-hoc 无线网络中的其他电脑无线互联，这种连线类型仅对两台或更多台电脑之间的连线有用，即集群计算机接上无线网络卡，其中一台计算机连接因特网就可以共享带宽，实现网络共享，无需通过 AP。

2. 无线 AP

无线 AP 相当于一个连接有线网和无线网的桥梁，其主要作用是将各个无线网络客户端连接到一起,然后将无线网络接入以太网。

无线 AP 需设置信道、密钥(WEP 有线等效保密协议)、网络协议[如动态主机设置协议(Dynamic Host Configuration Protocol,DHCP)]、桥接等。

3. 无线点对点桥接

工作原理是:访问接入点对在它的 BSS 中的无线工作站起到一个中心控制器的作用,但是它仅与另外的一个无线网桥进行通信。通过"Preferred BSS1D"设置,对端 AP 的 MAC 可识别指定的 AP,对端 AP 需要进行相同的配置才可实现点对点传输。例如:相同的服务集标识(Service Set Identifier,SSID)、相同的信道、相同的应用模式。

4. 无线点对多点桥接

点对多点网桥的工作频段为 5.8 GHz,此频段为不收费频段,采用 802.11n 技术 1×1 单发单收无线架构,提供最高达 150 Mbps 的传输速率,系统兼容 802.11a/n,可将分布于不同地点和不同建筑物之间的局域网连接起来,是真正实现高性能、多功能平台的无线传输设备。

5. 无线客户端

无线客户端特点是无线有线互联,自动捕捉信道,手工设置密钥(WEP 有线等效保密协议),自动获取 IP 地址。

6. 无线转发器

无线转发器是用来转发无线探测器或者遥控器的信号,构成联动系统的重要器件,当遥控器或探测器和接收装置之间因安装距离较远、通信信号强度不足时,可加装无线转发器(简称"转发器"),以保证通信正常可靠。

(三)Wi-Fi 技术特点

Wi-Fi 技术能够在田间智能灌溉中得到大量应用和用户的认可,是因为它具有几项明显的优势:

第一,Wi-Fi 技术覆盖直径大。Wi-Fi 技术的覆盖直径为 200 m,如果利用交换机,能够把 Wi-Fi 数据传输距离扩大到 6.5 km。

第二,Wi-Fi 技术数据传输速度相当快,其传输速度达到 54 Mbps,更加符合农田信息化快速发展的需求。

第三,Wi-Fi 技术成本较低,无需预先布线,非常适合田间信息通信。

四、LoRa 无线通信技术

（一）扩频调制技术

LoRa 网关能够同时接收处理多个传感器节点的数据，拥有大量的网络容量。LoRa 直线传输距离可达十几千米以上，信噪比在低于 20 dB 的情况下仍可实现全解调。LoRa 无线网络技术的电源功耗极低，其工作电流只有几毫安，休眠状态下电流不到 200 nA，这极大地增加了设备的工作时间。

LoRa 的扩频通信原理是通过扩频技术将信号扩展到宽带宽的噪声中，以获得扩频增益。扩频调制是一种信息传输方式，其信号所占的频带宽度远大于所传信息需要的最小带宽。在扩频调制的过程中，发送信号首先被调制成数字信号送给扩频码发生器，然后将此数字信号送至扩频码发生器，通过扩频码序列去调制数字信号以展开信号的频谱，将其信号频谱展宽之后进行载频调制，最后利用射频模块的天线发送调制信号出去。在信息接收端，从天线接收到的射频信号送到射频发生器变频至中频信号，经过接收端扩频码发生器产生的与发送端相同的扩频码序列进行解调，得到原始信息。

（二）LoRa 数据包结构

1. 前导码

前导码是一个长度值可控的变量，其作用是实现接收机和发送设备之间的时间同步，可在 6～65536 字节之间设置，默认值是 12 个符号。在应用过程中，如果遇到接收数据量较大时，可以通过缩短前导码的长度，达到缩短接收端的占空比。在 LoRa 通信过程中，接收机会定时地查询发射器是否发送前导码，如果发射器发送的前导码与本地接收机的前导码长度值相同，则开始接收数据。如果接收机没有匹配到相同长度的前导码，将保持休眠状态。

2. 报头

寄存器 RegModemConfigl 是选择使用显式模式还是隐式模式的报头，默认选择显式报头模式，报头主要包含有效负载、前向纠错编码率和 16 位负载 CRC 校验等信息。

3. 有效负载

有效负载是数据包实际传输的信息，其长度根据数据量大小而定，一般在隐式模式下可以使用相关寄存器来设置，而在显式模式下直接在报头中指定其长度即可。

(三)LoRa 技术特点

LoRa 是基于 Sub-GHz 和扩频技术的低功耗和长距离无线通信技术,它也是小无线通信技术之一,LoRa 技术的优势是通信距离更远,功耗更低,同时可靠性也更好。LoRa 融合了扩频技术、前向纠错编码技术和数字信号处理技术。LoRa 技术的特点主要体现如下:

1. 低功耗

LoRa 可以在各个工作状态之间快速切换,在工作模式下,由于 LoRa 采用了扩频技术,对信噪比要求较低,功率谱密度相对较低,因此信号功率可以很低。同时 LoRa 数据传输速率低,只有 1Kbps ~ 300Kbps,一般工作时其接收电流仅为 10 mA,当发射功率为 20 dBm 时,发送数据电流在 120 mA 左右,而休眠模式下电流为 200 nA。因此可以延长电池的使用寿命。

2. 传输距离远

在一般室外空旷环境中,信噪比增加 6 dB,相对应的传输距离就扩大 1 倍,LoRa 技术的信噪比要比 GFSK 调制方式信噪比大 28 dB,这样也就大大提高了通信距离。在较为空旷、建筑物稀少的环境中传输距离可达 5 km,在建筑物相对较多、环境复杂的环境中传输距离可达 2 km。由于 LoRa 技术在通信距离上的优势,在同样覆盖范围内,可以大幅度减少中继节点的使用,简化系统设计,从而降低开发、安装、维护的成本。

3. 抗噪能力强

LoRa 的扩频因子可以达到 6 ~ 12,在扩频调制技术中,扩频因子选取的越高,接收端信号的可靠性越强。发送信号数据包被送到扩频码调制器里,将每一位按照要求配置为 64 ~ 4096 个码片。通过扩频调制产生的无线电波在频谱仪上看起来更像是噪声,但噪声是没有相关性的杂乱信号,而经过扩频调制后的信号之间具有很强的相关性,因此信号可以从噪声中提取出来。比较适合于环境复杂、建筑物密集的场合。

4. 成本低,网络容量大

LoRa 采用星状网络结构,可以支持更多的终端节点。随着 LoRa 技术的崛起,它在通信距离和低功耗方面的优势尤为突出,在一定程度上解决了一直以来无线通信在通信距离和低功耗不可不可兼得的问题,因此 LoRa 技术在低功耗广域物联网中具有不可替代的地位。在抄表(水表、电表、气表)领域,利用其低功耗和远距离的特性搭配抄表系统,在保证实现系统功能的前提下,最大限度地减少中继节点。在工业生产过程中,某些场景需要低成本的传感器配以低功耗的电路来监测设备状态,也非常适合使用 LoRa 技术进行通信。

此外,基于 LoRa 具有低功耗、距离远以及可以大量连接节点的特点,适用于灌区信息采集和电磁阀控制。物联网是当前社会的热门话题,在技术层面也是在不断地研究当中,国内物联网行业鉴于 LoRa 技术的潜在能量,正在把 LoRa 技术用于农田信息采集和智能灌溉。

(四)LoRa 技术应用

为了实现复杂环境的田间智能灌溉自动化远程监控和智能化管理,利用基于 LoRa 的低功耗广域物联网(LPWAN)技术和改进的超低功耗监控技术,设计智能灌溉系统,包括终端监控设备、网关和网络监控系统。利用 LoRa 的 LPWAN 技术,采用低功耗脉冲先导式电磁阀,高精度土壤墒情传感器和智能气象站,远程在线采集土壤墒情、气象信息,实现灌溉用水量智能决策、远程/自动控制灌溉设备、墒情自动预报等功能,最终实现精准水肥一体化灌溉,将水肥有效输送至作物根毛区,实现节约水肥、增产高效,避免浪费和污染。

1. 系统组网方式

田间智能灌溉系统网络基于集群自组网,是专为极低功耗无线采集与监控的无线自组织网络系统,网络采用稳定的 MESH 和 STAR 复合网络结构,具有网络覆盖面积大、穿透障碍物能力强、功耗低、控制实时性高、组网速度快的特点,一次通信成功率非常高。网络系统采用主从式机制。集中器可以控制网络的一切活动,一个集中器(田间中心协调单元)最多可以控制 256 个节点及若干个路由器,路由器(大多分布在田间,其中也包含首部控制单元)最大支持 3 级路由。节点模块(阀门控制单元和墒情采集单元)围绕路由器组建星状网络,路由器再组建 MESH 网络与集中器通信。节点模块亦可与集中器直接进行通信,但只有一级节点与集中器通信,大于一级节点必须经过路由器与集中器通信。最终系统在通电以后,系统自动组建网络,自动维护和优化网络路由,无需人为干预,自动发现和删除节点或路由器。新节点或路由器在一定时间内可以被网络发现,节点或路由器地址被网络识别后将被加入网络中,被移除节点和路由器的路由等信息在可设定的时间内被删除。在路由器 MESH 网络部分中,任意路由器既可以作为子节点,又可以作为父节点。任意节点支持多个父节点,任意节点有多条到达集中器的路由,并且节点传输数据时动态地选择最佳路由,任意节点都具有路由器与中继功能。处于级数比较多的节点,向集中器传输数据的时候,通过上一级父节点转发数据，然后它的父节点再通过其他节点传输到集中器，每个节点有多个父节点，使网络更加可靠，同时扩大了网络的覆盖面积。若在网络中若干个节点出现故障，或者被移除，丝毫不会影响网络通信，集中器可以通过其他节点找到失去父节点的节点。通过集中器发送命令，可以了解网络路由器及节点的数量、地址、级数以及路由等情况。其中节点采用单信道的 LoRa 终端芯片，采用一次性大容量电池供电，路由器和集中器采用 8 信道的 LoRa 网关芯片低功耗运行，采用微型太阳能系统供电，系统在数个灌溉季周期内无需更换电池。同时，节点设备拥有很强的穿透力和广阔的覆盖范围，网络内模块节点覆盖超过 6 km，非常适用于大型灌区。

2. 系统硬件组成

田间智能灌溉系统的 LoRa 智能网关单元配置有 ARM 控制器、GPRS DTU 模块、无线扩频模块、LoRa 模块、太阳能控制器、锂电池组、430 MHz 天线、900 MHz ~ 1800 MHz 天线、2.4 GHz 天线。LoRa 智能网关单元监控阀门控制单元和监测墒情采集单元，将实时数据存入内部存储器，负责与云端服务器的数据交互。采用太阳能供电。在 GPRS 网络中断或云端服务器崩溃的情况下，现场人员可以通过配备的应急阀门控制装置使用 LoRa 网络手动控制阀门的开闭。

阀门控制单元在系统中根据实际工程项目需求来配置其数量，配置有超低功耗微控制器、省电继电器、阀门驱动模块、微波扩频模块、电压转换模块、水压力传感器或流量传感器、先导式脉冲电磁阀、430 MHz 天线，外壳采用具有 IP68 防护等级的外壳。阀门控制单元用于超低功耗的阀门控制，阀门反馈状态采集和过水流量采集，并与田间中心协调单元使用微波扩频进行数据交换。

3. 系统工作方式

田间智能灌溉系统中终端节点设备在无工作任务的情况下，单片机发出指令，将无线通信模块调整为休眠模式状态，将信号输出模块、信号采集模块调整为断电停止工作状态，然后单片机自身进入休眠状态。当现场网关向终端节点控制器下发工作任务后，无线通信模块首先接收到现场集中控制器的指令，由休眠模式状态转换为工作模式状态，然后转发信息给单片机，单片机由休眠状态转换为工作模式状态，并根据指令要求，唤醒信号输出模块或信号采集模块。

为了进一步提高系统通信的可靠性和实时性，同时降低节点设备的功耗，系统将核心路由协议做到智能网关单元中。网关节点 15 min ~ 30 min 自动上传一次节点信息，为保证系统的低功耗可持续运行，网关数据上行和下行同时执行的时候使用防碰撞技术。除此之外，如果无线通信出现误码而导致个别节点数据上传出错，可以通过错误重传功能再次进行查询，判断错误信息是由于通信误码导致，还是节点确有故障。

4. 系统功能

田间智能灌溉系统功能包含以下内容：

（1）气象信息采集，包括风速、风向、雨量、总辐射、大气压力、空气湿度、空气温度等。

（2）土壤墒情信息采集，包括土壤湿度、温度、盐分等。

（3）田间阀门监控，包括阀门控制、阀门状态监测、网关在线信息监测等。

（4）首部泵房监控，包括水泵、阀门、过滤器、施肥设备的监控以及压力、水位、流量等信息的监测。

（5）报警信息，包括管道压力、前池水位、智能设备电池电量、通信质量、墒情气象等报警信息。

（6）轮灌计划，包含已执行、正在执行和未执行的，可查看计划的详细信息，包含每个轮灌组的灌溉状态、计划灌溉时间以及计划下发的命令，同时列出每个轮灌组在执行轮灌过程中因设备故障未执行轮灌的出地桩，方便轮灌结束后进行补灌。

（7）用水统计。统计各灌溉单元内所有出地桩以时间类型为单位的灌水总时长、平均时长、最短时长、最长时长及灌溉次数。默认以柱状图的形式显示各灌溉单元的总时长，点击各灌溉单元的柱状图，显示该灌溉单元下各出地桩的灌水总时长；点击各出地桩的柱状图，则显示该出地桩每次灌水的时长柱状图。

（8）需水预报模型建设。根据种植结构、田间布设的墒情采集站和气象站，建设农作物生长模型、农作物需水预报模型。

（9）智能灌溉。根据需水预报模型计算出的需水量，自动生成轮灌计划，实现田间自动灌溉。

第二节　单片机节水控制技术

一、单片机概述

单片机是一种集成电路芯片，是采用超大规模集成电路技术把具有数据处理能力的中央处理器CPU、随机存储器RAM、只读存储器ROM、多种输入/输出（I/O）口和中断系统、定时器/计时器等功能（可能还包括显示驱动电路、脉宽调制电路、A/D转换器等电路）集成到一块硅片上构成的一个小而完善的计算机系统。

（一）单片机的特点

单片机主要是用来嵌入到具体设备中的计算机，所以其特点与个人计算机截然不同，单片机的主要特点表现在以下几个方面：

（1）高集成度，体积小，高可靠性。单片机将各功能部件集成在一块晶体芯片上，集成度很高，体积自然也是最小的。芯片本身是按工业测控环境要求设计的，内部布线很短，其抗工业噪声性能优于一般通用的CPU。单片机程序指令、常数及表格等固化在ROM中不易破坏，许多信号通道均在一个芯片内，故可靠性高。

（2）控制功能强。单片机内部往往有专用的数字I/O，通过指令可以进行丰富的逻辑操作和位处理，非常适用于专门的控制功能。单片机还集成了各种接口，这样使其可以方便与各种设备通信连接，达到控制目的。

（3）低电压，低功耗，便于生产便携式产品。为了广泛使用于便携式系统，许多单片机内的工作电压仅为1.8 V～3.6 V，而工作电流仅为数百微安，甚至更低。合理的设计使某些应用下其待机时间可达几年。

（4）优异的性能价格比。为了提高执行速度和运行效率，单片机已开始使用RISC流水线和DSP等技术。单片机的寻址能力也已突破64 KB的限制，有的可达到4CB，片内的ROM容量可达62 MB，RAM容量则可达64 MB。由于单片机的广泛使用，因而销量极大，各大公司的商业竞争更使其价格十分低廉，其性能价格比极高。

（二）单片机应用领域

单片机以高性能、高速度、体积小、价格低廉、可重复编程和功能扩展方便等优点，获得广泛的应用。其主要应用于如下领域：

（1）家用电器及玩具。由于单片机价格低、体积小、控制能力强、功能扩展方便等优点，使其广泛应用于电视、冰箱、洗衣机、玩具、家用防盗报警器等中。

（2）智能测量设备。以前的测量仪表体积大，功能单一，限制了测量仪表的发展。选用单片机改造各种测量控制仪表，可以使其体积减小，功能扩展，从而生产新一代的智能化仪表，如各种数字万用表、示波器等。

（3）机电一体化产品。机电一体化产品是指将机械技术、微电子技术和计算机技术综合在一起，从而产生具有智能化特性的产品，它是机械工业的主要发展方向。单片机可以作为机电一体化产品的控制器，从而简化原机械产品的结构，扩展其功能。

（4）自动测控系统。使用单片机可以设计各种数据集成系统、自适应控制系统等，如温度的自动控制、电压电流的数据采集。

二、MSP430 单片机

（一）MSP430 单片机的特点

MSP430 单片机是一款 16 位超低功耗的混合信号处理器。它有以下特点：

（1）具备强大的处理能力，可编制出高效率的源程序。采用精简指令集（RISC）结构，具有丰富的寻址方式、简洁的 27 条内核指令以及大量的模拟指令；大量的寄存器以及片内数据存储器都可参加多种运算；有高效的查表处理指令。

（2）具备高效的运算速度和灵活的运算方法。MSP430 系列单片机能在 8 MHz 晶体的驱动下，实现 125 ns 的指令周期；16 位的数据宽度以及多功能的硬件乘法器相配合，能实现数字信号处理的某些算法；中断源较多，并且可以任意嵌套，使用时灵活方便，当系统处于省电的备用状态时，可用中断请求将它唤醒。

（3）系统可以稳定可靠的工作。系统稳定上电复位后，首先由 DCOCLK 启动 CPU，以保证程序从正确的位置开始执行，使晶体振荡器有足够的起振及稳定时间；然后软件可设置适当的寄存器的控制位来确定最后的系统时钟频率；如果晶体振荡器在用作 CPU 时钟时发生故障，DCO 会自动启动，以保证系统正常工作；如果程序跑飞，可用看门狗（WDT）将其复位。

（4）丰富的片内外设为系统的单片解决方案提供了极大的方便。它们分别是看门狗、模拟比较器 A、定时器 A、定时器 B、串口 0、1、硬件乘法器、液晶驱动器、10 位/12 位 ADC，I2C 总线、直接数据存取（DMA）、端口 O（PO）、端口 1～6（P1～P6）、基本定时器（Basic Timer）等一些外围模块的不同组合。

（5）具备卓越的超低功耗特性。MSP430 单片机在降低芯片的电源电压及灵活而可控的运行时钟方面都有其独到之处。首先，其电源电压采用的是 1.8V～3.6V，在 1 MHz 的时钟条件下运行时，芯片的电流在 200～400μA，时钟关断模式的最低功耗只有 0.1μA；其次是独特的时钟系统设计，在 MSP430 系列中有两个不同的时钟系统：基本时钟系统（有的使用一个晶体振荡器，有的使用两个晶体振荡器）和锁频环（FLL 和 FLL+）时钟系统或 DCO 数字振荡器时钟系统，这些时钟可以在指令的控制下打开和关闭，从而实现对总体功耗的控制。

（二）MSP430F5438 单片机特点

MSP430F5438 单片机具有 100 个引脚的封装，能够在低功耗状态下工作。该微处理器芯片由于强大灵活的应用特性和良好的市场潜力，很快便在嵌入式系统领域得到较快的发展和广泛的应用。芯片内存空间大，硬件扩展能力强，下载和调试程序非常方便，同时单片机 Flash 存储器空间达到 256 KB，内部 RAM 达到 16 KB，可以使系统在写入底层驱动程序和 TCP/IP 协议栈的同时留有很大的内存空间实现网络数据的接收和发送。该芯片的主要特点如下：

（1）在超低功耗状态下工作，芯片的工作电压为 1.8V ~ 3.6V，工作电流 $0.1\mu A$ ~ 400 μA，只需 $6\mu s$ 就可以在低功耗模式下唤醒。

（2）强大的硬件处理能力，具有 16 位精简指令结构，多种寄存器寻址方式，简洁的指令系统，片内存储器和寄存器可进行数字和逻辑运算，存在很多中断源，可以实现嵌套。

（3）十分丰富的外设资源：256 KB 的 Flash 存储器、12 位 A/D 转换、硬件乘法器、16 位定时器、2 个通用串行接口、内部温度传感器和看门狗计数器等。

（4）系统工作稳定，晶体振荡器起振稳定后，根据设定的系统时钟频率来工作，若程序跑飞，看门狗电路产生复位信号来保证系统的正常运行。

（5）程序调试方便，单片机的内部 Flash 存储器可方便地实现程序的写进和擦除，本身提供 JTAG 接口，可以方便实现程序的仿真调试和下载。

在节水灌溉智能控制系统中，TEST、TDO、TDI、TMS 和 TCK 引脚连接到 JTAG 接口电路，用于程序的调试和仿真。UCA0TXD 和 UCA0RXD 引脚与串口通信电路连接，可以实现与其他主机的数据通信。选合适引脚作为数字 I/O 端口与 LED 等连接，显示系统工作的状态；RST 引脚连接带看门狗电路，系统可以被看门狗复位信号直接复位。UCB2SOM1.UCB2S1MO、UCB2CLK 和 P10.6 作为 SPI 接口的连接线与网卡控制器进行数据通信，而 P6.3 和 P10.6 两个引脚用于对电磁继电器进行控制。

（三）主控制器外围电路

1. 系统时钟电路

MSP430F5438 单片机内部有主系统时钟、辅助系统时钟、定制系统时钟和晶振时钟。控制器选择单片机内部常用的晶振时钟方式来产生工作所需信号，保证嵌入式网络终端的电路能够在时钟信号的控制下按照时序有效地工作。晶体振荡器非常重要，它不但提供系统所需要的工作频率，而且一切指令的执行都要依靠时钟频率。

MSP430 系列单片机的晶振频率固定有 8 MHz 与 12 MHz，内部含有高增益反相放大器的输入、输出端 XTAL1 和 XTAL2，外接定时反馈器件组成振荡器，从而产生时钟信号送到内部的各个器件。灌溉控制器晶振频率选择 12 MHz，外接两个谐振电容的典型值为 30 pF，晶振直接连接到单片机的 XT2IN 和 XT2OUT 两个引脚上。

2.JTAG 接口电路

JTAG 接口主要连接仿真器，仿真器通过 JTAG 接口可以对存储器中代码进行在线编程和功能调试。标准的 4 线 JTAG 调试接口的作用分别是时钟输入（TCK）、模式选择（TMS）、数据输入（TDI）和数据输出（TDO）。MSP430F5438 与前期开发的一些单片机系列不同，JTAG 接口是完全独立的，不再与 I/O 口复用，这样的好处是调试方便。

三、基于单片机电磁阀智能控制器

以单片机为核心的电磁阀智能控制器实时采集植物各层土壤含水量，通过无线传输技术，将土壤墒情传感器所采集到的数据传输到监控中心，监控中心根据植物的最低需水量来制定植物定时、定量灌溉策略，控制器在接收到控制命令后，会按照指定的通信协议解析命令帧和数据帧，并完成相应的动作即打开或关闭电磁阀，完成灌水任务，同时向监控中心反馈电磁阀的工作状态。

电磁阀智能控制器具有极低的待机电流和工作电流，可在连续阴雨天气下长时间可靠工作。控制器采用模块化设计方案，根据实现功能不同设计成不同的硬件模块，方便升级优化、功能组合和扩展，可分为核心处理模块、电磁阀控制模块、供电模块、MCU 调试接口、RS485 通信接口、时钟电路、Flash 存储电路、LoRa 通信模块等。

（一）核心处理模块

控制器采用低功耗高性能单片机 MSP430F5438 作为核心控制器，配置基本电路包括晶振电路、复位电路、外部接口电路（JTAG 接口、IO 接口、外部中断接口、串口扩展电路、RS485 接口、SPI 接口、I2C 接口)、电源供电电路、Flash 存储电路和 RTC 时钟电路。

(二)电磁阀控制模块

系统所用的脉冲电磁阀为两线制自保持电磁阀,不需要维持功耗,因此控制电磁阀的接口电路也比较简单,只需分别输出正脉冲信号和负脉冲信号即可。通过使用微处理器的 I/O 输出控制达林顿管,控制信号经达林顿管驱动放大后驱动两个双刀双掷的电磁继电器完成控制结果。

(三)供电模块

控制器采用行业广泛应用的 DC12V 电源,经处理后供给控制器不同电路使用。电路板上实际工作电源有三种:第一种是可控 DC 12 V,用于控制传感器、电磁阀供电;第二种是常供 DC 3.3 V,供 CPU、时钟电路、存储电路等部分功能模块使用;第三种是可控 DC 3.3 V,供控制 LoRa 通信模块供电使用。

供电电路模块设计遵循以下几点原则:一是设备供电电压采用通用的 DC 12 V,电路板电压仅在 12 V 和 3.3 V 直接转换;二是要有电源防反接保护;三是系统低功耗设计,采用电源管理技术,不同功能模块部分分开供电,对部分模块工作时才供电,其余时间不供电,减少功耗;四是数字电路和模拟电路分开供电;五是电源芯片尽量选用自身功耗小、效率高的开关式芯片,以减少不必要的电源损耗。

(四)MCU 调试接口

调试下载接口是系统中的重要接口,编译好的程序需要通过它下载到目标板中或开启在线调试功能或直接运行。MSP430F543x 处理器使用的是常见的 JTAG 接口,使用 TDO、TDI、TMS、TCK 4 根管脚加上 RST、GND 及 TEST 组成。

(五)RS485 通信接口

RS485 通信由于其成本低廉、电路设计简单、可靠性高的特点,已经广泛应用于工业控制、仪器、仪表、多媒体网络、机电一体化产品等诸多领域。本项目所用土壤墒情传感器、流量计、温湿度计等传感器均为 485 通信,在不适用中继器的情况下通信距离可达 1.2 km,最大传输速率为 10 Mbps,传输距离与传输速率成反比。RS485 通信与供电相结合,实现采集数据时供电,平时关闭传感器降低功耗的目的。

RS485 接口电路的主要功能是将来自微处理器的发送信号 TX 通过"发送器"

转换成通信网络中的差分信号，将通信网络中的差分信号通过"接收器"转换成被微处理器接收的 RX 信号。任一时刻，RS485 收发器只能处于"发送"或"接收"两种工作模式之一。因此，RS485 接口电路通常配置有收/发逻辑控制电路。

第三节　PLC 节水灌溉智能控制技术

一、可编程序控制器（PLC）

（一）PLC 概述

可编程序控制器，英文为 Programmable Controller，简称 PC。由于 PC 容易和个人计算机（Personal Computer）混淆，故人们仍习惯用 PLC 作为可编程序控制器的缩写。它是一个以微处理器为核心的数字运算操作的电子系统装置，专为在工业现场应用而设计，采用可编程序的存储器，用以在其内部存储执行逻辑运算、顺序控制、定时/计数和算术运算等操作指令，并通过数字式或模拟式的输入、输出接口，控制各种类型的机械或生产过程。PLC 是微机技术与传统的继电接触控制技术相结合的产物，它克服了继电接触控制系统中的机械触点的接线复杂、可靠性低、功耗高、通用性和灵活性差的缺点，充分利用了微处理器的优点，又照顾到现场电气操作维修人员的技能与习惯，特别是 PLC 的程序编制，不需要专门的计算机编程语言知识，而是采用了一套以继电器梯形图为基础的简单指令形式，使用户程序编制形象、直观、方便易学；调试与查错也都很方便。

（二）PLC 特点

1. 高可靠性

所有的 I/O 接口电路均采用光电隔离，使工业现场的外电路与 PLC 内部电路之间电气上隔离；各输入端均采用 R-C 滤波器，其滤波时间常数一般为 10～20ms；各模块均采用屏蔽措施，以防止辐射干扰；采用性能优良的开关电源；对采用的器件进行严格的筛选；良好的自诊断功能，一旦电源或其他软、硬件发生异常情况，CPU 立即采用有效措施，以防止故障扩大；大型 PLC 还可以采用由双 CPU 构成冗余系统或由三 CPU 构成表决系统，使可靠性更进一步提高。

2. 丰富的 I/O 接口模块

PLC 针对不同的工业现场信号，如交流或直流、开关量或模拟量、电压或电流、脉冲或电位、强电或弱电等。有相应的 I/O 模块与工业现场的器件或设备，如按钮、行程开关、接近开关、传感器和变送器、电磁线圈、控制阀等直接连接。另外为了提高操作性能，它还有多种人机对话的接口模块；为组成工业局部网络，它具备多种通信联网的接口模块。

3. 采用模块化结构

为了适应各种工业控制需要，除了单元式的小型 PLC 以外，绝大多数 PLC 均采用模块化结构。PLC 的各个部件，包括 CPU、电源、I/O 等均采用模块化设计，由机架及电缆将各模块连接起来，系统的规模和功能可根据用户的需要自由组合。

4. 编程简单易学

PLC 的编程大多采用类似于继电器控制线路的梯形图形式，对使用者来说，不需要具备计算机的专门知识，因此很容易被一般工程技术人员所理解和掌握。

5. 安装简单，维修方便

PLC 不需要专门的机房，可以在各种工业环境下直接运行。使用时只需将现场的各种设备与 PLC 相应的 I/O 端相连接，即可投入运行。各种模块上均有运行和故障指示装置，便于用户了解运行情况和查找故障。由于采用模块化结构，因此一旦某个模块发生故障，用户可以通过更换模块的方法，使系统迅速恢复运行。

（三）PLC 应用

PLC 的应用范围已从传统的产业设备和机械的自动控制，扩展到以下应用领域：中小型过程控制系统、远程维护服务系统、节能监视控制系统，以及与生活相关的机器、与环境相关的机器，而且有急速上升的趋势。

（四）PLC 硬件系统结构

PLC 的类型繁多，功能和指令系统也不尽相同，但结构与工作原理则大同小异，通常由主机、输入/输出接口、电源扩展器接口和外部设备接口等几个主要部分组成。

1. 主机

主机部分包括中央处理器（CPU）、系统程序存储器和用户程序及数据存储器。CPU 是 PLC 的核心，它用以运行用户程序、监控输入/输出接口状态、做出逻辑判断和进行数据处理，即读取输入变量、完成用户指令规定的各种操作，将结果送到输出端，并响应外部设备（如电脑、打印机等）的请求以及进行各种内部判断等。PLC 的内部存储器有两类，一类是系统程序存储器，主要存放系统管理和监控程序及对用户程序作编译处理的程序，系统程序已由厂家固定，用户不能更改；另一类是用户程序及数据存储器，主要存放用户编制的应用程序及各种暂存数据和中间结果。

2. I/O 接口

I/O 接口是 PLC 与输入/输出设备连接的部件。输入接口接受输入设备（如按钮、传感器、触点、行程开关等）的控制信号。输出接口是将主机经处理后的结果通过功放电路去驱动输出设备（如接触器、电磁阀、指示灯等）。I/O 接口一般采用光电耦合电路，以减少电磁干扰，从而提高了可靠性。I/O 点数即输入/输出端子数，是 PLC 的一项主要技术指标，通常小型机有几十个点，中型机有几百个点，大型机将超过千点。

3. 电源

图中电源是指为 CPU、存储器、I/O 接口等内部电子电路工作所配置的直流开关稳压电源，通常也为输入设备提供直流电源。

4. 编程

编程是 PLC 利用外部设备，用户用来输入、检查、修改、调试程序或监视 PLC 的工作情况。通过专用的 PC/PPI 电缆线将 PLC 与电脑连接，并利用专用的软件进行电脑编程和监控。

5. I/O 扩展单元

I/O 扩展接口用于将扩充外部输入/输出端子数的扩展单元与基本单元（即主机）连接在一起。

6. 外部设备接口

此接口可将打印机、条码扫描仪，变频器等外部设备与主机连接，以完成相应的操作。

（五）PLC 的软件结构

在可编程控制器中，PLC 的软件分为两大部分。

（1）系统监控程序：用于控制可编程控制器本身的运行。主要由管理程序、用户指令解释程序和标准程序模块，系统调用。

（2）用户程序：它是由可编程控制器的使用者编制的，用于控制被控装置的运行。

（六）PLC 的工作原理

1. PLC 的工作方式

采用循环扫描方式。在PLC处于运行状态时，从内部处理、通信操作、程序输入、程序执行、程序输出，一直循环扫描工作。由于PLC是扫描工作过程，在程序执行阶段即使输入发生了变化，输入状态映象寄存器的内容也不会变化，要等到下一周期的输入处理阶段才能改变。

2. 工作过程

主要分为内部处理、通信服务、输入处理、程序执行、输出处理5个阶段。

（1）内部处理阶段。在此阶段，PLC检查CPU模块的硬件是否正常，复位监视定时器，以及完成一些其他内部工作。

（2）通信服务阶段。在此阶段，PLC与一些智能模块进行通信、响应编程器键入的命令，更新编程器的显示内容等，当PLC处于停止状态时，只进行内容处理和通信操作等内容。

（3）输入处理。输入处理也叫输入采样。在此阶段顺序读入所有输入端子的通断状态，并将读入的信息存入内存中所对应的映象寄存器。在此，输入映像寄存器被刷新，接着进入程序的执行阶段。

（4）程序执行。根据PLC梯形图程序扫描原则，按先左后右、先上后下的步序，逐句扫描，执行程序。但遇到程序跳转指令，则根据跳转条件是否满足来决定程序的跳转地址。若用户程序涉及输入输出状态时，PLC从输入映像寄存器中读出上一阶段采入的对应输入端子状态，从输出映像寄存器中读出对应映象寄存器的当前状态。根据用户程序进行逻辑运算，运算结果再存入有关器件寄存器中。

（5）输出处理。程序执行完毕后，将输出映像寄存器，即元件映像寄存器中的Y寄存器的状态，在输出处理阶段转存到输出锁存器，通过隔离电路，驱动功率放大电路，使输出端子向外界输出控制信号，驱动外部负载。

3. PLC的运行方式

（1）运行工作模式。当处于运行工作模式时，PLC要进行内部处理、通信服务、输入处理、程序处理、输出处理，然后按上述过程进行循环扫描工作。在运行模式下，PLC通过反复执行反映控制要求的用户程序来实现控制功能，为了使PLC的输出及时地响应随时可能变化的输入信号，用户程序不是只执行一次，而是不断地重复执行，直至PLC停机或切换到停止工作模式；PLC的这种周而复始的循环工作方式称为扫描工作方式。

（2）停止模式。当处于停止工作模式时，PLC只进行内部处理和通信服务等内容。

(七)PLC 的编程语言

1. 梯形图

梯形图编程语言习惯上叫梯形图。梯形图沿袭了继电器控制电路的形式，也可以说，梯形图编程语言是在电气控制系统中常用的继电器、接触器逻辑控制基础上简化了符号演变而来的，具有形象、直观、实用和电气技术人员容易接受的特点，是目前用得最多的一种 PLC 编程语言。

2. 指令表

这种编程语言是一种与计算机汇编语言相类似的助记符编程方式，用一系列操作指令组成的语句表将控制流程热核出来，并通过编程器送到 PLC 中去。

3. 顺序功能图

采用 IEC 标准的 SFC（SequenTial FuncTion CharT）语言，用于编制复杂的顺控程序。利用这种先进的编程方法，初学者也很容易编出复杂的顺控程序，大大提高了工作效率，也为调试、试运行带来许多方便。

4. 状态转移图

类似于顺序功能图，可使复杂的顺控系统编程得到进一步简化。

5. 逻辑功能图

它基本上沿用数字电路中的逻辑门和逻辑框图来表达。一般用一个运算框图表示一种功能。控制逻辑常用"与""或""非"三种功能来完成。目前国际电工协会（IEC）正在实施发展这种编程标准。

6. 高级语言

近几年推出的 PLC，尤其是大型 PLC，已开始使用高级语言进行编程。采用高级语言编程后，用户可以像使用 PC 机一样操作 PLC。在功能上除可完成逻辑运算功能外，还可以进行 PID 调节、数据采集和处理与上位机通信等。

二、基于 PLC 的节水灌溉系统

（一）节水灌溉系统的硬件总体设计

在基于 PLC 大田节水灌溉系统设计中，硬件的总体设计主要是由传感器、无线采集器和无线接收器、PLC 及上位机构成。大田节水灌溉系统工作原理是由环境温湿度、土壤湿度传感器采集数据信息，经过无线采集器把信息发送给无线接收器，无线接收器通过 RS485 口和西门子 S7-200 的串口通信，PLC 对接收到的信息进行组态程序设定，系统根据程序设定和模糊控制的方式来控制灌溉时间，从而达到在合适的时间内对农作物实施经济有效的节水灌溉目的。

（二）传感器的选择

系统中需要用传感器检测大田作物的环境温湿度以及土壤的墒情数据，所以需要用环境温湿度传感器以及土壤湿度传感器来进行系统的构成。

环境温湿度传感器是市面上比较通用的传感器。温湿度传感器采用数字传输，此款设备功能良好，稳定性强。温湿度传感器通过一个端口进行连接，当传感器采集到温湿度的数据后把数据通过节点进行无线发送，按照设定路径传输到无线接收器。无线接收器通过串口传送给PLC进行数据检测。

土壤湿度传感器又名土壤水分传感器、土壤墒情传感器、土壤含水量传感器，这是一种通过测量土壤的容积含水率来实现其功能的传感器设备。系统采用的是常用的频域型（Frequency Domain Reflectometry，FDR）土壤湿度传感器，其工作原理是根据电磁波产生的电磁脉冲在不同介质中传播频率的不同，来判断土壤的表观介电常数，利用此常数的线性关系可算出土壤容积含水量。其水分探针插入土壤构成正负极电容回路，通过晶体振荡器把电磁波输入探针，土壤水分相关的反馈信号，经过一系列放大等操作，最终转换成电压信号传输给CC2530。

第四节　智能灌溉决策

一、智能灌溉控制系统

智能灌溉控制系统是一个典型的非线性、时变性、变结构系统。除了系统结构复杂以外，在土壤水分测量过程中由于受土壤本身、渗水速度等不确定因素的影响，要求灌溉控制器的控制不仅要根据测得的土壤水分含量进行浇灌，而且还要对浇水量进行定量控制，在满足植物生长的同时，还要达到节水的目的。为解决上述问题，在灌溉控制器中加入以单片机为控制核心的模糊控制器，与一般的数字控制系统相比，其结构差异并不大。因此，有效的过程控制策略就可以通过编制模糊控制算法程序来实现对作物灌溉的智能控制，从应用效果来看，这种做法具有良好的鲁棒性和适应性。

（一）模糊控制算法概论

模糊控制算法虽然是用模糊语言进行描述的，但是它完成的是一项完全确定的任务。通过模糊逻辑和近似推理方法，把人的经验模糊化，变成微型计算机能够接受的控制量，人工完成的控制工作用微型计算机来替代。一般情况下，要实现模糊控制算法，最重要的是设计出与实际控制对象相适应的模糊控制器。通常情况下，模糊控制器主要包括以下三个功能模块。

1. 精确量的模糊化

它是将模糊控制器输入量的确定值转换为相应模糊集合的隶属函数。把定义好的语言变量的语言值化为某个适当论域上的模糊子集。为了满足控制过程的需要，通常把输入范围定义成离散的若干级。吊钟形、梯形和三角形是输入量隶属函数常用的三种类型。其中，三角形隶属函数在这个过程中最为常用，因为它计算量小，且在性能上无明显差别。

2. 模糊控制算法的设计

这个模块实际上完成的是制定模糊控制规则的过程。它是模糊控制器的核心部分。根据操作者在控制过程中的实践经验加以归纳和总结，结合实际的控制需要，选择合适的语言变量并定义论域，并编制一条条模糊条件语句的集合，构成模糊控制规则，然后计算其决定的模糊关系。算法的设计关系到模糊控制器性能的优劣。

3. 输出信息的模糊判决

设计一个由模糊集合到普通集合的判决，从而判决出一个精确地控制量，使被控过程只能接受一个控制量，实现由模糊量到精确量的转化。实现输出信息模糊判决的方法有很多，较为常用的有重心法、最大隶属度法、面积法等。

（二）模糊控制器的设计

1. 模糊控制器结构设计

根据灌溉控制器进行自动灌溉的特点及要求，选用双输入单输出的结构。

以土壤含水量与植物土壤含水定额的偏差（e）和偏差变化率（ec）作为输入，以灌水时间（u）作为输出控制量。在用于指导灌溉的模糊控制器里，将土壤水分含量的给定值设为W_0，土壤水分传感器测得的精确值记为中$W(t)$。则含水量的偏差e和偏差的变化率ec为

$$e(t) = W_0 - W(t)$$

$$ec(t) = de / dt$$

在完成了对偏差和偏差变化率的定义之后，再对输入量偏差e和偏差变化率ec及输出变量灌水时间u进行模糊化。分别设e, ec, u的语言变量为E, EC, U。在

实际的系统中，输入量的个数一般小于10个。个数太少，控制精度达不到；个数太多，对模糊控制器的设计要求变高，设计难度加大。

综合考虑本灌溉控制器的控制效果和节水灌溉实际条件，模糊集合及论域的定义如下：E 和 EC 的模糊集合均为 {NB、NM、NS、ZO、PS、PM、PB}，其语言值为 { 负大、负中、负小、零、正小、正中、正大 }。由于时间总是正的，所以设的模糊集为 {Z0、PS、PM、PB}。E 和 EC 的论域均为 {-3，-2，-1，0，1，2，3}，U 的量化论域为 {0，1，2，3}。E 和 EC。的模糊集合都选取了 7 个元素，主要目的是提高控制系统稳态精度。

根据灌溉控制器实际工作的情况和控制精度，设置偏差 e 的基本论域为 [-5%，5%]，偏差变化率 ec 的基本论域为 [-1%，1%]，控制变量化的基本论域为 [0，22.5s]。根据上述设置，可得量化因子 Ke 和 Kec 及比例因子 Ku 分别为

$Ke = 3/5 = 0.6$

$Kec = 3/1 = 3$

$Ku = 22.5/3 = 7.5$

2. 模糊控制的规则

在总结长期灌水经验的基础之上，针对本灌溉控制器的特点，以土壤含水量与植物土壤含水定额的偏差及偏差变化率为输入量，将人工进行的手动控制策略过程用模糊语言集进行归纳。根据两个输入量不同的取值进行分析判断，分别考虑偏差为负、零、正时，偏差变化率在不同取值时所对应的模糊集合，并结合模糊控制理论，制定出多条模糊条件语句的集合。

当偏差为负时，土壤水分给定值 W_0 小于实际土壤水分含量 $W(t)$。当偏差为负大（NB）或者为负中（NM）时，表明当前的土壤很湿润或者较湿润，此时不论偏差变化方向如何，控制量均取为 Z0 等级。当偏差为负小（NS）时，只当偏差变化率为正大（PB）、正中（PM）时，才适当输出控制量。

当偏差为零时，土壤水分给定值 W_0 与实际土壤水分含量中 $W(t)$ 相等，即 $W_0 = W(t)$，只有当偏差变化率为正，即土壤有缺水的趋势时，才开始输出控制量。

当偏差为正时，土壤水分给定值收。大于实际土壤水分含量 $W(t)$，即 $W_0 > W(t)$。说明当前土壤已经开始缺水。因此，根据偏差和偏差变化率的情况，适当调整输出控制量。

将之前获取的规则加以总结，并与定义的模糊输入量 E 和 EC 进行对应，可以得到模糊控制器的规则，见表6-1。

表 6-1　模糊控制规则

E	\multicolumn{7}{c	}{EC}
	NB	NM	NS	Z0	PS	PM	PB
NB	Z0	Z0	Z0	Z0	Z0	Z0	Z0
NM	Z0	Z0	Z0	Z0	Z0	Z0	Z0
NS	Z0	Z0	Z0	Z0	Z0	PS	PM
Z0	Z0	Z0	Z0	Z0	PS	PM	PB
PS	Z0	Z0	Z0	PS	PM	PB	PB
PM	Z0	Z0	PS	PM	PB	PB	PB
PB	Z0	Z0	PS	PM	PB	PB	PB

3. 模糊变量赋值表的确定

模糊变量赋值表的确定是在灌溉方面的操作人员长期积累的灌溉操作经验的基础之上，结合实际的灌溉例子确定出来的。土壤水分偏差模糊变量 E、偏差变化率模糊变量 EC 以及输出控制变量 U 的赋值如表 6-2、表 6-3 和表 6-4 所示。

表 6-2　土壤水分偏差模糊变量 E 的赋值

	-3	-2	-1	0	1	2	3
NB	1.0	0.6	0.2	0	0	0	0
NM	0.6	1.0	0.6	0	0	0	0
NS	0	0.6	1.0	0.2	0	0	0
0	0	0	0.5	1.0	0.5	0	0
PS	0	0	0	0.2	1.0	0.6	0
PM	0	0	0	0	0.2	1.0	0.6
PB	0	0	0	0	0	0.6	1.0

表 6-3　偏差变化率模糊变量 EC 的赋值

	\multicolumn{7}{c	}{量化论域}
	-3	-2	-1	0	1	2	3
NB	1.0	0.5	0	0	0	0	0
NM	0.5	1.0	0.5	0	0	0	0
NS	0	0.5	1.0	0.5	0	0	0
0	0	0	0.5	1.0	0.5	0	0
PS	0	0	0	0.5	1.0	0.5	0
PM	0	0	0	0	0.5	1.0	0.5
PB	0	0	0	0	0	0.5	1.0

表 6-4 输出控制变量 U 的赋值

	0	1	2	3
0	1.0	0.5	0	0
PS	0.5	1.0	0.5	0
PM	0	0.5	1.0	0.5
PB	0	0	0.5	1.0

二、智能灌溉决策模型

智能灌溉决策模型主要建立在土壤水分运移规律的研究理论基础上，近年来，该理论基础发展迅速，智能灌溉决策模型的研究也越来越深入，模型种类包括土壤墒情预测模型、作物需水预测模型、灌溉预报模型等。但是各种灌溉决策模型使用的决策指标一般都基于土壤——植物——大气连续体（SPAC），主要使用的决策指标可以分为三种：根据农田土壤水分状况确定灌溉时间和水量，考虑的因素包括不同作物适宜水分上下限、不同土壤条件、土壤水量平衡方程及参数选择等；根据作物对水分亏缺的生理反应信息确定是否需要灌溉，指标包括作物冠层温度相对环境温度的变化、茎果缩胀微变化、茎/叶水势、茎流变化等；根据作物生长的小环境气象因素的变化确定灌溉的时间和作物的需水量，通过气象因素确定作物的蒸腾蒸发量来进行灌溉决策。不过在具体实践中的灌溉决策指标应用多数只是考虑了土壤——植物——大气系统三者中的某一个因素或某两个因素。

灌溉决策模型都具有较强的针对性，而有精量灌溉管理需求的田块和作物，需要因地制宜，选取合适的灌溉决策模型进行定量灌溉分析。选取的依据包括模型的特点、适宜的范围、参数条件，结合该田块的作物特性及其所在地理位置、土壤条件、气候特点，特别是能获取的监测指标的可达性、准确性、精度等内容进行模型适配。常用的灌溉决策模型按类别可以分为基于土壤水分状况的灌溉决策模型、基于蒸腾蒸发量的灌溉决策模型和基于作物冠层温度等作物生长状态的灌溉决策模型。其中，基于作物冠层温度等作物生长状态的灌溉决策模型中对作物生长状态的监测，一般使用红外测温仪、叶面积仪、叶面蒸发仪、植物光合测定系统、茎流计等来进行，但由于仪器量测目标具有个体性和变异性，使得数据采集尚未真正实现自动监测和实时采集，需要人工完成，因此实时智能灌溉决策系统在实际应用中较少使用基于作物生长状态的灌溉决策模型。

（一）基于蒸腾蒸发量的灌溉决策模型

1. 水量平衡法

根据土壤——作物——大气连续体理论，土壤——作物——大气是农业生产上的三个通过水分相互联系、相互制约、相互协调的系统，它们遵循能量守恒和质量守恒规律，遵守热力学和流体力学的定律以及热量平衡和水量平衡的原则。水既是其中一项环节又是一个重要的载体。因此，基于蒸腾蒸发量的灌溉决策方法是把土壤、大气、作物作为三个主体，通过水分把三者有机地连成一个整体，它的基础理论为水量平衡法。水量平衡法将作物根系活动区域以上的土层视为一个整体，针对不同作物在不同生育期的需水量和土壤质地，根据有效降雨量、灌水量、地下水补给量与作物蒸腾量之间的平衡关系，确定灌水量。水量平衡法公式如下式所示：

$$m = W - P - G + ET$$

式中：m——中水量（mm）；

W——田间持水量（mm）；

P——有效降雨量（mm）；

G——地下水补给量（mm）；

ET——作物蒸腾量，通过模型计算获得（mm）。

2. 有效降雨量 P 计算

降水储存于作物根区后，可以有效地被作物蒸腾蒸发所利用，从而降低作物的灌溉需水量。因此对于缺水地区而言，充分利用降水，可以有效缓解水资源的紧缺现状。发生降水时，当降水强度大于土壤的入渗能力，或者降水超过土壤储水能力时，降水量中会有一部分以地表径流形式流走，或形成深层渗漏流出作物根区，从而不能被作物所利用。因此，只有有效降水量才能够满足作物的需水要求。

对于作物，有效降雨量是指为作物生产直接或间接利用的，用以满足作物植株蒸腾和株间土壤蒸发的那部分降雨量，不包括地表径流和渗漏至作物根区以下部分的降水。对于非充分灌溉，有效降雨量 P_0 是制定作物灌溉制度、进行灌溉用水管理的一个重要影响因素。影响有效降水的因素很多，因计算目的的不同，确定有效降水的估算方法也不尽相同。就发展节水灌溉工程项目而言，影响有效降雨量的主要因素有降雨特性（如降雨量、降雨频度、降雨强度等）、土壤特性（如土壤含水量）、作物蒸散速率和灌溉管理措施等。

确定有效降雨量可根据水量平衡原理，通过计算获得，即某次降雨的有效降雨量为次降雨量减去对应的地面径流和深层渗漏量。由于次降雨所形成的地面径流量和深层渗漏量不容易测定，一般生产中采用经验的降雨有效利用系数法计算有效降雨量 P：

$$P = aP_0$$

式中：P—有效降雨量（mm）；

P_0—实际降雨量（mm）；

a—降雨有效利用系数，其值大小与降雨量的大小、降雨强度、降雨延续时间、土壤性质、地面覆盖以及地形等因素有关。

（二）基于土壤水分状况的灌溉决策模型

基于土壤水分状况进行灌溉决策，首先需要获取土壤水分监测点的时间连续监测信息，然后利用插值方法由点到面估测一定范围内的空间连续的土壤水分信息，同时对该范围内的土壤水分信息进行未来时刻的预测，最后根据土壤水分的预测情况决定是否需要灌溉。

1. 土壤水分监测方法分析

在农田水分的管理与灌溉决策中，值得重点关注的是土壤水分与作物之间的关系，并且，灌溉的直接对象是土壤，因此，能够快速、准确、及时地获取土壤水分信息，对于提高灌溉决策的准确性与时效性具有重要支撑意义。

土壤水分的监测方法可以分为直接法和间接法两大类。直接法以烘干法为代表，是我国以人工为主的传统的墒情监测工作普遍采用的方式，其测定结果的准确性相对较高，但操作繁琐，测定过程较长，时效性差，不能连续观测，难以用于灌溉决策；间接法包括电阻法、电容法、中子散射法和时域反射法（Time Domain ReflecTomeTry，TDR）等，其中 TDR 是目前较为常用的墒情测定方法，其特点是测定过程自动、快速，并可多方位测定多层土壤水分状况，尤其是 TDR 与无线通信网络技术结合后，可实时把连续的墒情测量结果通过网络传输到数据接收服务器，以便于灌溉决策分析使用。此外，还可以使用遥感观测土壤墒情变化，即利用卫星和机载传感器从高空遥感探测地面土壤水分，遥感监测土壤墒情可以利用的波段有可见光—近红外、热红外和微波，主要方法有土壤热惯量法、植被指数—地表温度法以及微波遥感基于土壤水分与土壤反射率关系的经验模型与机理模型等方法。遥感具有大面积观测、高时间分辨率的特点，可以实时高效地提供大范围的土壤含水量信息。但是，由于土壤粗糙度、植被覆盖等因素的影响，导致遥感方法监测土壤墒情的精度相对较差，另外遥感数据获取的时间限制因素还导致监测结果时效性不足，因此遥感方法可用于大尺度旱情监测，但是不适用于小尺度的智能灌溉决策分析。

2. 土壤水分的估测方法分析

利用 TDR 等墒情监测技术手段可以自动、快速获取多方位、连续的土壤水分状况信息，为灌溉决策分析提供重要依据，但是由于直接获取的土壤墒情监测数据是确定的"点"的结果，而灌溉决策分析需要一定范围的"面"的墒情信息，因此利用土壤水分状况进行灌溉决策，需要使用空间估计理论和方法，把离散监测点的墒情数据转换为灌溉分析空间区域内的连续数据。空间插值是最常用的空间估计方法，其中在土壤墒情估测中应用最广泛的是克里金（Kriging）插值法。目前国内外研究普遍采用普通克里金法进行土壤水分空间估测研究。普通克里金法估值精度与采样密度和采样数量密切相关，而大范围农田土壤墒情监测受成本所限，采样密度较低，采样数量较少，在这种情况下使用普通克里金法进行空间估值的精度也受到影响普通克里金法估值理论依赖于目标变量的空间自相关性，当采样间距大于土壤水分自相关距离时，使用普通克里金法估值的结果与使用传统的统计方法所获得的结果相同。此外，普通克里金法是单变量估值方法，只考虑了目标变量自身的自相关性，不能结合与土壤水分空间变异密切相关的环境因子同目标变量间的相关性，这也限制了其估值的精度。

因此，为提高估测精度，分区克里金法、协克里金法等普通克里金法的改进方法逐渐被应用于墒情估测研究，但与普通克里金法相比，其变异函数拟合与参数选择较为复杂，因此在实际业务应用中，仍以普通克里金法为主。

第七章 灌区节水智能管理技术

第一节 灌区生态节水减污技术

一、渠塘结合灌溉配水技术

针对南方地区季节性干旱频繁发生的现象，结合南方灌区渠、塘、田地复杂的水量转化关系，建立以灌溉区域效益最大为目标的渠——塘优化调控与田间多种作物优化配水相结合的耦合模型。根据该模型的特点，提出模型求解的粒子群——人工蜂群混合算法。

（一）渠——塘——田优化调配耦合模型构建

考虑塘堰的调节作用，进行渠——塘优化调控，在需水较少时引渠水入塘，在用水紧张时引塘堰水灌溉；并与田间多种作物优化配水相结合，以各时段渠道引水量、作物灌溉水量为决策变量，以灌溉区域效益最大为目标，建立渠——塘——田地优化调配耦合模型。

1. 目标函数

优化每个时段渠道引水量和灌溉区域内各种作物的灌水量，使灌溉区域在整个规划期内经济效益最大，目标函数 F 为

$$F = \max\left[\sum_{i=1}^{I} Y_i C_i A_i - \sum_{t=1}^{T} \beta W D_t\right]$$

式中：Y_i—第 i 种作物的实际产量，kg/hm²；

C_i—第 i 种作物的价格，元/kg；

A_i—第 i 种作物的种植面积，hm²；

β—渠道灌溉水价格，元/m³；

WD_t—第 t 计算时段渠道引水量，该变量为决策变量，m³。

作物的实际产量 Y_i 按下式计算，即

$$Y_i = Y_{i,m} \prod_{n=1}^{N} \left(\frac{ET_{i,n}}{(ET_m)_{i,n}} \right)^{\lambda_{i,n}}$$

式中：n ——作物的生育阶段 g=1，2·N；

$Y_{i,m}$ ——第 i 种作物的潜在产量，kg/hm²；

$ET_{i,n}$ ——第 i 种作物第 n 生育阶段的实际腾发量，mm；

$(ET_m)_{i,n}$ ——第 i 种作物第 n 生育阶段的潜在腾发量，mm；

$\lambda_{i,n}$ ——第 i 种作物第 n 生育阶段的敏感指数。

作物的实际腾发量 $ET_{i,n}$ 按下式计算，即

$$ET_{i,n} = \sum_{i=1}^{T} \left(\frac{ET_{i,t}}{DA_t} T_{i,n,t} \right)$$

式中：$ET_{i,t}$ ——第 i 种作物在第 t 时段的实际腾发量，mm；

DA_t ——第 i 时段天数，d；

$T_{i,n,t}$ ——第 i 种作物第 n 生育时段在第 t 时段的生长天数，d。

2. 约束条件

（1）田间水量平衡约束

水稻：

$$h_{i,t+1} = h_{i,t} + m_{i,t} + p_t - ET_{i,t} - d_{i,t} - Sep_{i,t}$$

旱作物：

$$s_{i,t+1} = s_{i,t} + m_{i,t} + p_t' - ET_{i,t} + GR_{i,t} + WR_{i,t}$$

式中：$h_{i,t+1}, h_{i,t}$ ——分别为第 i 种作物第 $(t+1)$ 时段初和第 t 时段初的田间水层深度，mm；

$s_{i,t+1}, s_{i,t}$ ——分别为第 i 种作物第 $(t+1)$ 时段初和第 t 时段初的田间储水量，mm；

p_t, P_t' ——分别为第 i 时段降雨量和有效降雨量，mm；

$m_{i,t}$ ——第 i 种作物第 t 时段灌溉水量，该变量为决策变量，mm；

$d_{i,t}$ ——第 i 种作物第 t 时段排水量，mm；

$Sep_{i,t}$ ——第 i 种作物第 t 时段田间渗漏量，可通过试验等方式确定，mm；

$GR_{i,t}$ ——第 i 种作物第 t 时段地下水补给量，可通过试验等方式确定，mm；

$WR_{i,t}$ ——第 i 种作物第 t 时段由于计划湿润层增加而增加的水量，mm。

有效降雨量 p'_t 按下式计算，即

$$p'_t = \alpha p_t$$

式中：a——降雨入渗系数，其值与一次降雨量、降雨强度、降雨延续时间、土壤性质、地面覆盖及地形等因素有关。

田间储水量 $s_{i,t}$ 按下式计算，即

$$s_{i,t} = H_{i,t}\theta_{i,t}$$

式中：$\theta_{i,t}$——第 i 种作物第 t 时段初土壤含水率，以占土壤体积的百分数计；

$H_{i,t}$——第 i 种作物第 t 时段初土壤计划湿润层深度，mm。

由于计划湿润层增加而增加的水量 $WR_{i,t}$ 按下式计算，即

$$WR'i,t = (H_{i,t+1} - H_{i,t})\theta_{i,av}$$

式中：$\theta_{i,av}$——第 i 种作物（$H_{i,t+1} - H_{i,t}$）土层中的平均含水率，以占土壤体积的百分数计。

（2）塘堰水量平衡约束

在需水较少时引渠水入塘，在用水紧张时引塘堰水灌溉。塘堰水量平衡方程：

$$V_{t+1} = V_t + W_t - WS_t - D_t - WC_t$$

$$WS_t = \sum_{i=1}^{I}(10m_{i,t}A_i/\eta) - WD_t$$

$$V_{\min} \leqslant V_t \leqslant V_{\max}$$

式中：V_{t+1}, V_t——分别为第 $(t+1)$ 时段初和第 t 时段初塘堰蓄水量，m^3；

W_t——第 t 段塘堰来水量，m^3；

D_t——第 t 时段塘堰弃水量，m^3；

WC_t——第 t 时段塘堰耗水量，m^3；

WD_t——第 t 时段渠道引水量，m^3；

若 $WS_t > 0$，则 WS_t 表示第 t 时段塘堰供水量，m^3；

若 $WS_t \leqslant 0$，则 WS_t 表示第 t 时段渠道引入塘堰的水量，m^3；

$V_{\min}$——塘堰死库容，m^3；

$V_{\max}$——塘堰最大蓄水量，m^3；

η——灌溉水利用系数，由灌区的实际情况而定。

（3）渠道引水量约束

$$0 \leqslant WD_t \leqslant (WD_{\max})t$$

式中：$(WD_{\max})t$——第 t 时段渠道最大引水量，由渠道的引水能力和上游水库

第 t 时段可供水量确定，m^3。

（二）粒子群—人工蜂群混合算法

人工蜂群算法是一种新的人工智能算法，它是一种基于模拟蜂群的采蜜机制而进行全局寻优的随机搜索优化算法，具有操作简单、设置参数少、鲁棒性高、收敛速度快等优点。但人工蜂群算法在求解高维复杂单目标优化问题时易早熟，而粒子群则具有很强的跳出局部极值的能力。

1.混合算法求解思路

将决策序列看成一个个体（一个蜜源），决策序列得到的目标函数值看成蜜源的品质。在满足一定的约束条件下，随机生成 NP 个个体组成初始种群，且每一个个体上有一个蜜蜂与之一一对应，并用目标函数值来评价个体的适应度。通过雇佣蜂搜索、跟随蜂搜索、雇佣蜂转为侦察蜂进行粒子群搜索，择优保留形成新的种群，如此反复，直到满足算法的终止条件。

2.混合算法求解步骤

运用粒子群-人工蜂群混合算法求解复杂问题，算法主要步骤如下：

（1）初始化种群并计算目标函数值

在满足约束条件下，按下式产生 NP 个个体构成初始种群，即

$$X_0^j = X^L + (X^U - X^L) \times rand,$$

$j = 1, 2, \cdots, NP$

式中：$X_0^j = (X_0^{j,1}, X_0^{j,2}, \cdots, X_0^{j,NU})$ 初始群中的第 j 个个体；

NP——变量的维数；

$X^U = (x_1^U, x_2^U, \cdots, x_{NU}^U)$——变量的上限；

$X^L = (x_1^L, x_2^L, \cdots, x_{NU}^L)$——变量的下限；

$rand$——[0，1] 上的随机数。

计算初始种群的目标函数值，将目标函数值较大的一半个体（蜜源）上的蜜蜂当作雇佣蜂，相应个体（蜜源）构成的种群为雇佣蜂种群；另一半个体上的蜜蜂当作跟随蜂，相应个体构成的群体为跟随蜂种群。

（2）雇佣蜂搜索

对雇佣蜂种群中的每一个个体按下式产生新的个体，即

$$(X_k^{j,nu})' = X_k^{j,nu} + (2rand - 1) \times (X_k^{j,nu} - X_k^{r,nu}), j = 1, 2, \cdots, NP/2$$

式中：$X_k^{j,nu}$——第 k 代雇佣蜂种群中第 j 个个体的第 nu 个变量；

$X_k^{r,nu}$ —第 k 代雇佣蜂种群中第 r 个个体的第 nu 个变量，$r \in [1, NP/2]$ 且 $r \neq j$，nu，r 均为随机生成；

$\left(X_k^{j,nu}\right)'$ —产生的新个体的第 nu 个变量。若新个体的函数值比原个体的函数值大，则用新个体代替原个体，进入下一代，构成新的（第 $k+1$ 代）雇佣蜂种群；反之，则保留原个体进入下一代。

（3）跟随蜂搜索

跟随蜂按照下式在新的雇佣蜂种群中选择一个较优个体，并依照雇佣蜂搜索的方式迭代，形成新的跟随蜂种群，即

$$Pr_{k+1}^j = Z_{k+1}^j / \sum_{j=1}^{NP/2} Z_{k+1}^j, \quad j = 1, 2, \cdots, NP/2$$

式中：Pr_{k+1}^j —第（$k+1$）代雇佣蜂种群中的第 j 个个体被选中的概率；

Z_{k+1}^j —第（$k+1$）代雇佣蜂种群中的第 j 个个体的函数值。

（4）侦察蜂搜索

若种群中某一个个体连续"limit"代不变，则相应个体上的蜜蜂转换为侦察蜂，按照粒子群的方式进行搜索。

首先，根据侦察蜂的位置（蜜源）定义粒子群的搜索范围，并随机初始化每个粒子的速度和位置。

其次，按照式下更新粒子群的个体速度和位置，即

$$Ve_l(k+1) = wVe_l(k) + c_1 rand[Lo_{lbeat} - Lo_l(k)] + c_2 rand[Lo_{best} - Lo_l(k)]$$

$$Lo_l(\bar{k}+1) = Lo_l(\bar{k}) + Ve_l(\bar{k}+1)$$

式中：$Ve_l(k), Ve_l(k+1)$ —分别为第 l 个粒子第 k 次迭代和第 $k+1$ 次迭代的速度；

$Lo_l(k), Lo_l(k)$ —分别为第 l 个粒子第 k 次迭代和第 $k+1$ 次迭代的位置；

Lo_{lbest} —第 l 个粒子所经历的最优位置；

Lo_{best} —整个粒子群所经历的最优位置；

w —惯性权重；c_1, c_2 分别为局部加速因子和全局加速因子；

k —迭代次数。

最后，用全局最优位置更新侦察蜂的位置（蜜源）。

二、控制排水及其再利用技术

（一）概述

排水再利用是指利用蓄水和灌溉设施收集由降雨或灌溉引起的排水，进行再灌溉利用的一种水管理模式，以补充灌溉和减少农业水分流失的优势在世界各地被广泛采用。

农业面源污染，尤其是由农业灌溉或降雨排水造成的氮、磷流失，已成为地表水体富营养化的主要污染源之一。近年来，水资源相对丰富的我国南方地区也从局部的季节性干旱逐渐演变成区域性干旱，导致了占全国40%种植面积和粮食产量的水稻作物的灌溉需水量显著提高。而南方汛期频繁的大量灌溉或降雨又易产生灌溉回归水、地表或地下排水，甚至会造成洪涝灾害。这种水旱交替频发现象及普遍存在沟渠塘堰的水资源调蓄功能，实现了南方灌区实行排水再利用。我国南方漳河水库灌区水稻生长区的研究表明循环使用自然沟塘积蓄的排水提高了灌区的节水潜力和实际灌溉水利用率。水稻作物的这种频繁灌溉排水加速了氮、磷等营养物质向地表水体的排放，尤其水稻泡田期或施肥后，排水中的磷素含量显著提高。为追求作物高产稳产的过量施肥又加剧了氮磷排水流失并降低了肥料利用率，如当季磷肥的水稻利用率仅为5%~15%，加上后效作用也不会超过25%。故在我国南方降雨排水较为频繁的地区实行排水再利用可减少氮、磷等污染物的排放以减少农业面源污染对地表水体的影响。

（二）相关策略

1. 提高稻田的磷素净化效率或减少磷流失

把排水循环灌溉到田块使作物再次利用排水中的磷素成为可能，延长水力停留时间或循环灌溉次数均能提高颗粒态磷的沉淀作用和溶解性磷的土壤吸附作用，从而提高水田的磷素净化效率。然而这两种方式有时与水稻作物需水规律和田间管理不协调，可调控的空间有限。通过延长单个田块的长度或多个田块串联灌溉的方式，可增加循环灌溉水与土壤、作物的作用时间，更易实现。本试验及相关研究均发现水田田面水和渗漏水中不同形态磷素含量沿程降低，均支撑了延长循环灌溉水的流程能改善水田磷素净化效率的结论。之所以形成田面水磷含量的沿程减少趋势弱于渗漏水磷含量的减少程度，是由于本试验的田面水和渗漏水均于灌水后2~4d后取样。由于磷素在田面水中的扩散作用，排水循环灌溉后田面水中磷素含量的沿程差异量随着时间推移而逐渐减少；而渗漏水中磷素的扩散作用受土体阻隔使其沿程差异保持更长时间。渗漏水中的磷含量高于田面水，可能与渗漏水中磷含量一部分来自刚灌溉的田面水，另一部分来自土壤剖面磷的释放有关；渗漏水磷含量的沿程差异主要是由刚灌水后田面水磷含量的差异造成的。

2. 影响排水再利用下水田磷素净化效率

田面水中磷素含量较高的泡田期和施肥期不宜进行排水再利用，因为该时期较高的田面磷素含量再加上循环水本身的磷素含量极易造成大量农田磷素的再排水流失。

水稻生长后期随着所施肥料的消耗和作物磷需求高峰期的到来，使田面和土壤水中的磷含量均达到较稳定的低水平，宜实行排水循环灌溉，这与本试验发现的 8 月份田面水和渗漏水中不同形态磷浓度较低一致，常规清水灌溉试验研究也得到类似的结果。之所以形成 7 月份较高的田面水与渗漏水中磷含量，还与该时期的水稻晒田改善了土壤的通气条件与结构有关。7 月份的晒田使土壤从还原状态向氧化状态转化，促进了土壤磷的释放以提高土壤水溶液和田面水中的磷浓度；8 月份的持续淹水还原状态促进了土壤的固磷作用，降低了磷素的释放能力和土壤水溶液中的磷含量。另外，当水稻土由饱和向干燥转换过程中易于形成裂隙以充当磷素渗漏通道，也使大量的土壤磷沿着这种临时形成的优先流而淋失。因此在规划排水循环灌溉制度或工程时，应考虑利用适宜的沟塘蓄存 6~7 月汛期排水，8 月份再利用蓄积的排水进行补充灌溉，既能从时间尺度上调配水资源满足作物生长需求，又可减少农田磷素排放造成的农业面源污染。

田面水与渗漏水中的磷含量未随循环灌溉水源中磷含量的增加而明显提高，这说明水田系统对再排水中不同形态磷含量的变化具有缓冲作用。循环灌溉水源中的磷素在地表和土壤剖面的沉淀、吸附作用及作物的吸收作用是水田系统对再排水磷含量变化的缓冲机制，当循环灌溉水源的磷含量超过某个阈值后才会造成再排水的磷含量提高。这与常规灌溉下当磷肥施用量增加到一定程度时才会明显提高渗漏水中总磷含量的结论相一致。

第二节 灌区信息化管理系统

一、旱作灌区信息化系统

（一）一站式灌区信息化系统的开发与集成

一站式灌区信息化系统主要包括信息采集存储、决策和灌溉自动控制系统两部分。采集的信息数据主要包括土壤含水量、地下水水位、降水、蒸发、风速、空气湿度等气象信息以及输水管道的供水压力流量等；决策系统主要通过对已采集的影响作物生长环境因子的分析，根据一定规则进行计算处理，从而根据土壤含水量或其他因素控制灌溉的时间、灌水量，达到精确灌水的目的。灌溉自动控制系统则是按照决策系统指令操作执行。

1.灌溉信息采集存储、决策系统的开发与集成

灌溉信息采集存储、决策系统，是计算机信息技术与作物生长诸因素的采集处理技术在灌溉领域的综合集成。通过计算机系统软件，将采集的信息，依照一定的规则推理，形成数据查询，进行灌溉预报做出灌溉决策的三大模块。

（1）信息自动采集系统

信息自动采集系统主要包括 QPDC 型数据采集控制器、一杆式土壤墒情测报系统、输水管道压力流量传感器、自动气象站等。一杆式土壤墒情测报系统，采用积木式结构，土壤含水量、降雨量、地下水位、视频四位一体，加之太阳能电源系统、通信系统、采集终端系统集于一杆，形成了一站式产品结构。自动气象站采集的信息主要包括降水、气温、风速风向等。信息存储系统即建立具有查询、统计等功能的数据信息库。土壤湿度传感器、地下水位传感器、压力流量传感器，包括降雨、气温等信息采集的自动气象站的选择，对系统工作的准确性、可靠性、经济性至关重要。

（2）信息存储系统的研发

建立信息存储系统数据库的目的是为灌溉预报、灌水决策提供依据。信息存储系统的主要内容包括：对采集的不同作物生长期需水规律、灌溉制度，以及作物生长对土壤肥力、地温、空气湿度、温度以及风速、光照等信息的存储、统计、查询。

考虑系统的开放性和扩充性，系统对信息数据库的设计没有像通常那样将数

据库放在主系统中，而是采用数据库软件 Access 另外创建数据库，数据库与主系统采用 ADO 技术连接。主系统既可以实时写入采集的信息到数据库保存，也可以随时访问数据库进行查询、检索，并以不同的统计方法进行直观显示。需要更改的环境参数、控制参数均以表格的形式存于数据库中。其主要优点有以下三点：一是充分利用 Access 功能，减少主系统的程序量。Access 作为专用数据库软件功能强大，如果通过编程在主系统中实现其功能，不仅困难，而且会使主系统变得非常庞大，必将影响主系统的运行速度和系统维护。我们将常用的或实时性强的功能放在主系统中，而将实时性不强的功能，如数据打印利用 Access 实现，通过 ADO 技术为桥梁实现全部功能。二是方便与其他系统的连接。控制主程序采用 VB 编写，编程简单、界面友好，功能相互独立，维护方便。三是提高系统的通用性。该系统用于不同的地方，与环境有关界面中的名称、示意图等要做相应的修改，通常情况下要修改主程序，非编程人员很难做到。我们将需要修改的部分做成 Access 表格形式，系统开机时自动读入界面，如果需要做某些改动，非编程人员只要用 Access 打开相应的表格，在 Access 下做些简单的修改即可，无须修改主程序。

（3）灌溉智能决策系统

灌溉智能决策系统工作的原理：根据采集传输的信息进行综合分析判断，确定土壤含水量的实时值，然后与作物生长所需适宜含水量的上限进行比较，从而进行决策。当小于或等于设定的土壤含水量上限时，发出使机泵（或电磁阀）自动开启的指令，并且根据预先制订的灌水计划，按灌溉顺序、灌溉时间自动执行，直至机泵（或电磁阀）自行关闭。

系统软件根据作物在不同生长期的需水参数以及土壤条件等资料建立信息库，推理机根据信息采集系统输入的土壤含水量、空气温度湿度、降雨、光照、风速等资料和信息库进行比较，经推理后形成灌溉方案，通过接口电路送至相应的模块执行。

灌溉智能决策与控制系统软件的工作程序：将监测控制命令由计算机串口发出，通过 RS232/RS485 转换模块将信号转换为传输距离较远的 RS485 信号格式，信号通过 RS485 网络传送至信息采集系统的因子采集变送设备上，各设备对命令进行解码处理后执行相应的操作。决策系统软件还实时监测 GPRS 远程监控 MODEM 是否有远程监控信号，当接收到远程监控信号时立即进行命令解密、解码处理，处理后的信息实时与信息库的规则或设置指令相比较、判断决策、执行相应的操作指令，完成灌溉工作。

2. 自动控制系统的开发与集成

自动控制系统主要包括主控中心、田间灌溉测控单元、数字仪表、水泵控制柜及远程监控通信设备等。

（1）主控中心

主控中心包括中心控制计算机、人工智能决策与控制系统软件、SMS 远程监控通信设备等。在中心控制室可通过智能决策与控制系统软件的评估、实时监测、预置、随机、远程五种控制方式，由计算机自动对灌溉系统实施控制。

（2）田间灌溉测控单元

每个轮灌区建立灌溉测控单元，包括土壤含水量、其他作物生长监测设备和电磁水阀及其驱动电路和模块。

（3）数字仪表、水泵控制柜

在水泵控制室内安装水泵控制柜和数字仪表。数字仪表负责将水位、压力、流量等数据采集、现场显示并传送至主控计算机。水泵控制柜负责控制、驱动水泵并提供过载、轻载、过压、欠压、短路等保护，将水泵运行情况反馈给主控计算机。

（4）SMS 远程监控通信设备

主控计算机上安装 SMS 远程监控通信设备，将工况信息向远程监控中心发送，也可接收远程监控中心的控制命令并执行。

（二）一站式灌区信息化系统应用

在一站式灌区信息化系统研发的基础上，为了验证系统的性能，在某地区进行了示范应用。

1. 主要的监测控制内容

主要的监测控制内容包括土壤湿度、水位、雨量、压力、流量、灌溉水量、灌水控制等。

2. 系统组成

系统由一杆式土壤墒情测报系统、输水管道压力传感器、管道电磁流量计、支管道 48 处 IC 卡计量与控制装置和电流、电压等监测设备组成。其中，一杆式土壤墒情测报系统为无线遥测，其他为有线检测。

3. 系统界面与操作程序

打开工控机，在桌面找到工程运行文件图标，双击打开。进入工程运行环境，首先显示的是"一站式"灌区信息化系统界面；用鼠标点击封面，进入数据监控界面，在数据监控界面可以看到相应监测点及相应实时监测数据情况。

①灌水量、降雨监测界面。在这个界面可以很清楚地了解到示范区及各试验田本次用水量与总用水量以及各个电磁阀的状态。

②土壤湿度检测界面。在土壤湿度监测界面，可实时显示观测到的土壤含水量的变化，还可以查询过去某个时段的土壤含水量的变化曲线及其他相关数值。

③土壤水及灌溉水源水位实时曲线界面。

④历史曲线界面。通过相应的历史曲线图可以查询相应监测点在某一历史时段的曲线变化图。

⑤存盘数据查询。点击菜单的存盘数据查询即出现界面。通过存盘数据查询界面可以查询到所有存盘的工程历史数据。

⑥系统管理。在菜单的最左端为系统管理，可在该系统管理菜单下的用户窗口管理项下实现各个窗口界面的显示切换。在系统窗口下还有退出系统菜单，点击即可退出运行系统。或者点击运行界面右上角的关闭按钮关闭运行系统，若想再次进入系统，可以在桌面上再次打开文件图标，即可再次进入运行系统。

⑦历史数据提取复制。在工控机硬盘 D 盘找到示范区文件夹并打开，再找到数据库文件，双击打开该数据库文件，然后双击打开表对象里的——数据工作组——MCGS 的数据表，里面存放着所有的存盘数据，可以选中、复制、粘贴到 Excel 表格中，也可进行打印或其他处理。

4. 系统的相关功能

（1）主控中心室

①控制功能：面向控制对象的操作平台有四种不同控制方式。

智能控制方式：决策系统软件根据系统各功能部件采集的当前土壤湿度、空间温度和湿度等数据和软件知识库数据（详细的条件数据和最佳作物生长数据等）对当前灌区的土壤含水量进行综合客观处理分析，推导出相应的灌水方案并自动实施。

设置控制方式：决策系统软件根据操作人员预先设置的灌水计划自动实施。

随机控制方式：决策系统软件根据操作人员对软件操作平台上泵阀的操作实施灌溉。

远程控制方式：决策系统软件对 GSM 设备接收到的命令进行分析并实施。

②其他功能：数据统计、历史趋势显示，报表打印和输出；提供缺水、管道过压、水泵及驱动设备故障告警；密码保护的各种控制指令设置操作界面。

（2）现场控制单元

①监测部分负责采集水位、压力、流量等数据，现场显示并传送至主控计算机。

②变频控制柜负责控制、驱动运行水泵、阀门，并提供过载、轻载、过压、欠压、短路等保护，将水泵、阀门运行情况反馈给主控计算机。

③提供现场手动操作方式，便于调试和维护。

④支管道48处IC卡自动计量与控制装置，为用户服务。

二、灌溉用水信息管理

灌溉用水信息是实时灌溉预报和渠系动态配水的基础和重要依据，包括灌区基本信息和实时监测信息两大类。灌区基本信息主要有灌区概况、渠系工程资料、作物种植结构等；实时监测信息主要有实时天气资料、实时监测数据（田间水层、土壤墒情、渠道水位等）以及作物生长状况等信息。由于这些信息十分复杂，有必要对其分类管理，并支持可视化以及输入输出功能。为此，建立了灌溉用水信息管理系统，它是灌区用水动态管理决策支持系统的重要组成部分，能够为实时灌溉预报及动态配水模块提供基础数据和决策依据。

（一）基本结构

灌溉用水信息管理系统由信息管理中心、实时信息采集系统、数据库系统、通信系统组成。数据库系统包括灌区基本信息数据库和灌区实时信息数据库，是灌溉用水信息管理系统的核心部件。

1. 信息管理中心

信息管理中心的任务是控制和管理各子系统，接收信息采集系统的信息，外部机构（如水文、气象部门）提供的信息和灌区历史资料，并通过数据库管理系统录入数据库。数据处理辅助系统进行数据加工存储，调用数据库中的数据，与采集的信息一同传输到计划用水子系统进行处理，以获得用水管理中心的反馈信息，显示和打印成文件。按照信息系统所提供的用水信息进行灌溉系统运行管理。

2. 实时信息采集-传输子系统

实时信息采集-传输子系统的任务是通过各种传感器、数/模、模/数装置及电信传输系统将接收的气象、水文、土壤、作物等信息传送到信息管理中心，分为四个二级子系统。

（1）气象信息采集子系统

采集传输温度、湿度、日照、风速、蒸发、降雨等数据。采用实时抓取中国气象未来 15 d 的预报资料（最高温度、最低温度、天气类型、风速等）来提供气象数据。

（2）水文信息采集子系统

采集传输渠道（水库）水位（流量）、地下水位及稻田水层深度等数据。研究区域安装有 7 个渠道水位流量监测点，1 个地下水位监测点和 4 个田间水层监测点。

（3）土壤信息采集子系统

采集传输土壤含水量、土壤温度、盐分等数据。研究区域内布置 3 个土壤墒情监测点。

（4）作物信息采集子系统

实时采集传输田间作物生长发育状况，如根系深度、绿叶覆盖百分率等。

3.数据库系统主要功能

数据库系统的任务是管理灌区各种数据，进行数据存储、增补、修改、加工、检索、打印等工作。

①基本数据管理：数据的基本编辑功能，如输入、修改、删除等功能。

②计划用水信息管理系统：接受信息管理中心指令，从数据库管理系统和信息采集系统获取数据并加工处理，进行实时灌溉预报，拟定灌溉制度。

③渠系动态输配水管理系统：根据实时灌溉预报结果，结合轮灌组划分、关键渠道的水位实时监测数据等信息，实现渠系灌溉用水动态输、配水管理。

④辅助功能：提供数据处理、文书档案管理、复印、绘图、打印等日常功能。

（二）灌区基本信息数据库

1.灌区概况

参照灌区自然地理、社会经济、工农业生产、渠系布置等情况，编写成综述性的文字信息，便于用户进入系统操作前了解灌区情况。

2.气象数据库

建立灌区作物需水量预报模型时，收集了灌区 2001～2022 年逐日气象观测资料，有日最高温度、最低温度、平均温度、日照时数、相对湿度、风速等 6 项。分年度将资料输入数据库中。计算所得的参考作物腾发量亦同时列在最后一栏。并且分年度将其单独保存成备份的数据文件，以便资料库遭到破坏或重新安装系统时，直接调用所需年份数据。

3. 作物基本信息库

作物基本信息库包括作物种植面积、品种、播种日期、收获日期、当前生长阶段，各生育阶段起止日期，各阶段每种作物根系深度变化等。这些信息与作物的种植季节相关，又称为季节资料，每年只需输入一次即可。

考虑到实时预报按旬进行，实时信息量大，将这些信息分作物填到不同表格上，待作物生长期结束后再对资料进行整理，按年度、作物品种保存每年生育期内的各种作物信息，供今后灌溉预报做参考。

4. 渠系特性信息库

渠系特性信息库是按干、支渠划分建立表格式数据库。这些信息只需在建立数据库时一次性输入，以后当某一渠道控制面积、水力特性等发生变化时才更新信息库内容。

5. 土壤信息库

土壤信息库包括灌区内土壤类型、分区、土壤容重、饱和含水率、田间持水率以及凋萎系数等。因受当地土壤监测、试验技术条件限制，信息库在系统投入运行之后还需不断补充和完善。

6. 农业生产信息库

农业生产信息库包括灌区内的农业耕作技术、栽培技术，作物品种选育，灌水方式，农业综合节水技术，作物田间管理方式，化肥、农药施用情况等信息。

（三）灌区实时信息数据库

实时信息包括短期天气预报，作物生长情况，作物需水量，田间土壤水分状况，工业、城镇生活用水量以及反馈流量等。每次运行预报程序之前要根据系统菜单提示输入前一个时段的各项实测数据，以修正预报值；同时，输入下一时段的预测值，辅助系统做出灌溉预报。

1. 实时天气预报信息

系统自动记录天气预报资料，单次抓取未来 15 d 预报数据，隔天覆盖更新，每天只存入最新数据。

2. 实时田间水层信息

实时田间水层信息既可为实时灌溉预报提供初始田间水层信息，又可作为田间水层实时信息的反馈，为实时灌溉预报自动校正提供依据。

3. 实时渠道水位/流量信息

渠道水位实时数据是渠道水情监测的重要反馈信息，是本系统中动态配水计划制定的重要依据之一。

4. 实时土壤墒情信息

土壤墒情是分析判断旱情最直接的指标。

5. 实时检测作物生长情况

作物需水量受气象、土壤和作物因素的影响，因此需要对作物生长进行监测，主要监测项目为作物的绿叶覆盖率。

三、灌区用水动态管理决策支持系统

（一）开发环境

系统采用基于 PHP 语言的 Web 端开发，B/S 模式。浏览器通过 Web Server 同数据库进行数据交互。

（二）系统功能设计

1. 实时灌溉预报

根据灌区片区的划分（一般为支渠控制范围），以任意一天作为起始日（以往的系统多以每旬的第一天为起始日），根据普通的短期天气预报资料（晴、多云、阴、雨四种天气类型）预测未来 10 d 内不同片区作物的需水量及田间净灌溉定额。

2. 渠系动态配水

根据灌区内的渠系特性、轮灌组划分以及灌溉水利用系数等资料制定科学合理的动态配水计划，包括不同支渠的灌溉次数、开闸时间、渠道流量、灌溉起始时间、灌溉延续时间、灌溉终止时间、渠首流量等。

3. 人工干预

根据灌区内的实时反馈信息，对灌溉预报过程及动态配水计划进行修正，使作物灌溉需求及实际配水与生产实际相吻合，便于实施配水调度。人工干预过程具体通过以下三个方面实现：

（1）直接利用实时观测信息对系统模型库中预测模型的"初始状态"进行修正，如利用土壤墒情、田间水位遥测系统反馈的实时信息或人工实测资料对起始日的土壤水分状况、田间初始水层等信息进行初始化，重新运行模型更新配水计划。

（2）通过修正过去 10 d 内的预测结果实现对系统模型库中预测模型的"初始状态"进行修正，如根据过去 10 d 内的实测气象资料以及实际的灌水信息（灌水定额、灌水时间等）对作物需水量进行逐日修正，实现对新一轮预测的"初始状态"的修正，从而更新动态配水计划。

（3）直接修正系统的动态配水计划，如根据水库可供水量、渠道流量实时遥测信息以及用户实际需求等实时信息对动态配水计划进行调整，并输出最终的动态配水计划。

4. 数据编辑

根据灌区内用水户提交的需水信息（所属渠段、需要灌水量、灌水时间等），系统自动统计分类，按照时间相近集中供水的原则，制定用户需求模式下的动态配水计划。

5. 结果输出

不同时期灌水档案、气象资料、产量等历史信息查询、显示、导入以及输出等功能。

（三）系统逻辑结构

逻辑结构是指决策支持系统如何控制程序运行，如何体现决策者的意图。为体现决策者意图，在系统内部加入人工干预功能，对操作结果进行人工干预。

灌溉用水决策支持系统在实时灌溉预报模型、动态配水模型中均加入人为干预功能，如在实时灌溉预报结束时，由于模型计算的各支渠控制面积内田块的灌水日期不尽相同，若完全按计算结果来实行用水调度，可能造成管理上的麻烦。此时，需要灌区用水管理部门的决策者根据计算结果，并考虑轻重缓急和操作运行的方便性，确定一个或两个统一的灌水日期。

由于计算的每条支渠的放水时间不同，决策者应结合具体操作的便利性、实际灌溉的需要及传统灌溉的经验确定合理的时间，一般最好是天数的倍数。若决策者对计算结果不满意，这时可重新调整各支渠或轮灌组的灌水要素，系统自动返回再重新进行模型计算，直至决策者满意。综上所述，决策支持系统的最大优点就是决策者可以根据计算机计算的结果，结合自己的决策意图，达到科学决策的目的。

四、水田灌区田间灌溉信息管理系统

（一）总体思路

以优化灌区水资源调配、促进节水增效、保证工程安全运行、提高管理效率的实际需要为出发点，应用计算机技术、信息监测技术、通信技术、数据集成技术、可视化技术、决策支持技术、自动控制技术，针对田间墒情监测、田面水位监测、渠道流量监测、管道流量监测、闸门自动控制等关键技术，集成信息采集系统、智能决策系统、精量控制系统、综合管理系统等功能模块，建立一个以信息采集系统为基础、以计算机网络为手段、以决策支持系统为核心、以控制系统为支持、以综合管理系统为保障的水田灌溉信息化系统，实现水情、墒情、工情等信息的采集、传输、存储、处理、分析、决策和控制的现代化和自动化。

（二）系统组成

水田灌溉信息化系统主要由硬件系统平台、网络通信系统平台、应用软件系统平台、数据库系统平台四部分组成，主要包括采集系统、通信系统、决策系统、控制系统、数据库管理系统、水费管理系统等单元。

1. 硬件系统平台包括气象信息、渠道管道水资源信息、田间水位、土壤墒情等信息的采集系统、水田生产设施设备控制系统（主要指水泵、闸门、阀门远程控制）、视频监控系统等。

2. 网络通信系统平台主要包括自架光纤通信、GSM、GPRS 无线通信。

3. 应用软件系统平台包括灌溉信息化平台框架、数据采集处理系统、智能决策系统、自动控制系统、地理信息管理系统、配水调度管理系统、水费管理系统、维护系统等。

4. 数据库系统平台主要包括基础数据库系统、地理信息数据库系统及接口系统。

（三）系统主要功能

1. 信息采集系统

可靠、准确的数据采集与传输是实现决策与控制的基本环节和根本保障。在水田灌溉管理体系中，通过有线、无线数据监测和传输，结合人工观测输入，利用电子、光电、计算机网络作为数据传输的基本支持，实现一点到多点的远程无线双向数据通信和控制。

（1）实时数据采集

①采集方式

通过仪器设备、传感器、计算机网络共享等方式采集数据。

②数据类型

数据类型包括气象因素、渠道水位、管道流量、水田水位、土壤墒情、土壤温度、视频影像等。

（2）动态数据采集

①采集方式

通过仪器设备、传感器、计算机网络共享与人工输入、导入相结合的方式采集数据。

②数据类型

数据类型包括仪器设备技术参数、作物叶龄、作物计划湿润层深度、灌溉制度、施肥制度、影像图片等。

（3）静态数据采集

①采集方式

通过人工输入、导入方式采集数据。

②数据类型

数据类型包括区域地理位置、水田分区面积、电子地图、作物品种、作物生育期天数、土壤类型、土壤容重、土壤田间持水量、土壤饱和含水率等。

2. 智能决策系统

（1）基本功能

智能决策系统的支撑与实现是整个灌溉信息化系统的核心，是连接采集系统和控制系统，完成灌溉任务的关键所在。智能决策系统以接收采集信息的数据库为依据，以模型库为系统计算与统计支撑，以方法库作为模型库计算与统计的理论指导，以知识库为系统理论与经验运行的依托，从数据库中获取田间采集的实时数据，借助知识库，做出灌溉决策，并将决策结果传送至自动控制系统，同时将结果送回数据库进行保存，对信息进行计算、统计、分析，从而做出灌溉决策，实现了对区域灌溉的科学指导。

（2）系统构成

①模型库

模型库包括农业试验、生产和应用中获得的经验模型，作物、环境和措施之间水分转换的机理模型。模型库管理模块主要用于提供农田水分计算与决策，由农田水分管理系统模拟模型组成，为灌溉决策提供理论计算的基础，是决策支持系统的核心。其主要模型包括传感器校正模型、土壤水分转换模型、水量平衡模型、灌溉时间模型、灌溉水量计算模型等。

②方法库

主要用于系统的输入、输出、存储、分析、计算等方法，是支持数学分析、数学规划等方法、模型运算和数据处理的依据。不同灌溉方式对应不同的计算方法，采用简便、高效的方法对系统运行所在路径、系统登录用户、系统登录用户权限、窗口刷新时间等全局变量进行设定。采用明确、合理的方法对查询界面用于传递查询条件、用于从接口处传递采集数据、用于窗体之间传递数据等结构进行设定。采用准确、概括的方法对数据采集函数、电磁阀控制函数等函数进行设定。

③知识库

反映不同地区自然条件下，农田用水管理经验知识，是事实、规则和概念的集合，是以一定形式存储知识的存储器，向用户提供组织、检索、维护的咨询库，它为用户全面了解科学灌溉知识以及查阅相关资料提供帮助。该系统主要存储研究领域内原理性、规划性知识与专家经验性知识及书本知识和理论常识，如各种土壤特性指标，各种作物的灌水管理、综合调控以及生产应用的相关技术知识等。

（3）数据库

存储支持农田水分管理决策和模型运算所必需的数据，主要包括数据的录入、维护、更新以及输出等功能。数据库中存储着每日定时与任意间隔时间采集的土壤含水量，温度、湿度等数据，即作为支持农田水分管理决策和模型运算必需的数据库。为防止数据丢失，数据库可以文本、Excel（表格）或其他形式导出，另外存储。利用数据库中的数据可生成土壤含水量、空气温度、空气湿度等变化曲线，用户可以直观地了解某一时间段参数的变化情况。

3. 自动控制系统

（1）基本功能

自动控制系统根据水田生产实际需要，由智能决策系统的灌溉决策指令，由系统控制中心根据接收的灌溉决策指令确定是否进行灌溉，灌溉执行信息通过无线网络或光缆传输到相应的田间数据采集终端和灌水控制终端上，实现对监控点设备进行开启和关闭控制，同时将田间数据采集终端和灌水控制终端信息实时反馈到控制中心，自动完成水田灌溉。同时系统能采取人工干预的措施，查询水田灌溉控制指标，人工做出灌溉决策，发送命令给控制中心完成水田灌溉。

（2）系统构成

硬件部分主要由数据采集卡、计算机、电器控制器、闸门控制装置、水泵控制装置以及电磁阀等部分组成。

软件部分主要包括智能控制程序、监测系统和决策系统信息处理程序、灌溉信息反馈程序等部分组成。

4.优化配水系统

采用"计划配水、分解指标、集中调度、分级执行"的统一调度方式，根据以需定量、以量定需的供水管理要求，合理分配用水指标和用水时段，根据运行情况统一下达调度指令，系统各级执行机构按照各自的操作规程人工或自动执行调度指令，通过适宜的技术手段监测调度指令执行情况。

（1）灌水模式

①固定灌溉模式，包括湿润灌溉、控制灌溉、浅湿灌溉。

②自定义模式，是根据灌水需要与实际情况制定的灌溉制度。

③生产用水模式，安全排水、防冷害、肥药用水等模式。

（2）灌溉判断

将时段初的田面水层灌溉至适宜水层的上限，在水分增加或消耗过程中，系统实时采集田面水位信息和土壤墒情信息，依据采集信息对每个水稻田块进行灌溉决策与判断：一是当田面水层下降到适宜水层下限，此时段如果没有降雨，则灌溉至田面水层为适宜水层的上限。二是当田面水层高于允许最大蓄水深度时，将超出适宜水层上限的部分排除。三是当田面水层深度介于上限与下限之间的时候，不进行补充灌溉。

（3）灌溉延时

为了保证各级渠道运行安全，满足渠道配水水位要求，以不至于出现渠道过流输水导致溃决。系统设置一个安全时间 Δt，在当前轮灌组灌溉结束前 Δt 时刻，提前开启下一个轮灌组进行灌溉，确保各级灌溉渠系流量在设计的安全区域内。

（4）约束条件

①配水优先级约束

配水时先对配水级别高的渠道配水，上级渠道完全配水完毕后再对本级渠道配水，同理本级配完配下级。同级别渠道配水按给定先后顺序，或将各渠道控制区域内的水分亏缺程度从大到小排序，依据田间渴水程度进行配水。

②轮期约束

设定配水渠道最大允许输水时间为 T，则每一配水方案渠道的轮流引水时间之和不能大于T。

③水量平衡约束

任一时段上级渠道流量等于该时段内配水的各下级渠道配水流量之和。

④水量约束

任一下级渠道的配水流量与引水时间之积应等于该渠道的需配水量，而且应使参与配水的全部渠道的流量尽可能保持在其设计流量的0.6~1.2内变动，进而满足渠道配水水位要求，以不至于出现渠道过流输水导致溃决。

⑤下级渠道配水流量约束

任一下级渠道的配水流量应在其设计流量的0.8~1.2以内。

⑥田面水位约束

任意时段的田面水层深度应该介于水位下限和水位上限之间。

⑦田间墒情约束

任意时段的田间土壤墒情不小于限定的土壤墒情下限值。

5. 灌溉预报系统

水田灌溉信息化系统依托计算机技术、无线通信技术、传感器技术、可视化技术完成土壤墒情或田面水位的实时监测，根据水文信息、气象信息、作物种类、作物种植面积等辅助信息，通过定性与定量的分析时段内土壤墒情或田面水位的变化规律，实现对作物需水量值的计算，将土壤墒情（或田面水层）控制在有利于提高水分利用率的阈值之内，从而对灌区内作物的灌水日期和灌水定额做出准确预测。

（1）监测技术预报

通过作物生长期内田间土壤水分（或田面水层）消退过程的逐日模拟，以规定的土壤含水率（或田面水层）允许上、下限作为发布灌溉（或排水）的阈值，遭遇突然的降水或灌溉补水则及时调整预报结果，每一次预测都要将实时采集到的数据替换原来的初始状态，并对土壤水分（或田面水层）状况进行修正。随着作物生育期的变化，依靠土壤墒情监测技术获得每一时刻的田面水层深度或土壤水分状况，根据其变化趋势提前逐段乃至逐日实行灌溉预报，预报时段为1~3 d。

（2）数学模型预报

①参考作物法

参考作物法是假想存在一种作物，可以作为计算各种具体作物需水量的参照。根据气象资料计算参考作物的需水量，然后利用作物系数进行修正，最终得到某种具体作物的需水量进行灌溉预报，计算公式为

$$ET_{ci} = K_{ci} \cdot ET_{0i}$$

式中：ET_{ci}——第i阶段作物的实际蒸发蒸腾量，mm；

K_{ci}——第i阶段的作物系数；

ET_{0i}——第i阶段的参考作物需水量，mm。

②数学模型

收集、整理多年长期观测的作物需水量试验资料，应用神经网络、小波神经网络、时间序列、灰色模型等数学模型进行作物需水量的拟合，得到拟合后的预测模型，再将不同时段待预测的作物需水量数据输入预测模型中进行预测。

（3）数学模型与监测技术耦合预报

利用定期测定土壤墒情状况（或田面水层）对灌溉预报模型的模拟结果进行不断修正，使整个生育期的预报和实测结果的误差平方和最小，发挥预报模型和实时监测技术的优势进行互补，提高调度的准确性和灵活性。

6. 水费管理系统

（1）功能管理

①权限管理，包括新增、修改、密码等权限属性。

②用户资料管理，包括用户类型、用户数据录入与修改、账号管理、区域名称、结算方式、用水定额等。

③日志管理，包括不同类型的日志文件。

（2）水费结算与统计

①水费结算，即现金结算、预付款结算、用户结算方式升级与变更。

②用水量及水费统计，即所有用户统计、已结用户统计、未结用户统计、结算方式统计、用户类别统计。

（3）数据查询

数据查询主要包括按用户名称查询、按账号查询、按用水量查询、按种植情况查询、按结清情况查询、按区域查询、按日志查询、其他查询。

7. 网络通信系统

（1）基本功能

实现采集系统、决策系统、控制系统之间网络结构联通的桥梁，能够传输雨情、水情、工情、农情、灾情、工程调度运行数据、语言、视频图片等信息，组建的计算机网络为各类信息采集、数据库应用、用水优化调度、运行监控管理等应用提供服务平台。

（2）系统构成

①网络硬件，包括计算机工作站、辅助的打印设备、网络交换机、硬件防火墙、采集处理信息化数据的服务器、应用服务器、数据库服务器、接收服务器、备份服务器及租用公网IP地址、通信安全的硬件设备等。

②软件，包括服务器操作系统、杀毒软件和安全入侵检测系统等。

③机房，包括显示设备、音响设备、空调、机柜、防静电、避雷针、避雷线、避雷器、防火等建设。

（3）传输方式

传输方式主要包括光纤传输系统、GSM网络、GPRS网络、蜂窝网络、数字数据网络系统、超短波通信、卫星通信系统等有线、无线传输方式。

8. 数据库系统

数据库系统主要用于管理和维护数据库中的各类数据，包括数据的浏览、查询、更新、添加以及数据的备份和恢复等。在选择建立数据库时，数据库的开放性、可伸缩性、并行性和安全性等技术指标决定着整个灌溉信息化管理系统的性能。数据库能够存储支持水田灌溉管理决策和模型运算的数据存储空间，主要包括基础数据库系统、地理信息数据库系统及接口系统。

（1）基础数据库系统

基础数据库是水田灌溉信息化基础信息的载体，也是应用系统的公共数据源。

①静态数据库，是指存储相对稳定的数据，主要包括组织机构、水田现状、土壤、作物、水泵、灌溉渠道、灌溉管道等基本属性数据。

②动态数据库，是指不定期更新的数据，主要包括种植结构、种植面积、灌溉制度、施肥制度、地下水位等数据。

③实时数据库，是指随时空变化较大的数据，主要包括气象指标、渠道水位、田面水位、土壤墒情、作物生长等数据。

（2）地理信息数据库系统

地理信息数据库是水田灌溉工程GIS、监测监控、电子地图系统所依赖的信息基础，具有基础性、专业性、规范性和共享性等特征，能够提供底层数据、地理信息表现形式和相关地理信息数据存储支持。其主要将水田田间工程的空间位置、形状、属性等地理信息进行数字化，以图形方式直观、层叠地表现出来，并在图形信息上附着相关属性信息，并以信息数据的形式存储在数据库中，为渠系水位、田间水位及用水量的监测、调度、维护抢修作业等提供有效和实用的资料、帮助和辅助决策。

（3）接口系统

水田灌溉信息化系统由各种模块组成，各子系统之间既相互独立，又存在着数据和控制的联系。接口系统是其他应用软件操作基础数据库，实现各类信息系统数据联通，以"com"WebService等形式体现，支持Java.net"delphi"VB等多种主流编程语言的调用，为系统开发提供开发函数接口。

第八章 节水渔业管理的关键技术

第一节 节水渔业概述

一、节水渔业的概念

节水渔业概念的提出是在 21 世纪初，是在我国经济社会发展进入新的历史阶段，党和国家提出科学发展观，建设资源节约型、环境友好型社会的大背景下提出并逐步发展的。

节水渔业的提出，正处于我国渔业发展面临进一步转型的关键时机，当前我国的渔业生产方式已经从粗放型向集约型转变，渔业产量已经近乎饱和，渔业急需从产量型向质量型转变，以及从资源浪费型向资源节约型转变。所以一经提出，广大渔业从业人员即开始从各方面开展相关技术研究，逐步拓展相关内涵。

发展到今天，节水渔业的概念初步形成。简单地说，是指节省用水的渔业生产方式。具体内涵主要是指在传统渔业基础之上，通过发展节水型品种、优化生产模式、采用先进的养殖技术、设备及生物技术、科学的管理等手段，实现减少水资源消耗量，提升水资源利用率，同时保证水产品产量和质量以及水域生态健康的渔业。因此，在渔业生产中能够减少水资源消耗、对水环境不造成污染的养殖模式都可以列入节水渔业范畴，与传统渔业相比设施渔业和生态渔业的一些养殖方式可以达到节水渔业的要求。

因为还处于发展初期阶段，当前节水渔业技术还限制在水产养殖业范畴，不涉及自然水域的捕捞业，水产加工业等领域还没有相应技术。随着科技进步和发展，将来节水渔业技术会逐步延伸，涉及渔业的方方面面。

二、节水渔业的产生背景

(一)水资源短缺且分布不均衡

我国的水资源分布又存在地域分布不均、降水年际变化大的状况。在时间分布上,国内降雨主要集中在每年的6~9月,占全年降雨量的60%~80%;在水资源空间分布上总体上呈"南多北少",长江以北水系流域面积占全国国土面积的64%,而水资源量仅占19%,水资源空间分布不平衡。由于水资源与土地等资源的分布不匹配,经济社会发展布局与水资源分布不相适应,导致水资源供需矛盾十分突出,水资源配置难度大。

近年来,随着社会经济的快速发展,社会各领域的用水量逐年增加,导致社会发展与水资源供应的矛盾日趋尖锐。特别是占用水总量主导地位的农业用水,还存在着用水效率低、使用不合理等现象,严重阻碍了我国农业发展。同样,作为离不开水的渔业,水资源的紧缺已经成为我国水产养殖业遇到的主要问题之一,严重制约了我国水产养殖业的可持续发展。因此,发展节水渔业已经成为水产养殖业发展的必然选择。

(二)水资源污染严重

随着我国工农业和水产养殖业的高速发展,水域污染问题日益突出。来自工厂排污、生活污水排放、农业用药以及船舶排污等造成的污染,已导致河道、河口、沿海、地表水等不同程度受到侵害。水体环境质量呈逐年恶化趋势,赤潮发生频率和规模不断扩大,传统的渔业产卵场、索饵场、育肥场生态环境不断遭到严重破坏,生物资源数量与种类骤减。据不完全统计,我国因渔业污染给水产品产量所带来的直接损失高达数十亿元人民币。近年来,一些海湾相继发生赤潮,且每年呈递增趋势,赤潮现象给水产养殖业直接带来了重大损失。

此外,在传统的池塘养殖模式中,由于片面追求经济效益,养殖者往往提高养殖密度,投入更多的饲料、渔药等,来保障超高的养殖产量,有些地区养殖单产甚至达到 7.5kg/m² 以上,池底堆积大量的残饵、粪便等养殖污染物,远远超过了池塘水体本身的自净能力,养殖期间只能采取高浓度污水无处理排放与更换大量新水等方法,来保障池塘水体的生态平衡,这样不仅给养殖生产本身带来了较大的风险,而且进一步加大了对周边环境的污染压力。

总的来说,我国的水污染问题处于一个相当严重的局面,已经给我国的水产养殖业的可持续发展造成了极大的困扰。

三、发展节水渔业的必要性

（一）节水型渔业是渔业经济发展的需要

水是人类生存和发展不可替代的资源，是经济社会发展的基础。水资源的可持续利用亦是我国渔业经济可持续发展极为重要的支撑。我国是一个水资源缺乏的国家，全年正常缺水量约 400 亿立方米，水资源供给不足已成为制约我国经济和社会发展的主要瓶颈。渔业生产更离不开水，开展节水型渔业，减少用水过程中的损失、消耗和污染，提高水资源利用率和效益是我国渔业经济可持续发展的需要。

（二）节水型渔业是基于资源和环境的必然选择

我国水产养殖业在科学技术与市场经济的推动下不断发展，养殖产量已跃居世界第一，也是世界上唯一的水产养殖产量超过捕捞产量的国家，且养殖产量仍在继续快速增长中。但随着我国水产养殖业的快速发展，渔业资源的短缺与水域生态环境污染正严重影响着水产养殖业的可持续发展进程。鉴于我国水产养殖的重要地位和水产养殖与水环境的特殊关系，水产养殖资源与环境污染的控制及管理正越来越引起重视。开展节水渔业，能有效地解决水资源日趋匮乏以及水环境资源污染严重的问题，是我国水产养殖业可持续发展的基础，是资源和环境可持续发展的必然选择。

（三）发展节水型渔业是渔业生产方式的进步

传统渔业生产方式是在生产力水平较低、渔业技术、设施相对落后、人口稀疏、人均渔业资源和水资源相当丰富的条件下产生的。随着人口的增长，工业化程度的提高以及水产养殖业的发展，水资源匮乏问题日趋严重，渔业增长方式逐步由粗放型向集约型转变，随之而来的是高投入、高密度、高产量所带来的水资源的大量消耗和养殖水域状况的日趋恶化。节水型渔业，是建立在传统渔业的基础上，在不影响产量、效益和环境的前提下，最大程度地使养殖水体的生态系统保持动态平衡状态，使养殖水产品有机生存、安全可靠；使渔业生产达到节约用水、减少污染、降低养殖成本的目的，进而实现综合效益。渔业实施节水措施，是渔业生产方式的又一次进步。

四、节水渔业的技术方式

(一) 发展节水型养殖品种

发展节水型养殖品种并不是近几年才提出的。近年来，随着国家经济实力的不断提升，渔业研究领域的资金投入也在不断加大，许多渔业科研院所依托承担的科技项目，在我国渔业发展的要求下，推广了一大批品质优良的水产品种，其中不乏节水型养殖品种。如龟鳖类的养殖耗水仅为常规鱼类养殖耗水的1/10左右，且龟鳖的养殖适合采取设施化的养殖模式，具有节水、节地、养殖效益高等特点；观赏鱼类：如金鱼等，其养殖本身用水量少，经济价值高；适合集约化养殖的名优品种，如罗非鱼、鲟鱼等，是适合工厂化高密度养殖的优良品种。此外，一些低耗氧类的常规品种，如鲶鱼等，也是非常不错的节水型养殖品种。在实际生产应用中，节水型养殖品种的选择，还要根据市场情况、养殖品种的生物学特性及养殖条件等因素综合考虑。

(二) 推广节水型养殖技术

节水养殖品种只是一种被动的节水养殖办法，受外部环境束缚依然较大，因此探索和发展主动的、可控的节水技术才是节水渔业的核心和关键。节水型养殖技术不仅包括直接节约养殖用水的技术，还包括水质生态净化技术、污水处理技术、养殖增效技术等。目前国内的节水技术应用于淡水养殖业较多，主要包括：利用生物浮床治理养殖水体富营养化技术、养殖水体高效增氧技术（微孔增氧技术）、水产养殖环境改良剂的应用技术、池塘底排污技术、人工湿地技术、水质在线监控技术等。

(三) 应用节水型养殖模式

无论是节水品种，还是节水技术，都是从单方面采取的一项节水措施，但由于实际养殖环境的变化多样，往往单项节水措施难以见效。因此，需要对各项渔业节水措施进行系统的整合，形成新型的渔业节水模式。目前，主要包括了池塘标准化养殖模式、循环温室养殖模式、全封闭工厂化循环水养殖模式、新型池塘循环水养殖模式、湿地综合渔业模式等。其中，部分养殖模式具有极强的节水功效。

五、我国现代节水渔业技术

节水渔业技术是指养殖过程中尽量减少水资源消耗，同时使养殖水体中的生态系统处于一种动态的平衡状态，以达到节约养殖用水，水质不易恶化，养殖产品质量安全可靠，降低生产成本，提高经济效益的一种技术。目前，我国主要的节水渔业技术主要包括以下几个方面：

（一）工厂化循环水养殖技术

工厂化循环水养殖技术是集成现代生物学、建筑学、化学、电子学、流体力学和工程学等领域的综合性养殖技术，利用机械过滤、生物过滤去除养殖水体中的残饵、粪便以及氨氮、亚硝酸盐等有害物质，再经消毒增氧、去除 CO_2、调温后输回养殖池实现养殖用水的循环利用。国内的工厂化养殖是指水产养殖的生产过程具有连续性和流水作业特性，以进行高密度、高效率、高产量的养殖生产，通过科学调控养殖水质环境和营养供给，并通过机械化、自动化、信息化等手段控制养殖过程，从而达到高产高效的目的。工厂化循环水养殖的技术关键点在于水处理系统和养殖品种的选择。

工厂化循环水养殖模式具有节水节地、环境友好的特点。与传统养殖方式相比，生产每单位水产品可以节约 50~100 倍的空间以及 160~2600 倍的水。比传统养殖节约 90%~99% 的水和 99% 的土地。我国工厂化循环水养殖技术应用，目前还处在工厂化养殖的初级阶段。受水处理成本的压力，仍主要以流水养殖、半封闭循环水养殖为主，真正意义上的全工厂化循环水养殖工厂比例极少。流水养殖和半封闭养殖方式产量低、耗能大、效率低，与先进国家技术密集型的循环水养殖系统相比，无论在设备、工艺、产量和效益等方面都存在着相当大的差距，养殖水体的利用总体上仍以流水养殖、半封闭循环水养殖为主。

近年来，我国在工厂化循环水养殖应用方面有了较大的进展。在技术研究方面，水处理技术、零污染技术等重点技术日趋完善，成套技术也日趋成熟，为工厂化养殖的产业化发展提供了重要的技术支撑，对生产效益的提升作用明显。近年来渔业科技工作者针对海水工厂化养殖废水处理，对常规的物理、化学和生物处理技术分别进行了应用研究，取得了许多实用性成果。

（二）池塘循环流水养殖技术

池塘循环流水养殖技术（IPA）又称池塘气推循环流水养殖技术，是近几年引入我国的一种新型池塘养殖技术。该技术是在池塘中的固定位置建设一套面积不超过养殖池塘总面积5%的养殖系统,主养鱼类全部圈养于系统当中,系统之外的超过95%的外塘面积用于净化水体,以供主养鱼类使用。养殖系统前端的推水装置通过动力可产生由前向后的水流,结合池塘中间建设的两端开放的隔水导流墙,使整个池塘的水体流动起来,达到流水养殖的效果。主养鱼类产生的粪便、残饵随着系统中水体的流动,逐渐沉积在系统的尾端,再通过尾端的吸尘式污物收集装置,将粪便与残饵从系统中移出,转移至池塘之外的污物沉淀池中,加以再利用。池塘中除系统之外的其他区域,用于套养滤食性鱼类,并辅助应用生物净水技术等,达到增产和进一步净化水质的目的。该技术以池塘循环流水养殖系统为核心,运用气带水原理,变传统的静水池塘养殖模式为循环流水养殖模式。

该技术具有较强的节水功效,产出相同数量的水产品可以间接节约2～4倍的养殖用水与用地,可完全实现养殖用水的零排放与废弃物循环利用;可以大幅度提高生产效率,采用循环流水养殖技术,平均产量可以达到6 kg/m^2,完全突破了传统养殖模式的产量上限,具有传统养殖模式无法比拟的优势。此外,这项技术还具有较强的节能减排功效,在池塘循环流水养殖模式下,日常的饵料投喂、鱼病的防治、起捕等都将极为方便,大大节约了管理成本。同时,废弃物收集系统可以有效地收集并移出70%的鱼类代谢物和残剩的饵料,变废为宝,确保池塘本身的良性循环,实现节能减排,保护养殖水域环境,从而实现水产养殖业的可持续发展。

(三)微孔增氧技术

微孔增氧技术又称纳米增氧技术,是利用罗茨鼓风机通过输气管道对放置于养殖水体底部的纳米增氧管道进行充气,直接把空气中的氧输送到水层底部的增氧方式。其原理是罗茨鼓风机将空气送入输气管道,输气管道将空气送入微孔管,微孔管将空气以微小气泡形式分散到水中,这些微小气泡使空气与水体的接触面积大大增加,便于空气中的氧气更好地溶解于水中。同时,气泡由池底向上浮起,还可造成水流的旋转和上下流动,水流的上下流动将上层富含氧气的水带入底层,正是通过水流的旋转流动将微孔管周围富含氧气的水向外扩散,实现池水的均匀增氧。此外,气泡的上浮带动底层水与表层水产生对流,将池塘底部的有害气体带出水面,加快池底氨氮、亚硝酸盐、硫化氢的氧化,改善了池塘底部生态环境,减少了病害的发生。

该技术具有高效节能、安装方便、使用寿命长等特点，其独特的微孔曝气技术，克服了传统增氧方式表面局部增氧、动态增氧效果差的缺陷，实现了全池静态深层增氧，使增氧效果明显提高，是一项为水产养殖业传统的增氧方式带来了革命性的创新的增氧技术。

（四）利用生物（浮床）治理池塘富营养化技术

利用生物（浮床）治理池塘富营养化技术是以生物浮床等浮岛设施为载体，将生长在陆地上的一些经济植物（如蔬菜、花卉等）生物浮床种植在养殖池塘中，通过植物的生长吸收养殖水体中的过多的氮、磷、亚硝酸盐、重金属等有害元素。

该技术的应用，不仅能改善养殖水质条件的生态效益，而且还能够增加额外可观的经济效益与景观效益。而养殖水体条件的有效改善，可以降低鱼病发生的概率，减少渔药、水质改良剂等生产投入品的使用，在保障养殖水产品的质量安全、增加单位效益、减少生产投入等方面具有重要意义。

我国在20世纪90年代开始推广生物浮床技术，经过多年的试验研究，目前生物浮床已广泛应用于水库、湖泊、河道等水域的生态修复，并且取得了较好的净化效果。随着生物浮床净水效果的显现，渔业工作者将其引入水产养殖行业，并针对养殖水体条件，在生物浮床的构建、水生植物品种的筛选、合理布设密度等方面开展了系统的研究。利用生物（浮床）净水技术在水产养殖的应用中还存在一定的问题，如不同水质条件下水生植物的合理配置、水生植物的选择与生长控制、浮床载体的选择等方面，仍需要渔业工作者进一步的研究。

（五）池塘底排污水质改良关键技术

池塘底排污是指根据池塘大小，在养殖池塘底部最低处，建造一个或多个漏斗形排污口，通过排污管道将养殖过程中沉积的水产动物代谢物、残饵、水生生物残体等废弃物在池塘水体静压力下，利用连通器原理无动力排出至池边地势相对较低的竖井中；再通过动力将竖井中收集的废弃物提出，经过固液分离、水生植物净化等处理措施后，达标水体流回原池，固体沉积物用于农作物有机肥料，实现水体与废弃物的循环利用。

池塘底排污系统由池底深挖、底部排污、固液分离、水生植物净化等环节组成，其核心是底部排污。系统通过对养殖水体采取物理与生物相结合的净化措施，可有效防治养殖水体内源性污染，促进养殖水体生态系统良性循环，有效改善养殖池塘水质条件，对提高养殖产量、保障水产品质量安全、实现节能减排与资源有效利用具有重要意义。池塘底排污技术是近年来研发出的一种应用于精养池塘的处理效果好、成本低、易推广的生态治水技术。

（六）人工湿地技术

人工湿地是指用人工筑成水池或沟槽，底面铺设防渗漏隔水层，充填一定深度的基质层，种植水生植物，利用基质、植物、微生物的物理、化学、生物三重协同作用使污水得到净化的系统。当池塘养殖污水进入人工湿地时，其污染物被床体吸附、过滤、分解而达到水质净化作用。

按照水体流动方式，人工湿地分为表面流人工湿地、水平潜流人工湿地、垂直潜流人工湿地以及由前面几种湿地混合搭配的组合式人工湿地或复合（式）人工湿地。

复合式湿地池塘养殖系统较传统池塘养殖模式，可减少养殖用水60%以上，减少氮、磷和COD排放80%以上，具有良好的"节能、减排"效果，符合我国水产养殖可持续发展要求。

第二节 工厂化循环水养殖技术

工厂化循环水养殖技术是集成现代生物学、建筑学、化学、电子学、流体力学和工程学等领域的综合性养殖技术，主要技术内容包括利用机械过滤和生物过滤去除养殖水体中的残饵、粪便以及氨氮、亚硝酸盐等有害物质，消毒、增氧、控温，水体循环等，实现养殖水体的循环利用，这样可大大节约水资源，使养殖水体持续保持高溶氧状态和稳定的水质环境，达到较高的单位水体生产力。国内的工厂化养殖一般指水产养殖的生产过程具有连续性和流水作业特性，以进行高密度、高效率、高产量的养殖生产，通过科学调控养殖水质环境和营养供给，并通过机械化、自动化、信息化等手段控制养殖过程，从而达到高产高效的目的。

一、工厂化循环水养殖的优势

工厂化循环水养殖模式具有节水节地、环境友好的特点。与传统养殖方式相比，生产每单位水产品可以节约50～100倍的空间以及160～2600倍的水。循环水养殖系统可以提供可控的环境，可以控制生长速度，甚至可以精确预算产量。循环水养殖系统通过使用生物过滤器循环利用，能够节约热量和水，并且其高效的运转模式使它在所有的养殖模式中，单位产量是最高的；此外，工厂化循环水养殖比传统养殖节约90%以上的水和土地。由于养殖废水经过处理后排放，其养殖系统的大小不受环境条件限制，且几乎不污染环境。因此，相比较而言，使用工厂化循环养殖系统的渔业生产更符合环境要求、更能够保证水产品的安全和品质、更具有大的发展空间且更能实现渔业的可持续发展。

二、技术要点

（一）工厂化养殖车间的建设

1. 养殖车间建设

养殖车间多采用的是跨度较大的单层车间（苗种繁育与成鱼养殖可在同一车间，分区操作），以多跨连体布局为主，跨度一般为12m～24m，长度65m～90m，一般的单个工厂化养殖车间面积不小于1500m²，墙体以砖混结构为主或采用保温组合墙体（2块钢板中间夹保温层）；根据需要屋面与屋顶可选用透光或不透光材料建造。

2. 养殖池建设

目前应用较多的为水泥池，也有用玻璃钢材质鱼槽或PE塑料材质鱼槽。养殖池的形状有圆形、正方圆角形和长方形，使用最多的为圆形。圆形池的室内平面利用率不及长方形池和正方圆角池，但具有结构合理、水流动态平衡好、易于集污、排污、管理方便等优点，普通养殖池直径一般为5m～7m，根据养殖鱼类的规格大小可以适当加至7m～10m，养殖池深度一般为0.8m～1.5m。亲本池与成鱼池面积大于苗种池和产卵池，养鱼池大于、深于虾蟹池。

3. 车间保温

车间保温的目的是保持养殖水体水温稳定，以减少控温能耗。在北方地区，车间的基础墙体一般采用37墙或24墙（墙体厚度37cm或24cm），再用发泡聚氨酯等材料做保温处理。有些地区将养殖水泥池下挖，在稳定水温的同时还能够提高利用空间。车间的屋顶是保温的重点区域，一般采用双层塑料膜、加装保温棉、屋顶玻璃钢瓦＋发泡聚氨酯、铺盖保温彩钢板等方法用于保温。

（二）水体净化处理

工厂化循环水养殖水处理工艺一般包括：固体颗粒物去除、有机质消减、生物净化、脱气、杀菌消毒、富氧增氧、水温调控等。一些当前工艺介绍如下：

1. 沉淀

沉淀是养殖废水进入水处理系统的第一个环节。在沉淀池中，水体中密度较大的悬浮颗粒利用重力沉降的原理自然沉降在沉淀池底部，达到与水体分离的目的。从节约能源的角度考虑，修建沉淀池时，其高度一般要高于养殖池，并且沉淀池底部有 2% ~ 3% 的坡度，以便实现处理之后的水体无动力进入养殖池。沉淀池的材质一般为砖混结构或钢混结构，大小根据养殖车间内的日均用水量而定，一般为养殖最大日用水量的 3 倍以上。

2. 机械过滤

机械过滤的目的是去除水体中的细小悬浮物，减轻整个水处理系统的压力，常用的方法有滚筒微滤机、砂滤罐、弧形筛等。其中应用最多的为滚筒式微滤机，它是一种转鼓式筛网过滤装置，被处理的废水沿轴向进入鼓内，以径向辐射状经筛网流出，水中杂质即被截留于鼓筒上滤网内面。当截留在滤网上的杂质被转鼓带到上部时，被压力冲洗水反冲到排渣槽内流出。微滤机具有操作简便、运行平稳、自动化程度高等特点，因此被广泛应用。

3. 气泡浮选处理

气泡浮选处理也是去除水中悬浮物的一项重要手段，其原理是持续不断地在水中释放微气泡，利用微气泡的表面张力吸附水体中的悬浮物与可溶性有机物，气泡越小，效率越高。常用设备有蛋分器与气浮泵，蛋分器除了能够去除水中悬浮物，还有增加水体溶氧、除脱水体中 CO_2 的作用，一般蛋分器与臭氧联合使用较为常见。气浮泵是污水处理中，常用的有机物分离设备，通过潜水泵叶轮的旋转产生负压，将空气吸入，再用叶轮将空气切割成微气泡后射出，气浮泵的优点是安装简单、出气量大且造价低廉。

4. 生物净化

生物净化是利用附着在载体当中的微生物，对水中的氨氮进行转化和去除，在生物净化过程中发挥作用的一般为硝化细菌、亚硝酸细菌和反硝化细菌等。亚硝酸细菌在有氧状态下把氨氮转化为亚硝酸盐，亚硝酸盐是有毒的氨氮向无毒的硝酸盐转化过程中的中间产物，毒性大且不稳定，在硝化细菌的作用下，进一步氧化为硝酸盐。如果要实现彻底脱氮，还需要进一步的反硝化处理过程。但反硝化过程需要厌氧条件，这与我们正常生产对养殖池塘高溶氧的要求相悖，因此在日常养殖中很难实现。此外，需要注意的是，硝化细菌的最佳生长温度在 30℃ 以上，温度降低其活性降低，处理能力下降，低于 15℃ 很难利用，因此水体温度是水处理环节中一个比较重要的因素。

5. 脱气处理

脱气的目的主要是去除养殖过程中鱼类代谢产生的以微气泡形式存在的 CO_2

气体，CO_2 会降低养殖水体的 pH 值，使水体呈酸性，不仅影响鱼类正常的摄食与生长，而且还会抑制生物膜的生物净化作用。常见的脱气方式有三种：一是机械设备去除，利用增氧机或曝气设备，在养殖水体中形成上下交换的水流，使水体充分与大气接触，达到分解碳酸，去除二氧化碳的目的。二是水力设计去除，在设计过程中，回水管和回水槽间留有一定高度的落差，使水流在回水过程中充分暴露在大气中，分解碳酸，去除二氧化碳。三是充气去除，在水流通过的水道上设置微气泡释放装置，利用气泡相互积累的特性，使散布于水中的二氧化碳与释放的气泡结合，由气泡把二氧化碳带上水面，达到去除的目的。

6. 杀菌消毒

杀菌消毒较常采用的是紫外线消毒与臭氧消毒两种方法，其中紫外线消毒是目前工厂化养殖模式中最常见的消毒方式，具有杀菌效率高、广谱、无残留、安装操作方便等特点，其通过发射波长为 260 微米左右的紫外线来杀灭水体中有害的病毒、细菌及原生动物等。通常将紫外线消毒器安装在封闭的管道内，需要消毒的水体控制在一定流速内缓缓流过管道，达到消毒的目的。此外，也有将紫外线灯管悬挂于需要处理的水体上方 15 厘米左右，通过照射来消毒。臭氧消毒也是目前较为常见的水体消毒措施，其利用强氧化性高效杀灭水中的细菌与病毒，同时氧化水中的重金属和微量有机物，祛除水的异味，使水质清新。研究表明，臭氧几乎对所有细菌、病毒、真菌及原虫、卵囊均具有明显的灭活效果，且高效、清洁、方便、经济。但需要注意的是，臭氧本身对水产动物也有一定的毒性，因此由臭氧消毒过的水体最好经过处理或放置一段时间后再重新利用。

7. 增氧

工厂化循环水系统的溶解氧消耗主要来自养殖鱼类呼吸与代谢、代谢物的氧化分解、生物净化时细菌对氨氮的转化等，系统所需溶解氧根据所养鱼类的品种不同而有所变化，并与养殖密度和投饵情况密切相关。目前，工厂化循环水模式的增氧方式主要有微孔纳米增氧与加注纯氧两种方式。需要注意的是，在使用纯氧增氧时，需要在高压环境下将水气充分混合，在高压下使水体达到饱和浓度再释放进常压养殖水体，已达到增氧目的。如果将纯氧直接充入养殖水体，其最高的利用率仅有 40%，其余没有溶解的氧气逸出水面而浪费。

8. 水温调控

水温调控是水处理环节的最后一步，可根据养殖需要，提高水温或降低水温。但就目前采用的太阳能、锅炉、地热等加温措施与制冷等降温措施的实际效果来看，不论是升温或降温，特别是在北方地区除了养殖高价值的品种以外，其先期的投入成本与后期的能耗成本均是一笔不菲的开支，养殖者可根据自身的条件来选择水温调节的方式。在需要调温的养殖生产中，需要采取加温措施的占绝大多数，一般加温的措施有以下三种：第一，利用养殖设施周边的工厂余热或地热等优势资源进行加温；第二，利用太阳能、锅炉及大功率加热棒等对养殖水体直接加温，这种加温方式成本较高；第三，使用电热器、空调、锅炉等对养殖车间内的空气进行加温，有利于保持养殖水体水温的恒定，降低热能过快损耗。

第三节 池塘循环流水养殖技术

一、技术原理

池塘循环流水养殖技术（IPA）又称池塘气推循环流水养殖技术，是近几年引入我国的一种新型池塘养殖技术。该技术是在池塘中的固定位置建设一套面积不超过养殖池塘总面积5%的养殖系统，主养鱼类全部圈养于系统当中，系统之外的超过95%的外塘面积用于净化水体，以供主养鱼类使用。养殖系统前端的推水装置通过动力可产生由前向后的水流，结合池塘中间建设的两端开放的隔水导流墙，使整个池塘的水体流动起来，达到流水养殖的效果。主养鱼类产生的粪便、残饵随着系统中水体的流动，逐渐沉积在系统的尾端，再通过尾端的吸尘式污物收集装置，将粪便与残饵从系统中移出，转移至池塘之外的污物沉淀池中，加以再利用。这样便极大地减轻了池塘水体污染的负担，同时做到了废弃物的循环利用。此外，池塘中除系统之外的其他区域，将用于套养滤食性鱼类，并辅助应用生物净水技术等，达到增产和进一步净化水质的目的。

目前，IPA系统在应用时有两种形式可选择，分别为固定式与浮式。固定式IPA是将系统修建在养殖水体底部，一般在池塘养殖模式中应用较多，常见的固定式IPA为砖混结构、玻璃钢材质等；固定式IPA有利于系统配套电缆、设备等的布设、维修以及后期污染物收集系统的稳定运行等。浮式IPA是指整个系统通过加装泡沫或PVC浮筒等浮性物体，漂浮于养殖水体中，这种模式适合应用于小型水库、湖泊、河道等水域，常用的有帆布、不锈钢材质等；浮式IPA可方便拆卸，有利于水体的转换利用等。

该技术以池塘循环流水养殖系统为核心，运用气带水原理，变传统的静水池塘养殖模式为循环流水养殖模式。系统前端为推水装置，采用的是漩涡鼓风机或罗茨鼓风机对底部纳米管进行充气,产生上浮气体,气体带动水流在弧形导流板的作用下从养殖箱体的前端进入,尾端流出,达到箱体中水体交换的目的;水的流动带动残饵和粪便沿着箱体逐渐到达系统后端的废弃物收集区,再由收集区的污物提取装置通过排污管道转移至池塘之外的沉淀池中进行沉淀与再利用。系统具体的运行原理。

二、系统的组成

系统主要组成包括三个部分,分别为推水装置、养殖单元、养殖废弃物收集系统。推水装置在系统的最前端,紧接着养殖单元的前端与其相连接,养殖废弃物收集区连接着养殖单元的尾端。

(一)推水装置

位于养殖单元的前端,设有气泡发生器(微孔纳米管)和弧形导流板,通过鼓风机对纳米管进行充气,产生上浮气体,带动水流在弧形导流板的作用下向养殖单元内流动。同时,通过调节鼓风机的功率与出气量来控制水体流速,进而调节箱体中水体的交换次数,一般 10～20 分钟完成一次养殖单元水体的整体交换较为适宜。推水装置的框架推荐使用不锈钢材质,其宽度与养殖单元宽度一致,一般为 5m,其高度根据养殖单元的高度而定,一般养殖单元高 2m,推水装置的高度为 0.9m。推水装置布设时,其底部与养殖单元前挡板的网格部分底部相平行;其开口平面与养殖单元前网格距离保持 20cm 左右,且在弧形导流板的最上端向外延伸 15 厘米左右,用以压制水流向上涌出,避免水流能量浪费。

(二)养殖单元

养殖单元箱体呈长方形,两侧与底部完全封闭,上端敞开。箱体的前端用网格和不锈钢钢板按比例封闭(一般高度为 2m 的养殖单元,网格高度为 1.3m,封闭的不锈钢板高度为 0.7m),尾端用网格全封闭,防止鱼类逃出。一般养殖单元的构建材质为砖混、不锈钢、玻璃钢或帆布等材质。单个箱体的规格为:长度 22m,宽 5m,高 2m,其有效水深 1.6m,鱼载量根据不同的养殖品种有所不同,一般为 50～200kg/m³。养殖箱体底部需要另加一套微孔增氧装置,以防阴雨天主养鱼类缺氧造成损失。

(三)养殖废弃物收集区

废弃物收集区是系统成功运行的关键。收集原理是用吸污泵连接吸污管道,管道与养殖单元顺向放置，养殖废弃物通过管道上的开槽或开孔由吸污泵提出至池塘旁边的沉淀池中。该区域规格一般为：长3m，宽5m，高2m。

三、技术优势

（一）具有较强的节水功效

首先，利用池塘循环流水养殖系统进行养殖生产，其单产水平较传统养殖模式可以提高2～4倍，因此，产出相同数量的水产品可以间接节约2～4倍的养殖用水与用地。其次，养殖之后的废水经过沉淀处理，重新进行养殖利用，收集的废弃物还将用于农业种植，完全实现养殖用水的零排放与废弃物循环利用，具有极强的节水功效。

（二）可以大幅度提高生产效率

相较于传统的池塘静水养殖，池塘循环流水养殖的效率大大提高。在传统的静水池塘养殖模式下，池塘的产量为1.5 kg/m^2～2.25 kg/m^2，而采用循环流水养殖技术，产量可以达到6 kg/m^2以上，产量得到大幅度提升。对于一些低耗氧的养殖品种，其产量还可以更高，这完全突破了传统养殖模式的产量上限，具有传统养殖模式无法比拟的优势。

（三）具有较强的节能减排功效

在池塘循环流水养殖模式下，日常的饵料投喂、鱼病的防治、起捕等都极为方便，大大节约了管理成本。集约化的养殖还有利于水体的封闭，减少病原的入侵与传播，进而减少药物的使用和滥用，保证水产品质量的安全。此外，废弃物收集系统可以有效地收集并移出70%的鱼类代谢物和残剩的饵料，化废为宝，确保池塘本身的良性循环，实现节能减排，保护养殖水域环境，从而实现水产养殖业的可持续发展。

（四）具有较强的示范功效

目前，我国绝大部分养殖池塘仍在进行传统模式的养殖，今后引导这些池塘从传统养殖模式逐步向节水、节能、生态、高效的循环流水养殖模式转变将是政府职能部门的重点工作，该项技术的应用与发展将为这种转变提供一个技术展示与示范的平台，具有较强的示范效应。

（五）可提高鱼类品质

鱼类在不间断流水中生长，其肌肉更加紧实，脂肪含量更低，且养殖废弃物收集系统可以保证池塘良好的水体环境，减少造成鱼类土腥味的藻类的产生概率。加之，养殖单元中的鱼类不会接触到外塘底泥，使养殖鱼类的口感更好、味道更为鲜美。此外，鱼类长期在流动水体中生长，具有更强的抗应激性，在鱼类后期进入运输、暂养、销售等环节时，成活率会更高，进而提高了养殖效益。

四、技术要点

（一）系统地调试与运行

系统的稳定运行是养殖成功的基础。在放养鱼种前需要认真开展系统的运行调试工作，主要包括系统各部件的稳固度检查，鼓风机、废弃物收集系统、辅助增氧系统的调试等。在养殖期间应定期对系统的设施与设备开展全面、系统的检查，发现问题及时解决。

1. 系统各部件稳固度检查

在池塘加水之前与之后，对系统的整体稳固度进行认真、全面的检查，包括前中后拦鱼隔栅、养殖单元池壁等，保证养殖系统的各连接部件牢固可靠，且根据鱼类规格的大小选择合适网眼规格的隔栅，防止鱼类漏逃。鱼类不同于其他陆生动物，如在水下出现能够逃离的漏洞，一般情况下，大部分主养鱼类将会逃离出养殖单元至外塘，给生产造成不可估量的损失。

2. 鼓风机的调试

推水所用的鼓风机分为两种，分别为漩涡鼓风机和罗茨鼓风机。漩涡鼓风机的特点是出气量大、压力小，一般适用于推水水位小于1m的水体（用于推水的纳米管距水面的距离）；罗茨鼓风机的特点为出气量小、压力大，一般适用于推水水位大于1m的水体，可根据推水装置中纳米管距水面的距离选择不同的风机。此外，鼓风机的功率大小根据主养鱼类的生活习性决定，目前常用的是1.6 kW、2.2 kW、3.0 kW 三种功率。在风机的调试过程中，容易出现纳米管出气量不均的情况，需要调整风机与纳米管的连接方式，逐步调试至最佳出气状态。

3. 废弃物收集系统

废弃物的收集是整个养殖系统的核心，其集污的效果决定了养殖水体的质量，进而决定了整个养殖系统的产量。废弃物的收集系统位于系统最末端的废弃物收集区，一般采用底部吸尘式吸污，利用自吸泵或污水泵连接PVC或不锈钢材质的吸污管道，管道底部根据泵功率大小与出水量等凿开数量不等的水孔或水槽，自吸泵或污水泵运转时，废弃物通过吸污管道底部开孔被吸进排污管道至沉淀池。运行阶段需要注意的是吸污装置在集污区往返行走的时间需要严格把握，此外，在设计与安装吸污装置时应尽量使吸污管道在集污区无死角的吸污，防止粪便的沉积，导致水质恶化。

4. 辅助增氧系统

辅助增氧系统是为了应对在养殖后期鱼类个体增大导致耗氧量增加或阴雨天气池塘水体溶氧不够的情况下采用的辅助增氧措施。一般在 5m 宽的养殖单元中沿箱体方向在箱体底部布设 2 条纳米管道。辅助增氧纳米管的布设需要注意的是如何使纳米管出气均匀，一般的养殖单元长度在 22m 左右，如使用一根纳米管，从头至尾布设会导致箱体前部出气量大，而后部压力较小出气量不足甚至不出气。因此，在布设底部辅助增氧纳米管时需要分段布设，一般沿直线每 4 米或 5 米布设一根纳米管道，每根纳米管一头连接进气管道，一头用橡胶塞堵严，以保证增氧均匀。此外，需要注意的是，辅助增氧系统尽量布设为直线形，不宜采用盘式增氧，其原因是盘式纳米增氧管在曝气时对周边区域水流影响较大。系统中多个纳米增氧盘同时曝气时，大量微气泡带动的水量向纳米盘四周扩散，阻碍了箱体内正常的由前至后的水流，会造成随正常水流推动的养殖废弃物在养殖单元中无方向运动，影响集污效果。直线形纳米增氧管曝气产生的水流，向纳米管的两侧流动，对正常的由前至后带有养殖废弃物的水流影响有限，并且直线形布设的方式出气量较小。不过，能够在两条增氧管之间为主养鱼类留出静水区，供鱼类休息，减少鱼类的活动量，进而降低饵料系数。

（二）池塘要求

应用该系统对养殖池塘没有特别要求，一般的精养池塘均可，养殖面积以 $13km^2 \sim 33km^2$ 为宜，池塘清洁、底部平整、水源充足、注排水方便、不渗漏即可。

（三）鱼种放养

鱼种的放养是养殖成功与否的关键阶段。应用池塘循环流水养殖系统进行养殖时，一般放养的鱼种规格为 100～150 克 / 尾，根据一般鱼类的生长特性并结合养殖生产安排，鱼类达到放养规格的时间一般为每年 4 月底至 5 月上旬。特别在北方地区，此时室外池塘水温一般不会超过 20℃，正是水霉病高发季节，加上鱼种运输与放养时人为操作不当导致的损伤，鱼类感染水霉的概率较大。目前已有一些养殖池塘由水霉病导致鱼种死亡率超过 80% 甚至全部死亡的案例，因此养殖者应对这一情况加以重视。此外，放养的鱼种一般是由传统的池塘养殖模式进行培育，在进入高度集约化且水体流动的养殖单元中进行养殖时，应在 7～10 天之内逐步调整推水的力度，逐渐加大水体流量至全负荷推水，给鱼类足够的适应时间，减少鱼类的应激反应，以降低鱼类的损耗。

（四）饵料系数的控制

鱼类自身的生活习性决定了大部分主养品种在流水养殖环境下会不断顶水，加大了鱼类的活动量，这样虽然可以降低鱼类肌肉脂肪含量，使肌肉更加紧实，品质更好，但与此同时也会使养殖期间的饵料系数增高。饲料成本一般占养殖生产成本的 60% 以上，因此这直接关系到了农户的养殖效益。对于这一问题，可以采用调节水流大小的方法解决，在养殖单元中溶氧足够的前提下，可以适当地降低水体流速。在需要吸污时，再提前 2 小时满负荷推水即可，这样既能保证污物的有效收集又能减少鱼类的活动量，降低饵料系数。在养殖后期溶氧消耗量较大时，可以开启辅助增氧系统，以保证水体溶氧。此外，投喂优质的浮性饲料也是降低饵料系数、提高污物收集率、促进鱼类生长的重要手段。

（五）水质调节

一般养殖池塘面积在 20 km² 以上的大池塘中，水质相对稳定，在养殖池塘面积仅有 3 km² ~ 6.7 km² 的小池塘中应用该模式时，蒸发和渗漏等因素对水质影响较大，因此需要加以重视。一般控制在水体透明度在 30 cm ~ 35 cm 最佳，水质过肥时，可以采取加注新水、在外塘种植水生植物、泼洒对应的降肥药物等措施加以控制；在水质过瘦时，可以全池泼洒藻源、肥水素等以增肥。日常调控时，也可以使用光合细菌、芽孢杆菌等生物制剂，进行日常的水体维护。

（六）病害防控

在鱼种入池阶段除了对水霉病的防治加以重视以外，更重要的是鱼种对流水养殖模式的适应，之前提到过可以采用控制水流，逐步推水的方法降低鱼类损耗。此外，在鱼类养殖阶段，根据养殖品种的不同，对其常见病害应有针对性地提前预防，一般采用拌喂药饵、药浴等方式进行防治。需要注意的是，保持良好的水体环境是病害防控的关键，特别是对于一部分暴发概率较高的细菌性病害与寄生虫病，应先调节水质，再进行治疗。

（七）池塘与系统的清洁管理

养殖期间，需要维护池塘与系统的清洁。系统中，除了定时将污物通过吸污装置移出外，对系统前端推水装置与尾端吸污管道的清洁也尤为重要。系统前端推水装置使用的是抗菌纳米增氧管，且放置在水下，一般情况下整个养殖期内不需要单独对其进行清洁；尾端的废弃物收集区为封闭结构，养殖鱼类无法进入，正常情况下吸污管道上的开孔也不会堵塞。但需要注意的是，养殖池塘大多位于农村，周边树木较多，特别是北方地区的秋季，池边树木大量的落叶跌落在养殖池塘或系统内，如不及时清理，对推水纳米管道与吸污管道会造成较大影响。主要表现在树叶残渣附着在推水纳米管周围影响纳米管出气，降低养殖单元内水体流速与堵塞吸污管道开孔影响吸污效果。一般采取及时清理池塘水面落叶、推水装置前端加装拦截网防止落叶进入系统、在系统上方加盖遮阳网等措施可以有效应对。

第四节 水产物联网水质监控系统

一、物联网的概念

物联网，顾名思义就是物物相连的互联网。综合来说，物联网就是用传感器（水质传感器、RFID、摄像机等）探测、观察各种物体，通过有线或无线、长距或短距的通信手段，将这些物体网络联结，利用其本身具备的对物体实施智能控制的能力，实现网络监视、自动报警、远程控制、诊断维护的功能，智能化管理、控制、运营，达到提高自动化、减少人力、节能减排的目的。另外，物联网与云计算、图像识别等各种智能技术结合，大大扩充其应用领域，未来将是一个物联感知、智慧生活的世界。

二、系统原理与组成

（一）系统原理

基于物联网的水质监控系统在总体上由传感器感知层、网络层和应用层三部分组成。多个传感器分布在监测水域范围内，负责定时采集有关水质监测数据并通过无线通信发往网关。网关负责组织和维护整个无线传感器网络，收集各传感器节点采集的数据并存储和整理，供用户节点查询，对超标等异常情况向用户节点推送报警信息。用户可通过多种通信方式向网关查询并显示整个监控区域内各节点的水质数据。

1. 物联网感知层

感知层所需要的关键技术包括检测技术、中低速无线或有线短距离传输技术等。具体来说，感知层综合了传感器技术、嵌入式计算技术、智能组网技术、无线通信技术、分布式信息处理技术等，能够通过各类集成化的微型传感器的协作实时监测、感知和采集各种环境或监测对象的信息。通过嵌入式系统对信息进行处理，并通过随机自组织无线通信网络以多跳中继方式将所感知信息传送到接入层的基站节点和接入网关，最终到达用户终端，从而真正实现"无处不在"的物联网的理念。

感知层中涉及的技术包括传感器技术、物品标识技术（RFID 和二维码）以及短距离无线传输技术（ZigBee 和蓝牙）等。

在水产养殖管理系统中物联网的感知层主要用于检测养殖水质环境的检测和监控，利用各种传感器，例如：pH 值传感器、溶氧传感器、水温传感器等。它们是系统的最底层，充当着系统的"感知器官"。主要由 ZigBee 模块、A/D 采样模块、传感器模块、射频天线模块、显示模块、电源模块、时钟模块等组成。其中，电源模块由可充电的锂电池组和充放电管理模块组成，支持太阳能充电。

2. 物联网网络层

物联网的价值体现在什么地方？主要在于网，而不在于物。感知只是第一步，但是感知的信息，如果没有一个庞大的网络体系，不能进行管理和整合，那这个网络就没有意义。

物联网网络层是在现有网络的基础上建立起来的，它与目前主流的移动通信网、国际互联网、企业内部网、各类专网等网络一样，主要承担着数据传输的功能，特别是当三网融合后，有线电视网也能承担数据传输的功能。

在物联网中，要求网络层能够把感知层感知到的数据无障碍、高可靠性、高安全性地进行传送，它解决的是感知层所获得的数据在一定范围内，尤其是远距离地传输问题。同时，物联网网络层将承担比现有网络更大的数据量和面临更高的服务质量要求，所以现有网络尚不能满足物联网的需求，这就意味着物联网需要对现有网络进行融合和扩展，利用新技术以实现更加广泛和高效的互联功能。

由于广域通信网络在早期物联网发展中的缺位，早期的物联网应用往往在部署范围、应用领域等诸多方面有所局限，终端之间以及终端与后台软件之间都难以开展协同。随着物联网发展，建立端到端的全局网络将成为必须。

由于物联网网络层是建立在 Internet 和移动通信网等现有网络基础上，除具有目前已经比较成熟的如远距离有线、无线通信技术和网络技术外，为实现"物物相连"的需求，物联网网络层将综合使用 IPv6、4G/5G、Wi-Fi 等通信技术，实现有线与无线的结合、宽带与窄带的结合、感知网与通信网的结合。同时，网络层中的感知数据管理与处理技术是实现以数据为中心的物联网的核心技术。感知数据管理与处理技术包括物联网数据的存储、查询、分析、挖掘、理解以及基于感知数据决策和行为的技术。

水产养殖管理系统的网络层，用来传递从感知层中获取来的信息，为实现远程监控提供了保障。网络设备是连接无线传感器网络和用户节点的网关设备，需要完成网络维护、数据处理和转发等多种任务，且通信接口较多。因此，网关节点将使用处理能力较强的ARM9系列处理器，主要包括ARM模块、ZigBee模块、射频天线模块、Wi-Fi模块、5G/GPRS模块、显示和按键模块、电源模块等。

3. 物联网应用层

物联网最终目的是要把感知和传输来的信息更好地利用，甚至有学者认为，物联网本身就是一种应用，可见应用在物联网中的地位。下面将介绍物联网架构中处于关键地位的应用层及其关键技术。

应用是物联网发展的驱动力和目的。应用层的主要功能是把感知和传输来的信息进行分析和处理，做出正确的控制和决策，实现智能化的管理、应用和服务。这一层解决的是信息处理和人机界面的问题。

物联网的应用可分为监控型（物流监控、污染监控），查询型（智能检索、远程抄表），控制型（智能交通、智能家居、路灯控制），扫描型（手机钱包、高速公路行车收费）等。目前，软件开发、智能控制技术发展迅速，应用层技术将会为用户提供丰富多彩的物联网应用。同时，各种行业和家庭应用的开发将会推动物联网的普及，也给整个物联网产业链带来利润。

物联网应用层能够为用户提供丰富多彩的业务体验，然而，如何合理高效地处理从网络层传来的海量数据，并从中提取有效信息，是物联网应用层要解决的一个关键问题。应用层主要运用到M2M技术、用于处理海量数据的云计算技术、人工智能、数据挖掘等相关技术。在管理系统中主要用于分析各种水质参数，充当着系统的"大脑"。

用户节点可以是多种设备，如终端计算机、智能手机、平板电脑等，也可以通过串口与PLC等工业自动控制设备相连。

（二）系统实现

建立以传感器为检测办法、物联网为通信方式、嵌入式CPU为逻辑判断、PLC电路为调控手段的基于物联网池塘高产养殖水质智能调控系统。

系统包括水质检测、无线数据传输、自动控制与远程控制、控制设备、中心监控等5个部分，形成一个集监测、传输、控制为闭环的完整系统，达到通过自动、远程等多种智能手段调控水质的目的。

1. 在线传感器水质检测

包括溶氧、pH 值、温度、氨氮、亚硝酸盐、硫化氢、水位、流量等传感器，主要负责完成各个关键水质因子的 24 小时不间断实时精确数据采集，提供给嵌入式计算机做逻辑判断和自动控制，并传输到远程监控中心，实现在线监测。

2. 无线数据传输

采用无线网络将传感器采集到的数据上传到监控中心服务器或用户手机终端，服务器或用户手机终端可通过无线方式下达水质调控指令。

3. 控制设备

控制设备主要包括增氧机、投饵机、水泵水闸、投药机、锅炉等。增氧机用于增氧，投饵机用于精确投饵，水泵水闸用于换水，投药机用于加药，锅炉用于加温。

4. 监控中心

采用服务器接收数据，大屏幕显示数据，控制软件发出控制指令。

5. 自动控制与远程控制

控制是整个系统的核心，传感器检测水质参数，按照设定的控制门限，根据软件算法，对控制设备发出开启或停止的指令。以溶氧控制为例，当传感器检测到溶氧低于 4 毫克/升时，自动开启增氧机，并将增氧机状态传送给监控中心；当传感器检测到溶氧高于 8 毫克/升时，自动关闭增氧机，并将增氧机状态传送给监控中心。监控中心或用户也可以通过软件发出远程控制指令，开启或关闭增氧机。

三、系统功能的实现

一是水质在线监测。通过无线方式实时获取监测水域各监测点的水温、溶氧量和 pH 值等水质因子，数据上传至云服务器存储监测数据并形成报表/曲线等供用户查询，并对异常情况推送报警。用户通过手机、电脑等登录云服务器提供的服务，实时监测池塘水质变化；二是水质调控。智能增氧：对增氧设备的启动、关闭提供决策依据，根据设定的阀值实现手动、自动控制操作。智能投饵。对投饵机的启动、关闭提供决策依据，按需投饵；三是视频监控。高清视频昼夜观察全场养殖的基本情况，尤其对投饵台鱼群吃食、投饵机的运行、增氧机工作状态实现不间断性观察；四是水下视频监控：观察水下鱼的活动情况。

参考文献

[1] 万红，张武.水资源规划与利用 [M].成都：电子科技大学出版社，2018.03.

[2] 王建群，任黎，徐斌.水资源系统分析理论与应用 [M].南京：河海大学出版社，2018.05.

[3] 张维江.干旱地区水资源及其开发利用评价 [M].郑州：黄河水利出版社，2018.10.

[4] 马建琴，郝秀平，刘蕾.北方灌区水资源节水高效智能管理关键技术研究 [M].郑州：黄河水利出版社，2018.09.

[5] 王永党，李传磊，付贵.水文水资源科技与管理研究 [M].汕头：汕头大学出版社，2018.04.

[6] 王慧敏.水资源协商管理与决策 [M].北京：科学出版社，2018.03.

[7] 陈玉秋.水资源资产产权制度探索与创新 [M].北京：中国财政经济出版社，2018.12.

[8] 门宝辉，尚松浩.水资源系统优化原理与方法 [M].北京：科学出版社，2018.05.

[9] 刘小京，张喜英.农田多水源高效利用理论与实践 [M].石家庄：河北科学技术出版社，2018.12.

[10] 许武成.水文灾害 [M].北京：中国水利水电出版社，2018.11.

[11] 李建林.水文统计学 [M].应急管理出版社，2019.10.

[12] 曹志民，师明川，郑彦峰.地质构造与水文地质研究 [M].文化发展出版社，2019.06.

[13] 李自顺.水文资料在线整编系统设计 [M].芒：德宏民族出版社，2019.01.

[14] 李丽，王加虎，金鑫.分布式水文模型应用与实践 [M].青岛：中国海洋大学出版社，2019.09.

[15] 王文斌.水利水文过程与生态环境 [M].长春：吉林科学技术出版社，2019.05.

[16] 陈玉斌.水文资料人工测验数据填报处理系统设计 [M].芒：德宏民族出

版社，2019.03.

[17] 肖瀚，唐寅. 沿海地区常见水文地质灾害及其数值模拟研究 [M]. 郑州：黄河水利出版社，2019.11.

[18] 沈铭华，王清虎，赵振飞. 煤矿水文地质及水害防治技术研究 [M]. 哈尔滨：黑龙江科学技术出版社，2019.01.

[19] 李和平著，佟长福. 典型草原区灌溉人工草地高效用水技术与生态影响研究 [M]. 北京：中国铁道出版社，2019.09.

[20] 杨建昌，张建华. 水稻高产节水灌溉 [M]. 北京：科学出版社，2019.06.

[21] 武雪萍，廖允成，查燕. 黄土高原东部平原区节水减肥栽培理论与技术 [M]. 北京：中国农业出版社，2019.12.

[22] 屈忠义. 生物炭节水保肥与固碳减排机理和关键应用技术 [M]. 北京：科学出版社，2019.03.

[23] 王沛芳，钱进，侯俊. 生态节水型灌区建设理论技术及应用 [M]. 北京：科学出版社，2020.12.

[24] 赵经华，马英杰，杨磊. 干旱牧区农作物水氮高效利用及灌溉制度研究 [M]. 北京：中国水利水电出版社，2020.09.

[25] 于健，杨金忠，杨培岭. 引黄灌区多水源滴灌高效调控关键技术设备与应用 [M]. 北京：科学出版社，2020.06.

[26] 刘俊萍，郑珍，王新坤. 节水灌溉理论与技术 [M]. 镇江：江苏大学出版社，2021.09.

[27] 谭德宝，陈蓓青，邵志平. 农村智慧节水技术研究与应用 [M]. 武汉：长江出版社，2021.09.

[28] 张芹，李言鹏，冯文娟. 水文与水资源利用研究 [M]. 长春：吉林科学技术出版社，2021.06.

[29] 李合海，郭小东，杨慧玲. 水土保持与水资源保护 [M]. 长春：吉林科学技术出版社，2021.06.

[30] 代玉欣，李明，郁寒梅. 环境监测与水资源保护 [M]. 长春：吉林科学技术出版社，2021.06.

[31] 于朝霞，任喜龙，魏路锋. 水环境综合治理与水资源保护 [M]. 长春：吉林科学技术出版社，2021.07.

[32] 刘凯，刘安国，左婧. 水文与水资源利用管理研究 [M]. 天津：天津科学技术出版社，2021.07.